Introduction to
Game Systems Design

游戏系统设计探秘

[美] Dax Gazaway ◎ 著
李天颀 李享 ◎ 译

電子工業出版社
Publishing House of Electronics Industry
北京•BEIJING

内容简介

作者凭借多年一线游戏开发经验，总结了一套完整自洽的理论与实践体系，以通俗易懂的方式讲解了游戏系统设计的核心原则。作者一方面教读者如何从零开始把现实生活中的方方面面抽象成游戏中的系统，以及如何科学量化这些系统，另一方面还传授了一套系统设计师必不可少的沟通技巧——与同事沟通，与游戏系统沟通，以及与玩家沟通。

本书既适合各个层次的游戏设计师、游戏开发人员，以及想要学习游戏系统设计的人阅读，也适合对游戏领域感兴趣的非行业人士阅读。

版权贸易合同登记号　图字：01-2022-2792

图书在版编目（CIP）数据

游戏系统设计探秘 /（美）达克斯・盖兹维（Dax Gazaway）著；李天颀，李享译. —北京：电子工业出版社，2024.6

书名原文：Introduction to Game Systems Design

ISBN 978-7-121-47731-7

Ⅰ. ①游… Ⅱ. ①达… ②李… ③李… Ⅲ. ①游戏程序－程序设计 Ⅳ. ①TP317.6

中国国家版本馆 CIP 数据核字（2024）第 079218 号

责任编辑：张春雨
印　　刷：北京雁林吉兆印刷有限公司
装　　订：北京雁林吉兆印刷有限公司
出版发行：电子工业出版社
　　　　　北京市海淀区万寿路 173 信箱　　邮编：100036
开　　本：787×980　1/16　印张：22　字数：492.8 千字
版　　次：2024 年 6 月第 1 版
印　　次：2024 年 6 月第 1 次印刷
定　　价：128.00 元

凡所购买电子工业出版社图书有缺损问题，请向购买书店调换。若书店售缺，请与本社发行部联系，联系及邮购电话：（010）88254888，88258888。

质量投诉请发邮件至 zlts@phei.com.cn，盗版侵权举报请发邮件至 dbqq@phei.com.cn。

本书咨询联系方式：faq@phei.com.cn。

谨以此书献给我的游戏大家族，包括那些把我培养成游戏玩家的人，那些陪伴我走过这段旅程的人，以及那些在我学习专业技能时引导我的人。谢谢大家。

推荐序

礼遇游戏，逐浪梦想！

——献给一切热爱游戏的小伙伴！

我非常感动，能为本书致辞推荐。作为一个行业的观察者，我认为本书译者李天頎、李享先生，热爱游戏，长期保持对行业观察，以游戏行业发展各阶段和产品角度提出思考，阐明观点，着实“难能可贵”。本书不仅梳理了目前游戏行业发展沟壑，也提出了游戏爱好者、玩家及从业者对游戏认知的设计思维。本书最大的突破是可以让读者从自己所处的世界出发，将现实生活中的系统提炼出来，逐步变成游戏中能将数据记录在表格中的系统，就像一部新手教程一样，手把手教读者走一遍系统从无到有的过程；波浪式的思维架构创新讲述，刷新了我们对游戏世界的认知。

本书特别值得推荐的地方，是以朴实无华的方式把游戏系统的原理、工具、设计方法等展现给读者，并且比较系统化地进行了解释，对准备投入到游戏系统设计的设计师来说，开启了很多新知。本书非常适合有游戏数字新媒体设计学科的高校作为兴趣或专业教材，也是我目前认为可以用于游戏教学概念及方法的一本书。

站在游戏行业观察者的角度来看，本书具备了对游戏系统整体性知识的概括。目前“有且只有”是我们众多从事游戏行业小伙伴对本书的一致评价！值得推荐！

“系统与专业并存，情怀与梦想笃行”，是我个人对本书译者的最高文字礼遇，致敬坚持和勇气！再次感谢对本书做出努力的专家学者以及热爱游戏的小伙伴！

成都市动漫游戏协会秘书长　罗霄

2024 年 4 月于成都

译者序 1

进入千禧年后，国内游戏行业中 PC 端的网络游戏（以下简称“端游”）开始崛起，而在 2011 年前后，移动端游戏（以下简称“手游”）又紧随移动互联网的快速发展开始崭露头角——到现在已能撼动全球游戏市场。

无论是端游还是手游，系统（进一步限定范围的话，更多指的是那些“数据能在开发中最终以表格形式呈现”的模块）设计在当中都具有极其举足轻重的地位。不过很长一段时间以来，在国内，这方面的知识积累更多的是“工匠式”传承，“要聊战斗系统，先把攻击力和血量两项基本属性抬出来再说。”“背包系统？先套一层暗黑式背包模板，然后再在此基础上修修补补，搞定。”对于偏工业化的制作流程来说，这样并无太大问题，但要说从“原始的点子”到“最终落地的一个又一个表格数据”，中间似乎还隔了一些沟壑。

本书就是为了填补这些沟壑而存在的，最大的特征是让读者从自己所处的世界出发，将现实生活中的系统提炼出来，并将其一步一步地变成游戏中能将数据记录在表格中的系统——没错，本书并不会教给读者非常高深的数学建模、公式方程，而是会像一部新手教程一样娓娓道来，手把手让读者走一遍系统从无到有的过程。

本书适合的人群有以下几类。

1. 想要在系统设计师（我个人不太喜欢叫“策划”这个名词）的道路上深耕的人——无论你是新手，还是带过好几个项目的老鸟，都可以从本书中汲取营养。

2. 独立游戏开发者——人不多的团队讲究面面俱到，更需要对游戏系统有一个清晰的认识。

3. 对游戏开发流程感兴趣的普通玩家——游戏中看似不合理的地方为什么这么设计？是开发者有意为之，还是单纯的设计缺陷？读完本书后你将能独立回答这种问题。

在这里，我要感谢电子工业出版社张春雨老师的紧密配合，并要特别对张老师致歉：由于我的个人原因，导致本书的推进工作滞后很久，更何况本书还是在我的提议下引进的——我抱有不可推卸的责任。非常抱歉！

我同时也要感谢李享——我的大学同班同学，这是我们在翻译著作方面的第二次合作。出于一些共同的愿景，接下来我们还会在国内游戏教育领域有进一步的合作。我们衷心地希望，能为国内游戏人才的培养添砖加瓦。

感谢我的老婆谢倩妮，在去年相对最艰难的时候给到了我全面的支持和理解。

感谢成都市动漫游戏协会罗霄秘书长以及成都工业学院计算机学院的党锐教授，感谢霄哥和党老师在游戏领域给我无微不至的照顾。

当然，我也要再次感谢我的父亲蒋兆平和母亲李桂秋。

由于阅历、能力所限，本书难免会有翻译错误、遗漏之处，恳请各位读者多加批评指正。

李天颀
2024 年 3 月于成都

译者序 2

最近几年，国内对于游戏开发与创作的讨论和关注越来越多，无论是从业者还是准备入行的学生群体，都更重视游戏设计方面的知识，以及如何进行系统性学习。但颇为无奈的是，虽然市面上已经有越来越多的游戏关卡制作、游戏剧情创作甚至是游戏数值设计的教程和图书出现，但非常深度地对游戏系统创作进行教学的书少之又少。

本书最为出彩的地方，就是以非常朴实无华的方式把游戏系统的原理、工具、设计方法等一一展示给读者，让想要投入游戏系统设计的设计师们能够知其所以然。只有这样，他们在创造游戏系统的时候，才不会迷茫地原地打转，不知道如何解决诸如“该怎么抽象出游戏核心玩法”“该怎么让系统合理运转”或“该怎么优化我的游戏系统”等问题。

关于游戏系统的一切都被本书作者以系统化的方法进行了传授，所以这本书非常适合用作游戏系统设计的教材。在翻译本书的过程中，我这个在游戏开发领域浸淫多年的从业者也再次获得了非常多的新知，认识到了日常伴随游戏设计师的电子表格工具还有如此多的妙用，对电子表格这个简单的办公工具有了更多的认识，也借着翻译的机会更新了自己的知识库。

我愿意把这本书推荐给任何对游戏系统设计感兴趣的人，无论你是资深的行业从业者还是准备进入这个行业的学习者，甚至只是一个喜欢钻研游戏玩法的玩家。

对于资深从业者来说，本书用非常系统的方法讲述了关于游戏系统设计的方方面面，它会像加在面粉里的水一样，帮助你把多年的项目经验捏合在一起，让你的知识体系上升一个维度，把那些面粉一样松散的知识变为劲道的面团；对于还未踏入行业或涉世未深的新设计师，这本书是一个能帮你快速规范化自己设计思路的工具，能节省你在黑暗的游戏开发道路上付出无畏努力的时间成本，换句话说，让你少走很多弯路，在从业的初期就有规范化的思维和工作习惯，让你的工作事半功倍；而对游戏系统感兴趣的玩家，你甚至可以通过研读这本书提到的设计理念，去找到一款游戏的系统逻辑，从而更快速地找到系统玩法最优解，帮你速通每一款你最爱的游戏。

在本书的翻译过程中，我十分感谢我妻子的默默支持，每次伏案工作到深夜，她体贴的关心是我翻译工作最大的动力。我要再次感谢李天颀的邀约，让我有幸提前看到这本游戏系统设计的教材，他在翻译上也给了我很多帮助。除此之外，我还要感谢在我从业路上给我帮助的所有朋友。

本书的第 4 章至第 9 章、第 14 章至第 19 章是我翻译的，其余部分由李天颀翻译。由于能力所限，书中难免会有遗漏、偏差、错译等疏忽之处，还望读者们海涵并指正。

李享

2024 年 3 月于成都

前言

本书用通俗易懂的语言讲解了游戏系统设计的基本要素。它运用了大量的例子和类比来指导你了解各种主题。这些主题可能乍一看有点吓人，但实际上你完全能掌握它们。本书聚焦于学习如何使用电子表格进行游戏系统设计。它涵盖了能使复杂游戏数据更易于管理的电子表格基本知识以及最佳实践。

本书面向的读者

本书的主要目标读者是这样一些有抱负的游戏设计师：他们虽然是游戏系统设计新手，但对于学习更多知识有极大兴趣。本书假设读这本书的人之前都具有数学基础。除此之外，本书没有任何预设的期望读者事先掌握的内容。本书的目的，是指导一个具有高中教育水平的人从新手成长为一个有实践经验的游戏系统设计师。

以下是部分可以从本书所描述的方法中受益的人群：

- 有抱负的专业游戏系统设计师。
- 游戏管理员（GM，Game Master）或者地下城主（DM，Dungeon Master）。
- 业余游戏设计师。
- 纸笔 RPG 以及其他模拟游戏设计师。
- 想获得更多游戏系统设计知识的有经验的关卡设计师。
- 即将与游戏系统设计师一起工作的程序员/工程师。
- 为更好地指导学生，需要把游戏和数学联系起来的高中教育工作者。
- 想要更好地理解游戏系统的制作人/首席设计师。

本书的使用方法

如果你是新手，对游戏系统没有太多的先验知识，那么你可以从头到尾全盘阅读本书。而对于有经验的系统设计师而言，它也是一本参考书，你可以在书中来回跳转以获取有用的信息。吸收这些信息的最佳方法，是通读本书，边读边做电子表格，然后在制作下一款游戏时再回到本书中来，以获取完全实现游戏所需的复杂工作的指导。

本书讨论和参考了一些现有的游戏，它将有助于你在一定程度上理解这些游戏。在阅读本书的其余部分之前，建议你至少通过网上的评测视频熟悉一下这些游戏，以及通过免费的 Web 端程序实际试玩一下这些游戏：

- 玩一下双陆棋、国际象棋以及《乌尔皇室游戏》（*Royal Game of Ur*）。要注意在这些游戏中掷骰子的方法、棋子的移动方式，以及各游戏的机制是如何与游戏对象交互的。
- 玩一下《韦诺之战》（*The Battle for Wesnoth*）以更好地理解什么是回合制游戏，以及什么是 RPG 游戏。《韦诺之战》的属性驱动数据对象以及其游戏机制生动地阐述了本书所涉及的许多概念。此外，它还有一个活跃社区作为支持，让游戏常玩常新。
- 亲自玩玩，或者至少看看《吃豆人》（*Pac Man*）、《大蜜蜂》（*Galaga*）以及其他经典街机游戏的评测视频。

本书中列出的游戏都是经过专门筛选的，因为它们都是很容易便能接触到的。

本书详细描述了与游戏系统打交道的众多方法。这可能会造成一种感觉：本书中的方法是特别推荐的，但事实并非如此。游戏系统设计师会使用无数方法、技巧和技术来完成他们的工作。事实上，他们所使用的方法实在是太多了，以至于一本书都装不下。本书旨在提供一个起点，展示少量对所有游戏系统设计师都适用的范例方法。我希望并鼓励你继续从其他书、同事和你自己的个人经历中学习更多的技术。有多少游戏系统设计师，就有多少设计游戏系统的不同方法，不断尝试可以帮助你找到自己的风格。

本书的内容

以下是本书各章内容纲要。

- 第 1 章：定义游戏和玩家

  本章会定义本书中用到的一些重要术语，并对一些核心主题提供说明。

- 第 2 章：游戏行业中的职能

  游戏行业包含各种各样的学科以及子学科，这可能会让新游戏设计师感到迷惑。本章还会介绍行业中常见的职能。

- 第 3 章：学会提问

  游戏设计师必须以独特的方式提出问题并诠释答案，本章将帮你重新思考该如何去做。

- 第 4 章：系统设计工具

  正如你所预期的，游戏行业有着各种各样的计算机软件工具。本章将涵盖你可能会用到的工具类别，以及各类别中最流行的一些工具。

- 第 5 章：电子表格基础

  电子表格在大多数工作中无处不在，它们对于游戏系统设计师尤其有用。本章将涵盖电子表格的基础知识。

- 第 6 章：电子表格功能

  本章通过聚焦函数来继续探索电子表格的强大功能。

- 第 7 章：把生活提炼进系统

  当你仔细观察构成游戏的任何机制时，会发现它们模拟了现实生活的某些方面，即使它们是抽象的。本章将解释如何使用这些抽象事物来创建游戏的模块。

- 第 8 章：想出点子

  本章将帮你挖掘你的创造性技能，尤其是在“想出新游戏点子”方面。

- 第 9 章：属性：创造和量化生活

  系统设计师最常执行的早期任务之一，是为游戏对象创建属性。本章将介绍什么是属性以及如何在游戏中创建属性。

- 第 10 章：在电子表格中组织数据
  一旦开始为你的游戏对象创建属性，你将需要组织并最终分析它们。做这一切的最佳场所就是在电子表格中。本章将介绍如何以一种可用的格式组织你的想法。
- 第 11 章：属性数值
  本章将讨论如何把属性量化为数值，包括数值尺度以及什么样的数值粒度最适合游戏。
- 第 12 章：系统设计基础
  本章将涵盖属性权重、有关交织属性的思考、二分查找正确数字以及命名规范等内容。
- 第 13 章：范围平衡、数据支点和层次设计
  本章会讨论将少量数据对象转变为完整游戏数据集的方法。
- 第 14 章：指数增长与收益递减
  指数增长是平衡现代游戏的最有效方法之一。本章将介绍我们使用这种方法的原因，并诠释一个公式，你可以用这个公式在游戏中快速创造出几乎无限数量的指数增长的不同形态。
- 第 15 章：分析游戏数据
  理解游戏整体的一个重要步骤是把它的所有对象放在一起评估，无论是十个还是成千上万个。本章将介绍如何在电子表格中收集数据，并进行数据基础分析。
- 第 16 章：宏观系统和玩家参与
  你可以用几种不同的难度调整风格来让游戏变得更难或更简单，又或者根据玩家的特殊需求来调整。本章将提供各种方法的高层次概述，并给出在各种情况下使用这些方法以让游戏平衡得当的例子。
- 第 17 章：微调平衡、测试和解决问题
  游戏设计师的大部分时间不是花在设计上，而是花在平衡、测试和解决问题上。本章将介绍如何让这些重要的工作变得更容易、更高效。
- 第 18 章：系统沟通与心理学
  游戏可以通过多种方式传达给用户。设计师必须考虑具体的游戏如何向玩家提供信息并从玩家那里接收信息。本章将涵盖与玩家沟通的方方面面。

- 第 19 章：概率

  现实世界或游戏中的一切并非都是可预测的。然而，尝试理解不可预测性是可行的。本章将向你介绍计算和理解游戏概率的基本方法。

- 第 20 章：接下来的步骤

  最后一章将为你提供更多游戏系统设计的发展方向。

致谢

首先，我必须感谢我的妻子 Melanie Gazaway，她在我张罗这摊事儿之始就一直支持我，鼓励我让一切形成文字，并在我把书送出去审核之前帮我找出所有糟糕的拼写错误。接下来我还要感谢我的孩子，Mazzy 和 Jack，我在游戏行业工作时他们默默承受了很多。从加班到错过假期，我总是不能在我想陪他们的时候陪在他们身边，但他们从来没有让我感到难过。

接下来，我要感谢我的父母 Michael Gazaway 和 Armen，是他们把我培养成为一个游戏迷。如果没有他们，我肯定不会有今天的成就。Michael 是我的父亲，也是首位地下城主。他是我认识的人当中第一个设计和修改游戏的人。他教会了我游戏设计的基本原理，这一切甚至发生在大多数同龄人还不知道游戏设计的存在之前。我母亲 Armen 将《指环王》作为睡前故事读给我，还让我翘课去看《星球大战》首映。即使是现在，我们也会把游戏、科幻与奇幻电影作为日常对话的一部分。

除了我的父母，我的朋友 Rick Herrick 在游戏方面对我的影响也很大。Scott Stocklin 和 Jesse Wise 是我的童年好友，他们向我介绍了更多游戏，是我最早同时也是最糟糕的游戏制作试验品的测试对象。

大学时，我身处“设计熔炉”之中，我团队的朋友们一直在制作和试玩彼此的游戏。在成为专业人士之前，我的成长比其他任何时候都要快。我要特别感谢我的游戏团队，成员包括 Dax Berg、Goose、Todd Meyers、Ron Mertes、Skip、Foz、the Chads、Pig Man、Sarah Lacer、Marie、Glenn、Connor、Evan 以及所有 Dave 家族的人。

当我成为一名专业人士后，3DO 团队给了我巨大的帮助。特别感谢团队的领导，Jason Epps 和 Howard Scott Warshaw（是的，就是那个霍华德 · 斯科特 · 沃肖）。他们引领我从一个新手变成了一名专业游戏设计师。

我第一次听到“游戏系统设计师”这个词是在 Lucas Arts Team 工作期间，听到 Chris Ross 口中蹦出这个词时，我就被迷住了。此外，他和 Dan Connors 非常支持我探索这个新的非官方头衔，弄清它的含义。我非常感谢 Gladius 团队，他们都很棒，跟他们工作时，我学到了本书中所提到的很多东西。特别感谢 Alex Neuse、Derek Flippo 和 Robert Blackadder 的系统团队。

Vicarious Visions 团队之所以特别邀请我加入，是因为我是一名游戏系统设计师，而这与他们希望工作室发展的方向息息相关。尽管责任重大，在这里工作的时候我也有幸学到了海量新知。我结交了很多朋友，数量太多不能一一列举，因此我在这里特别感谢我的系统团队成员，包括 Dan Tanguay、Jonathan Mintz、Alan Kimball（程序员和系统荣誉顾问）、Jay Twining、Justin Heisler、Mike Chrzanowski、Brandon Van Slyke 和 Jessica Lott。感谢 Tim Stellmach 向我介绍 Bad Storming。

Row Sham Bow 是我工作过的最后一家专业工作室，也是最好的一家。这里的每个人都很棒。这家工作室为我设定了很高的标准，以至于之后非这样优秀的工作室我是不会考虑加入的。

我要感谢福赛的团队。我喜欢把我的经验教授和分享给那些刚刚开始游戏设计之旅的学生，他们虽然年轻，但却有热情、动力十足。具体来说，我的几个同事鼓励我写这本书，并在我写的时候提供了有价值的反馈。这些人包括 Zack Hiwiller、Ricardo Aguiló、Fernando De La Cruz、Christina Kadinger、Andrew O’Connor、Hayden Vinzant、Paul Fix、Derek Marunowski 以及 Phillip Marunowski。我还要特别感谢我的实习生和那些持续参加游戏日活动的优秀学生。

最后，我要感谢我所有优秀的学生。看到他们的激情和热情，我自己也仿佛年轻了很多，且保持了对这个职业的激情。我专门为他们写下这本书。我花了 20 多年的时间来积累我在本书中展示的知识，现在我要把它们传给下一代。我最大的希望是，我能让他们的旅程比我更轻松，就像我所有的导师都让我的旅程比他们更轻松一样。

关于作者

Dax Gazaway 在一个游戏玩家家庭长大。他的父母是在《龙与地下城》小组中认识的，成长过程中他接触到的全是正在试玩和正在制作的游戏。从很小开始，Dax 就对游戏中的数字着迷。他会钻研怪物手册和桌游书籍，试图剖析规则，弄清游戏系统是如何运作的。

Dax 于 20 世纪 90 年代后期进入电子游戏行业。Dax 在游戏行业任职期间，曾在多个独立工作室和 AAA 工作室开创游戏系统设计的先河，帮助完善和定义这一子学科。近年来，他成为福赛大学的课程主任，专门向新生教授游戏系统设计的概念和工具。Dax 为游戏系统设计的学生们创建了新的完善课程，并教授游戏系统设计的课程导论。

下面列出了 Dax 的部分游戏设计作品：

- 《星球大战：欧比旺》(*Star Wars: Obi-Wan*)：担任系统和关卡设计师。
- 《星球大战：绝地星际战斗机》(*Star Wars: Jedi Starfighter*)：担任系统和关卡设计师及 QA 联络人。
- 《星球大战：赏金猎人》(*Star Wars: Bounty Hunter*)：担任系统和关卡设计师。
- 《神鬼战士》(*Gladius*)：担任系统设计师。
- 《虹吸战士》(*Syphon Filter*) 系列：担任首席设计师和系统设计师。
- 《蜘蛛侠 3》(*Spider Man 3*)：担任首席系统设计师。
- 《漫威终极联盟 2》(*Marvel Ultimate Alliance 2*)：担任首席系统设计师。
- 《吉他英雄》(*Guitar Hero*) 系列：担任系统设计师。

此外，Dax 还担任 Row Sham Bow Games 的首席系统设计师以及多个项目的系统设计顾问。

目录

第1章

定义游戏和玩家

要开始学习一个主题，在术语上达成一致是很重要的。本章定义了一些术语，以建立贯穿本书的通用词汇表。本章首先介绍了游戏和游戏玩家的工作定义，然后详细分析了功能定义，以便我们可以区分开“什么是游戏”与“什么像游戏”。此外，我们将以一种实用的方式分解定义游戏玩家的各种属性，以指导你开发游戏。

定义游戏

在定义游戏系统设计师或游戏数据设计师之前，我们需要先定义游戏本身。虽然你可以从哲学角度论证“生活是一场游戏”或者“整个宇宙以及其中的一切都只是一个大型游戏”，但从本书的目的出发，我们需要更狭义地关注通常被视为游戏的活动，研究这些活动与其他活动的不同之处。

游戏是具有一些特定属性的人类创作。比起尝试总结游戏的所有意义，更有价值的是着眼于创造一款游戏所必须具备的多种属性标准。从某种意义上来说，我们是在创建一个标准列表，力争将所有的属性都像下面这样列出来，以便其可被视为一款游戏：

- 游戏商定了人为的规则。
- 玩家可以影响游戏的结果。
- 玩家可以选择退出游戏。
- 游戏的会话时长是有限的。
- 一款游戏中存在不具备外在价值的内在奖励。

下面将逐一介绍这些属性，以便更好地理解“游戏”这个术语。

商定的人为规则

一头动物狩猎另一头动物，显然不是游戏。这种情况下的目标是杀戮或生存。狩猎是有规则的，但它们是由生物、物理、化学以及很多其他因素决定的。狩猎过程中可以做的事情有物理上的限制，但没有人为的限制，狩猎中没有作弊这回事。

所以狩猎不是一种游戏，但我们可以观察到很多动物在野外玩类似狩猎的游戏。小熊之间可能会摔跤，但不会试图伤害对方。狼会像捕食一样相互追逐，但不会攻击对方。从本质上说这些都是游戏。作为人类，我们倾向于认为自己拥有创造游戏的独家垄断权，但事实并非如此。

现在我们来考虑两种人类格斗形式：街头格斗和大学摔跤。街头格斗中没有规则一说。街头格斗是违法的，所以这种活动没有任何规则可言。如果一名战斗人员明显比另一名更强壮、更有技术，战斗很可能是一边倒的。如果其中一名战斗人员能够拿一把武器，他就可能占据上风。只要环境的物理条件允许，街头格斗中可以发生任何事情。所以，街头格斗确实是一种战斗，甚至可以被视为某种形式的竞赛，但它不是一种游戏。

真人格斗的另一端是大学摔跤。它也是一种非常直接的物理比赛，类似于打架，但它是一种游戏。那么它和街头格斗有什么不同呢？那就是规则。在摔跤比赛中，选手不允许使用武器。他们不允许直接击打对方，即使他们明显具有这样做的手段，而且这样做几乎肯定是一种优势。

现在让我们来看一项不涉及身体接触（更不用说格斗了）的比赛：国际跳棋。两名玩家面对面坐下来玩，目标是让一方吃掉另一方所有的棋子。尽管对于“玩家直接到棋盘的另一边去吃对手的棋子”这种行为没有任何物理上的阻碍，但规则是不允许玩家这么做的。为了让游戏成立，双方玩家都同意必须创造一个特定的环境，让玩家能吃掉对方的棋子。只有在玩家遵守了游戏的人为规则的同时，其中一人创造了“吃掉对方所有棋子”的环境，该玩家才能被宣布为赢家。在国际跳棋的规则中，吃掉棋子所需的环境是排他的——这意味着任何不严格遵守规则的移动都被认为是犯规的。

如果玩家无法对游戏规则达成一致，游戏很快就会崩溃，无法正常玩下去。如果游戏有一套既定的规则，而玩家选择玩这个游戏，我们就可以假定玩家已经同意了所有规则——不管他是否真正弄清或理解这些规则。

虽然让游戏成为游戏的所有属性都很重要，但这当中最重要的就是拥有商定的人为规则。没有这样的规则，游戏也不存在。

玩家对结果有影响

这项属性实际上有点争议。少数人认为即使玩家对游戏没有影响，游戏也可以是游戏。然而，根据我们在本书中的定义，如果一个玩家对游戏没有影响，那么他根本不是玩家，他所进行的活动也不是游戏。来看两个例子。

在游戏《糖果乐园》（*Candy Land*）中，玩家轮流抽一张牌，然后沿着线性轨道移动角色，朝着一个目标前进。这是游戏吗？根据我们提出来的标准——玩家必须对游戏产生影响——所以它不是游戏。在《糖果乐园》中，玩家不存在任何能动性。想象一下，一个玩家在《糖果乐园》中扮演全部四个角色。那么这个玩家是否有足够的主动权能确保自己喜爱的角色获胜呢？没有。《糖果乐园》将以完全相同的方式进行，即一个人为所有棋子所做的移动操作，和四个人分别为各自的棋子所做的移动操作完全一样。不管玩家的愿望、技术水平或意图如何，操作都会以完全相同的方式进行。

相比之下，在国际象棋中，如果一个人轮流扮演两方玩家，那么这个人可以很容易就能决定哪方赢哪方输。事实上，大多数人都觉得自己和自己下棋很无趣，因为很容易出现“一方不费吹灰之力便赢过另一方”的局面。

人们可以选择退出

到目前为止，我们已经确立了：游戏有人为的、商定的规则，游戏中的人也可以对游戏产生影响。法律满足这两个要求，但显然法律并非游戏。我们不会把立法者视为游戏设计师。之所以有“立法者”这么一个专门的词是有原因的。但是，是什么使得法律不是一套游戏规则呢？那就是：相关人员不能选择退出。我们考虑几个例子。

如果一个人带着一个篮球走路，另一个人喊道：“这只是单纯的走路。你必须边走边运球。”那他可以回答：“我现在又没打篮球，我只是单纯带着篮球在走路。有问题吗？”没有任何问题。人们不会“被迫”玩游戏。

另一方面，如果一个人在没有人行横道的车流中横穿马路，其他人可能会说：“这是违法的。你不能乱穿马路。”那么这个人就不能回答“我又不是在玩，所以无所谓”。不管人们是否需要、关心或者了解法律，他们都必须遵守所在地区的法律。这是法律和游戏规则之间的关键区别：人们不能选择退出法律，但可以选择退出游戏。

游戏会话时长有限

游戏必须有某种形式的结局，这样参与者才会“有时玩玩游戏”而非“一直在玩游戏”。例如，一款大型多人网络游戏（MMO）可能会无限期运营，但玩家确实会时不时地停止游戏。游戏规则是为那些正在玩游戏的人而存在的，而不是为那些已经完成游戏会话的人。

在一个社交团体中，有人为的规则；成员会影响他们各自的地位——因此也会影响结果；成员只要想退出就可以退出这样的团体。因此，基于这三项属性，这类组织似乎可以被视为游戏。然而，它们没有有限时长的会话。加入一个俱乐部或社交团体时，你相当于同意在任何时候都遵守该团体的规则——而不仅仅是在特定时间内。这使得社交俱乐部、乐队、剧团以及许多其他兴趣团体与游戏截然不同。

内在奖励

基于到目前为止提到的属性，我们可能可以将工作视为游戏。它有人为的规则，规定你应该在何时何地做什么。你可以选择退出，且有有限的会话。那么，工作和游戏的区别是什么呢？游戏区别于其他东西的另一个因素是内在奖励——也就是说，只在游戏中存在价值的奖励。例如，当你玩国际跳棋时，吃掉对手的棋子是很有价值的。然而，被吃掉的棋子在游戏之外没有任何价值。游戏结束时，所有的棋子都要回到棋盘上，以便在下一局游戏开始时重新分配。另一方面，工作的回报通常是金钱。经济奖励在工作之外不会失去价值，可以在更大的经济系统中使用。

让我们考虑一个稍微复杂一点的例子：扑克。我们通常认为扑克是一种游戏，尽管有些人把打扑克当作职业。玩家为具有外在价值的金钱而进行游戏，但游戏中的某些部分却只拥有内在价值。例如，扑克中拥有相同花色和顺序的牌被认为是非常有价值的。而在扑克游戏之外，随机抽到五张相同花色的纸牌仍然非常少见，但它并没有什么价值。是内在奖励将单纯的任务或者工作变成了游戏。

游戏属性总结

通过整合之前讨论的所有游戏属性，我们创造了一个独特的游戏定义。本书中讨论的每一款游戏都包含所有这些因素。

确定"什么是游戏，什么不是游戏"可以说相当复杂。工作中可以有游戏。游戏中还可以包含更多游戏。有些活动可以被称为游戏，但却缺少一个关键的必要元素（例如缺少玩家影响力的《糖果乐园》）。尽管存在这些奇怪之处，但我们现在已经对游戏的属性有了足够清晰的概念，可以提供一个能覆盖整本书范围的定义作为参考。

谜题和玩具

谜题是一个庞大而独特的游戏子类型。一个谜题有一个特定的正确答案。对于一个谜题，你要么持续努力按照规则解开它，要么放弃。例如，拼图游戏具有游戏的属性，但你不会输；你只能停止游戏。当你在设计一款包含子游戏和谜题的大型游戏时，必须牢记这一点：如果玩家能够失败，这便是游戏；如果玩家能够不受惩罚地不断尝试，直到在挑战中获胜，这便是谜题。

玩具没有规则，所以很容易与游戏区分开来。玩具类似于游戏，但有了玩具，你可以在物理的范围内做你想做的事。根据这个定义，许多游戏以及经过 MOD 改造的电脑游戏都是玩具，而不是游戏，因为玩家完全有可能改变游戏规则，从而改变游戏会话的结果。

寻找游戏的目标用户：玩家属性

一旦你知道了构成游戏的属性，就必须考虑游戏的目标用户是谁了：谁会成为你的游戏的玩家？更重要的是，什么是游戏玩家？可以说世界上的每个人都是或曾经是游戏玩家；大多数人都喜欢玩，有时也的确会玩玩某种形式的游戏。

请注意：

不要试图定义“你希望会玩你的游戏的用户”。说实在的，你肯定希望每个人都会去玩。你需要定义的是“你所制作的游戏的目标用户”。很多玩家的喜好都是互斥的。例如，有些玩家对那种会话时长超过几分钟的游戏完全不感兴趣，另一些玩家则会完全无视那些会话时长低于一小时的游戏。要同时取悦这两个群体是不可能的，而且你也不应该尝试这么做。然而，你可以决定自己想要取悦哪个群体，并据此来制作你的游戏。所以，理论上你可以接受并拥抱任何想要玩你所制作的游戏的人，但在创作游戏时你只能尽量吸引更小范围的用户。

为了定义目标用户，你可以思考各种各样的属性，就像你将在本书后面为游戏对象所做的那样。游戏玩家的属性涵盖了从人的特征到态度以及行为的方方面面。接下来的内容描述了一些游戏玩家的属性，当然这只是描述游戏玩家的无数种方法中的一个例子。你应当将这些信息作为自己探索的起点，而不是作为定义游戏玩家的“正确方法”的模板。

年龄

划分年龄最有效的方式是分为两大类：成人和发育中的儿童。当儿童发育认知技能时，他们是随着年龄的增长而发育的（当然这种说法很粗略）。为发育中的儿童制作的游戏有特定要求，并会面临法律限制。作为游戏开发者，如果你想为不同年龄的孩子制作游戏，就必须考虑到他们的认知发育。有很多领域都致力于儿童发育，为不同阶段的儿童创作学习活动或游戏。如果打算制作一款面向儿童的游戏，你就需要对儿童成长领域进行一些研究。

而另一方面，针对成年人的游戏开发又可以被分到另一个大池子里。假设你所面向的所有成年人都有阅读能力，能使用手柄或键盘，理解基本的数学知识，并能够自力更生解开谜题。这使得按特定年龄对成年人进行分类几乎毫无意义。虽然不同的人对某些文化的理解会有所不同，但进一步划分年龄并没有什么好处，所以在定义目标受众时，通常只说受众是“任何成年人”就足够了。

性别

我们没有必要深入研究性别，因为性别并非定义游戏目标用户的有效属性。虽然少数游戏确实瞄准了特定性别，但大部分游戏却没有这么做，因为在大多数游戏中与性别相关的内容很少。所以，除非你有充分的理由将性别作为游戏目标用户的属性，否则根本没有必要将其纳入考虑范畴。

休闲玩家与硬核玩家

什么是休闲玩家？什么又是硬核玩家？这两者几乎都不可能被完全定义。例如，加里·卡斯帕罗夫（Garry Kasparov）是世界著名的国际象棋冠军。这应该完全足以将他定义成硬核玩家，但除了国际象棋，你还能为他开发什么游戏？你可能认识一个手臂上满是游戏文身的女玩家，但她只玩来自日本的特定 RPG。那么她是“硬核玩家”吗？从文化的角度来说是，但这一定义并不能帮助我们在创作游戏时真正瞄准这些玩家。如果一个玩家每周都买一款新游戏，玩一周后就“弃坑”了。这个人听起来像一个硬核玩家，但他完全不同于卡斯帕罗夫和那个有文身的女玩家，而后两者也一样被认为是硬核玩家。什么是休闲玩家？是指那些不经常玩游戏的人，还是指那些只玩某种游戏类型的人？

正如你所看到的，在定位目标用户时很难使用休闲及硬核的概念。接下来的部分描述了你可以用来定义游戏用户的几个更好量化的属性。

对学习规则的容忍度

很多人讨厌学习新规则。如果你怀疑这一说法，那不妨拿一本厚厚的规则手册给人阅读。不少人会觉得这听起来简直糟透了，对吧？他们通常认为不值得花力气玩任何新游戏。想想那些每天只玩国际象棋却不玩其他游戏的人。他们当然是游戏玩家，但他们并不是那种每周都会去尝试一款新游戏的玩家。

在人类频谱的另一端则是喜欢学习游戏规则的玩家：他们对学习游戏规则的热情甚至不亚于玩游戏本身。这些人可能是当地桌游俱乐部的成员，他们每周都会玩一款新桌游，很少重玩游戏。游戏对这一群体的吸引力在于与群体一起学习新规则，游戏本身则是次要的。

在创作一款游戏时，你需要确定你的目标用户对于学习新规则的容忍度。就学习规则的容忍度而言，基本上可以把目标用户分为五类。

- **拒绝型：**这个群体中的玩家几乎都拒绝学习新规则。如果你是在为这一群体制作游戏，那么该游戏肯定是基于现实世界的，或者是现有游戏的续作，至少也要是与特定题材紧密相关的。例如，*Wii Bowling* 能够吸引那些对电子游戏不感兴趣但却喜欢保龄球的玩家。为这一群体设计游戏其实相当少见，比为对新游戏接受度更高的玩家制作游戏更具挑战性。
- **抗拒型：**这类玩家不喜欢学习新规则，但他们偶尔会这样做以便玩特定的游戏。这一群体的玩家倾向于或专注于多样性更低的游戏，或者可能是一个狭窄的游戏类型，并且不会去探索他们所熟知游戏之外的新领域。如果你所提供的是他们所熟悉的内容，那么针对这一群体设计游戏很容易。然而，如果你做的游戏很独特或远离了他们的舒适区，那么他们几乎不可能接受。想想“三消”游戏类型，如《宝石迷阵》（*Bejeweled*）。许多玩家只玩这类游戏，因为这类游戏易学易玩，而且可以在智能手机等便携设备上使用。如果你想要在一款三消游戏中创作全新内容，这个群组可能也会给你的游戏一个机会。然而，你不应期望他们愿意走出这个狭窄的视野范围。
- **中立型：**如果是出于玩新游戏的特定目的，这个群体的玩家可以接受学习新规则。许多休闲游戏玩家和桌游玩家都属于这一类。这个群体不太可能阅读或理解所有的规则，相反，他们会边玩边学习，他们可能只对试玩所需要的规则感兴趣。中立型玩家占市场的很大一部分。很多玩家都属于这类，瞄准他们可能是值得的，尽管向他们传达规则可能具有挑战性。这一群体会是那些关注某些特定系列游戏并购买这些游戏每一款新作的玩家。他们也可能购买相同游戏类型的竞品，但他们不太可能离开自己喜欢的游戏类型去尝试全新的内容。举个例子来说吧，想想那些购买了所有第一人称射击类（First-Person Shooter，FPS）游戏，但却很少购买其他完全不同类型游戏的玩家。这类玩家可能会被说服与好友一起尝试新东西，但如果没有这样的驱动力，他们是不会寻求新的体验的。

- **接受型**：这类玩家喜欢学习新游戏和新规则。他们学到的规则往往比试玩该游戏所需的最简规则要多。他们有时会寻找规则并将其作为自己的优势加以利用。这一群体也有可能拥有自己最喜欢的游戏类型且坚守着这一类型，但同时也会探索其他游戏类型。接受型玩家占据着一个重要的市场，在专业游戏开发者的目标市场中占有相当大的份额。这类玩家的数量远远少于前三种带抵抗心理的玩家，但也有足够的理由为他们创作大预算的主机/PC 游戏。这是游戏行业最值得瞄准和重视的目标群体，接受型玩家经常会被各种针对他们的游戏所淹没。这可能会对该群体产生过度饱和的影响，每款为接受型玩家群体创造的游戏都可能面临如何脱颖而出的挑战。
- **狂热型**：这个群体的玩家热爱学习新规则。他们经常从一款游戏跳到另一款游戏，当中不少人在完全弄清游戏规则后会放弃该游戏。虽然让狂热型玩家玩你的新游戏很容易，但要留住这些玩家却很困难。与其他群体相比，这一群体也愿意接受更多的规则和更高的准入门槛。虽然没有关于各群体的确切数字比例，但包含许多复杂规则的游戏的销量提供了大量证据，表明这个群体是五个群体中最小的。

对挑战的兴趣度

挑战有很多种，但我们可以把这项属性简化为对失败的容忍。大多数游戏都有允许玩家成功和失败的机制。我们可以量化衡量成功与失败的频率，并将其作为定义挑战的指标。对于一些玩家来说，失败几乎——甚至是完全不可接受的。他们想要持续不断的奖励，玩游戏只是为了感觉良好或消磨时间——而不是为了挑战。而另一些玩家接受甚至渴望高失败率。通过列出一个可接受的失败级别，用失败数量与成功数量的简单比率来表示，可以对这个属性进行量化。看看下面这两个截然不同的比例：

- **15/1**：表示每 1 次成功对应 15 次失败。这是一款非常具有挑战性的游戏，它如此有挑战性以至于可能会赶跑很多玩家，但同时可能吸引一小部分忠实粉丝。
- **1/100**：表示每 100 次成功对应 1 次失败。这会是一款不让玩家感到挫败的游戏。叙事驱动的 RPG 和简单的益智类游戏可能都拥有这种可接受的失败层级。游戏的挑战并非此类游戏的真正意义所在，因此挑战被大大淡化了。

除了描述你的目标玩家，这项玩家属性还有助于你在游戏发行后判断它是否成功。玩家的成功率和失败率是最容易从玩法测试和遥测数据中获取和分析的指标。这一属性让你能够将自己的期望与游戏的真实情况进行比较。它还能让你了解到是否需要调整游戏以增加或减少其挑战性，从而更好地瞄准你的目标市场。

期望的时间投入

期望的时间投入涉及两个子类：会话时间和总时间。有些游戏，例如跳棋，没有总时间的概念，只有会话时间。但很多游戏同时具备这两种功能。

会话时间是指玩家玩游戏的单次独立会话所花费的时间，抑或是在流程更长的电子游戏中，玩家认为单次能过足瘾的会话所花费的时间。在某些游戏中，如扑克，一手牌可以被视为一次独立的会话。这是一个非常小的会话，而大多数扑克玩家会把一轮比赛看作一次独立的会话。网球也是一项被划分得界限明显的游戏。比如得分组成“局（game）”，“局”又组成“盘（set）”，“盘”最终组成“比赛（match）”。所以，即使你可以在短短几分钟内打完一局网球，这也不被认为是一次完整的会话。一场比赛才被认为是一次完整的会话，而一场比赛可以持续一个小时或更长时间。在游戏设计中，你应该将“会话”理解成能让玩家在完成之后感到满足的一段经历。

总时间是指“完成”一款游戏所需要的时间，这对于不同的游戏来说是不同的。有些游戏永远没有完成的概念。想想 MMO、三消游戏和老式街机游戏。玩家可能会对总时间有自己的定义，如“达到最高等级”或“获得所有成就”。所以你可以看到，对游戏来说，“结局”并非必需的要素。然而，为你所制作的游戏定义“会话”以及“完成游戏体验”是很重要的。

对于这些子类别，你需要明确自己对游戏的期望以及玩家的需求。有些玩家希望游戏会话持续 5 分钟，没有结局：休闲手机益智游戏适合这类玩家。有些玩家想要 2 小时的游戏会话，20 小时的完成时间：很多动作和冒险游戏都是这一群体所青睐的对象。不同的时间投入会吸引不同的玩家。你必须清楚自己制作的游戏属于哪一类，并了解如何与合适的玩家一起测试游戏，从而获得有关目标玩家的准确而有用的信息。

下面是有关如何量化不同游戏的预期时间投入的几个例子。

- **国际跳棋：**10 分钟的会话，无总时间概念。
- **扑克：**3 小时的会话，无总时间概念。
- **《上古卷轴 5：天际》**（*Skyrim*）：2 小时的会话，100 小时以上的总时间。
- **《马里奥赛车》**（*Mario Kart*）：15 分钟的会话，50 小时以上用来解锁所有奖励的总时间。

节奏偏好

游戏的节奏很难量化，但对玩家来说非常重要。让那些喜欢回合制策略游戏的玩家去玩动作要素多的 FPS 通常不会带来什么好结果，反之亦然。你应该思考清楚与节奏相关的多个要素。例如，一局超快棋节奏很快，但它的“快”与固定视角射击游戏的“快”是完全不同的维度。当想要量化玩家的节奏偏好时，你应当明确你所指的节奏类型。例如，一些游戏的节奏目的性很强并且会经历节奏变化。以潜行类游戏为例，它们通常都有一个有条不紊的练习部分、一个爆炸性的快节奏部分和一个较慢节奏的冷却部分。

在描述节奏偏好时，尽可能准确和具体是很重要的。下面列举了量化不同游戏节奏偏好的几个例子：

- **国际象棋：**慢，回合制，深思熟虑的节奏。
- **乒乓球：**非常快，运动，基于反射的节奏。
- **一般电脑 RPG：**在慢和中等节奏的行为之间交替，有一些较慢的、需要深思熟虑的锻造/制作时刻贯穿始终。
- **一般的死亡竞赛（deathmatch）FPS：**快节奏，高灵活性，几乎没有休息时间。
- **一般的 20 世纪 80 年代街机游戏：**以适度敏捷的节奏作为起点，逐渐上升到快速敏捷，直到玩家无法跟上，之后游戏重新开始。

竞争性

玩家有多想被别人评价或者比较？有些游戏是围绕着竞争性而创作的，而有些游戏则完全避免了这一点。例如，所有的赛车游戏都基于玩家完成比赛的表现进行排名。不少游戏还进一步呈现了活动式的排名，准确地展示了玩家之间的对比。与此相反的是沙盒游戏、模拟农场和其他休闲游戏，我们很难在这些游戏中确定玩家的能力，更不用说从量化的角度来比较玩家了。

就像游戏玩家的其他属性一样，你必须清楚自己是面向谁创作游戏，会为他们提供什么样的反馈。例如，如果你正在制作一款高度非竞争性的游戏，就应该避免排行榜、排名，甚至任何可见的分数都会在你的屏蔽列表之中。喜欢非竞争性游戏的玩家并不想知道自己做得怎么样，他们只想享受游戏体验。而如果你制作的是一款竞争性游戏，就需要提前计划好如何追踪、衡量和展现玩家的相关能力。

无论你想开发哪种游戏，都应该从一开始就牢记竞争性。在创建玩家简介时，你可以使用任何适合游戏的竞争性描述。以下是一些可以用来描述不同竞争性水平的例子：

- **非竞争性：** 游戏没有得分，没有能力追踪，也没有玩家与玩家之间的比较。这款游戏应该简单有趣，不会让玩家对自己当前的能力感到失望。
- **竞争性：** 游戏基于会话追踪一些关键参数。在单次游戏会话结束时，玩家会看到一个分数并了解到该次会话的排名。然而，每次会话都是独立的，分数在最后会被抹去，让玩家在不被综合评判的情况下感受到一点竞争性。
- **高竞争性：** 游戏的每一个可能的方面都被追踪、衡量并被详细呈现给玩家。各次会话都会被追踪并用来做比较，游戏还会维护并向玩家展示全局排行榜。游戏鼓励玩家不断完善自己的技术，并通过攀爬不同时间尺度的排行榜（例如每周比赛、每日挑战和最高分数）来推动他们前进。

平台偏好

游戏适用于很多平台，包括 PC、主机、手机、桌面、VR 设备（你甚至可以把桌子、纸和笔当成平台）。弄清具体某个硬件平台（或多平台）将有助于确定你的用户——尽管这不是一种有深刻意义的方式。现在每个平台上都有各种类型的游戏，每个平台上也都有不同类型游戏的玩家。作为游戏设计师，了解对应平台的硬件的优势和劣势是有好处的。因此，你应该始终将平台纳入考虑范围，尽管其并没有考虑“目标用户是主机玩家还是 PC 玩家，抑或是手机玩家”这一点来得重要。

技能水平

不少游戏要求玩家具有一些技能，或在游戏过程中迅速提升这些技能。就像所有其他属性一样，要求特定技能的游戏会吸引一些玩家并排斥另一些玩家。在为成人设计游戏时，你可以假设玩家拥有阅读技能和基本的运动敏捷技能。一款游戏可能还需要许多其他特殊技能，所以在开发过程中尽早列出这些技能是一个不错的主意。

以下是一些游戏所要求的技能：

- **网球：** 手眼高度协调能力，以及身体的耐力。
- **国际象棋：** 考虑未来走法和决策的能力。
- **FPS：** 手眼高度协调能力，快速反应能力。

- **三消**：模式识别能力。
- **沙盒构建**：空间意识。
- **扑克**：概率计算能力。

考虑包容性

并不是每个游戏玩家都天生或事先具备相同的身体/心理能力。例如，色盲非常普遍，它会严重限制玩家学习新游戏的能力。作为游戏设计师，考虑设计中的包容性，哪怕只是一小步，也能增加潜在用户，同时为社会带来一些积极的影响。虽然包容性设计超出了本书的涉及范围，但至少在设计游戏的一开始就应该牢记这一点。

类型/美术/设定/叙事偏好

这一包罗万象的类别能让你更具体地定义你的用户对什么感兴趣。有些玩家会把特定的美术风格拒之门外；有些人对特定的设定有强烈的偏好；有些人可能对游戏的故事更感兴趣，而非机制和玩法。这一类别还包括你的目标用户可能拥有的外部兴趣和爱好。举个例子来说，如果你想要创作一款关于股票交易员的游戏，那么玩家是需要对股票交易有一定兴趣的。

从玩家身上获得的价值

设计游戏时要考虑的另一个重要因素是，玩家会给你带来什么价值。毕竟要投入大量的时间和精力去取悦你的受众，你可能希望从受众那里得到某种形式的报偿以换取对应的体验。金钱是最明显的回报，但它不是唯一的答案。正如下文所讨论的，你可以从处于游戏生命周期不同阶段的玩家身上获得多种类型的价值。

付费

来自玩家的最简单的报偿形式便是付费。这可以是像“一个玩家购买一份游戏拷贝”这种简单的形式。然而，现代游戏拥有更复杂的付费方式。每种形式都在吸引了一些玩家的同时，排斥了另一些玩家。从一开始就想清楚你希望玩家采取何种付费方式，是决定游戏制作方式的重要因素。下面几节描述了几种常见的付费类型，以及对每种类型应该考虑的优缺点。

一次性购买

通过一次性购买，玩家购入的游戏可以永久保存。这是最古老且最直接的衡量玩家价值的方法。人们一次性购买桌游、纸牌的习惯已经有几个世纪的历史了——也许还更长。

优点

- 玩家预先为整个体验付费。这通常比其他付费方式所要求的金额要大。
- 在某种程度上，游戏可以被视为已经彻底完成了。许多现代游戏在发行后很长一段时间都处于制作阶段，甚至处于持续开发阶段。这样的成本往往很高，且需要高度的组织化运作。而在一次性购买模式下，一旦玩家购入了游戏，开发者的义务也就宣告结束。
- 当游戏完成后，开发团队便可以继续朝前走，专注于下一个项目。

缺点

- 玩家初次购买之后制作者没有机会赚更多的钱。
- 在游戏发行后，开发者几乎没有动力去修复漏洞。
- 开发团队没有机会通过继续开发游戏而获得报酬。
- 没有外部动机促使玩家回到游戏中获取新内容。

资料片购买

在资料片购买模式下，玩家可以购买游戏的核心部分，然后在稍后的时间里购买扩展内容，这些内容是为了修改或扩展核心部分的。不同扩展内容通常相互独立，而且数量相当少。例如，一个新的扩展包可能一年就推出两次。

优点

- 这种形式可能会让玩家想要重新访问游戏，从而增加其他形式的价值。
- 可以调整平衡和修正错误。资料片发行时（特别是在游戏中），开发者可以在游戏发行后进行一些漏洞修复或调整平衡缺陷。
- 游戏的发行速度更快，预算也更少，因为更多内容在游戏发行之后才会推出。
- 游戏可以以较低的价格出售，因为开发者可以从扩展内容中获得更多利益。
- 比起冒险开发新游戏，开发者可以从一款卖得很好的游戏中赚到更多。
- 宣传非常重要。发布一款游戏的扩展内容，天生是吸引新玩家并让那些已经“脱坑”的玩家再次回归的好方法。

缺点

- 玩家可能会觉得最初的游戏并非完整的体验。
- 团队的部分或全部成员都在致力于游戏的扩展内容，而不是新项目。
- 每个扩展包都包含许多与发行一款游戏相同的障碍、难题，但却没有发行一款新游戏的收益。
- 与新游戏相比，扩展包的用户范围要小得多。新游戏的用户可能是所有人，但扩展内容的用户通常是已经购买了现有游戏的部分用户。

微交易

在微交易模式中，玩家可以免费获得或购买游戏开始玩。然后在玩游戏的过程中，他们可以在游戏内购买一些简单的东西，从装饰性的变化直到新关卡和机制，不一而足。

优点

- 从玩家身上可以获得持续的收入。
- 游戏最初的定价可以很低，甚至是免费的，这极大地扩展了玩家的潜在市场。
- 玩家可以根据自己的喜好定制购买内容。

缺点

- 在游戏中购买感觉像是在竞技类游戏中作弊。
- 玩家可能会觉得自己“一文不值”。
- 开发者为了试图向玩家出售道具，在游戏中添加越多的断点，那么游戏的流程就会越多地遭到破坏。
- 如果玩家不购买，许多开发好的内容可能没法使用。
- 基础游戏可能会让人感到不满足。另一个极端是，基础游戏可能会让玩家觉得足够好了，以至于他们不需要购买任何东西，从而让游戏赚不了钱。
- 对于从玩家身上获取大量微交易收益，部分玩家和开发者存在道德上的争议。
- 关于微交易的使用还有一些法律问题需要调查，这取决于游戏的制作地点和发行地点。

广告

利用广告，玩家可以减少为游戏支付的费用，甚至根本不花钱，而开发者则可以从游戏内置广告中获利。

优点

- 对玩家来说，游戏可以是廉价的或免费的，这可能会吸引更多玩家。
- 游戏有一个持续的收入来源。
- 付费是“公平的”，因为观看广告的玩家不再需要购买游戏中的定制内容。

缺点

- 玩家会因为广告而跳出游戏体验。通常情况下，开发者对广告的控制能力有限，甚至根本无法控制。这些广告可能与游戏的意图相冲突，甚至可能是堂而皇之的竞品广告。
- 以“单个玩家”为基础计算，广告收入往往相当低。这需要大量玩家看过大量广告才能让开发团队获利。
- 在游戏中放入广告存在一些技术问题，尽管现代游戏引擎和平台已经大大降低了这一难度。

其他形式的价值

从结果来说，金钱是游戏开发的目标，但从创作一款游戏到获得大量金钱并不总是一条单行道。开发者还可以从玩家身上获得其他类型的价值。在为目标市场开发游戏时，最好从一开始就列出你希望从玩家身上获得的价值类型。当考虑到额外的价值类型时，很容易产生“全都想要”的想法。但你应该避开这种诱惑，只挑其中一两个来专注。试图同时瞄准几个次要价值很可能会减少其中任何一个发挥作用的机会。

以下是你可以从玩家身上获得的除金钱之外的价值类型：

- **口头传播：**当玩家喜欢某款游戏并与好友进行讨论时，他的好友便更有可能去获得这款游戏。当一款游戏内置了机制，能够让玩家与其他玩家一起赏玩、寻找玩家一起赏玩或者只是谈论游戏时，它便有更多机会吸引更多用户。当将口头传播作为获取价值的一种方法时，你会希望个体直接与他人交谈，因为他们很可能得到交谈对象的信任。

- **社交媒体：**社交媒体是一种比口头传播更广泛且更不个人化的信息传播方式。它让玩家扮演免费广告的角色。虽然社交媒体可以帮助小型游戏获得更多用户，但社交媒体上的“垃圾”游戏也可能惹祸上身。如果一款游戏不断要求玩家向新玩家分享分数和邀请，它的确能够接触到更多用户，但却会以惹恼潜在玩家作为代价。
- **人气比拼：**“年度游戏”和类似的投票竞赛在互联网上很常见。如果一款拥有狂热用户的小型游戏能够在这些竞赛中获胜或入围，这将免费为游戏带来大量曝光。注意，对于新游戏来说，这是一种难度很高的价值规划方法。它往往更适合市场上已经存在的游戏。
- **排名网站：**许多网站都有基于玩家评分的新游戏排名列表。高分游戏通常对新玩家更有吸引力。在排名网站上打高分的追随者持续增长便能让有些小游戏获得成功。更高的排名似乎是所有游戏的目标，但事实并非如此。制作一款持续获得高分的游戏通常比制作一款获得“还行”评价的游戏更费钱。或者换句话说，随着投入游戏开发的努力和金钱不断增长，排名分数的回报率会不断减少。
- **内容创作：**游戏可能允许玩家在游戏中创造内容。玩家可以比任何单一开发团队创造出更多的内容。这种模式倾向于创造一个热情且专注的玩家基础。当然，创作一款玩家可以操纵和扩展的游戏必然存在许多开发障碍。这些障碍可能超出了许多团队的能力范围。
- **玩家互动：**MMO 和其他多人游戏只有在玩家参与的情况下才成立。只要身处游戏中，玩家就会为游戏增添价值。有些多人游戏需要大量玩家进行适当的匹配。在这些游戏里，只要玩家置身于玩家池中，就能为游戏增添价值。
- **市场数据：**受欢迎且拥有大量下载量或活跃用户的游戏才能够获得关注。出于这个原因，一些团队愿意承担经济损失，以鼓励最大数量的玩家玩游戏。在销售任何产品时，获得成功最简单的方法之一就是让自己变得很受欢迎。

目标受众价值

显然，游戏开发者希望从每个玩家身上获得尽可能多的价值，但与此同时，本节中列出的许多获取价值的方法是相互排斥的。事先制定团队如何从玩家身上获取价值的方法和规划，将有助于引导团队朝着同一个方向迈进。

例如，如果一个团队的预算很低，也没有名气，那么想要获得关注便非常具有挑战性。在这种情况下，团队可能会决定通过免费提供游戏来获得广告支持，并试图通过鼓励玩家在社交媒体上传播而获得更多价值。相反地，如果团队更加成熟并且想要获得对玩家友好的声誉，他们便会选择提前投入游戏成本并在后续提供资料片扩展。与此同时，它可能会瞄准较高的游戏排名，并可能通过一些在线奖励从玩家那里获得价值。

目标受众组合

一旦确定了想要和不想要的玩家属性，你就需要根据这些信息做点什么。其中一件事就是创建一个目标受众简介。下面的内容提供了各种常见游戏的目标受众简介示例。这些简介是基于已经存在的游戏而创造的，并且它们表明你可以在发行一款游戏后检查目标受众简介，以便查看你最终瞄准的玩家类型。

国际象棋

国际象棋的目标受众简介如下：

- **学习新规则：**抗拒。这种玩家愿意学习少量不变的规则，这样他们就可以在世界各地与各种对手对弈。
- **挑战级别：**多样。玩家会通过寻找合适的对手而获取合适的挑战级别。没有单人游戏版本。
- **时间投入：**每次会话大约 30 分钟，没有总时间的概念。
- **节奏：**非常慢，需要深思熟虑。
- **竞争性：**高度竞争性。每次会话大多都会分出输赢。打败当前对手的动力是玩家持续赏玩的一个激励因素。
- **平台：**实体棋盘和棋子。
- **技能要求：**很少。只需要有理解基本规则的能力。
- **类型/美术/设定/叙事：**无。
- **从玩家身上获得价值：**口头传播和玩家池。

《大蜜蜂》

街机游戏《大蜜蜂》的目标受众简介如下。

- **学习新规则：**抗拒。玩家对学习复杂的控制和系统不感兴趣，只想立即进入游戏，通过反复试错弄清楚机制。

- **挑战级别：** 非常高。每次会话都会确定失败。玩家很清楚每次会话都会以失败告终，但还是会很开心地开始游戏。
- **时间投入：** 低。每次会话大约 5 分钟，没有总时间的概念。
- **节奏：** 玩家喜欢以适中的节奏开始游戏，然后节奏会逐渐加快，直到玩家无法跟上。
- **竞争性：** 高。玩家可以看到自己的分数，并会尝试做得更好。公共排行榜增强了街机游戏的竞争性。玩家被驱使着打破自己的高分纪录，好让自己的名字出现在公共排行榜上。
- **平台：** 街机机台。
- **技能要求：** 手眼协调和反应能力。
- **类型/美术/设定/叙事：** 宇宙飞船和外星人。
- **从玩家身上获得价值：** 直接付费。25 美分可以体验一次很短的一次性会话。

《马里奥赛车》

《马里奥赛车》的目标用户简介如下：

- **学习新规则：** 抗拒。游戏机制和操控与其他赛车游戏保持一致，所以玩过任何赛车游戏的玩家都能快速上手。此外，开过车的玩家能了解到游戏对现实开车的粗略模拟程度。
- **挑战级别：** 高。5/1 失败率。当玩家刚开始赏玩时，大多数时候都会输给电脑（AI）。而随着玩家的进步，AI 能力和挑战级别也会不断提高，这样会让玩家持续失败。这种失败比例会促使玩家再次回到游戏中并提高自己的技能。
- **时间投入：** 低。每次会话大约 15 分钟。总共需要 100 小时以上的时间才能解锁所有奖励。
- **节奏：** 非常快。任何行动都没有足以让人沉思的时间。
- **竞争性：** 非常高。每场比赛都有玩家排名，且存在多种排行榜。
- **平台：** 任天堂游戏机独占。
- **技能要求：** 基本的赛车游戏技能。
- **类型/美术/设定/叙事：** 有趣、明亮、色彩丰富的美术风格，能够吸引儿童。一些成年人可能对卡通风格感到厌烦。

- **从玩家身上获得价值**：首先是付费，其次是玩家互动。

《韦诺之战》

《韦诺之战》的目标受众简介如下。

- **学习新规则**：接受。这款游戏与许多传统回合制策略游戏相似，但同时也拥有许多独特的机制。游戏中有许多不同的角色职业和物品，以及各种各样的属性。玩家喜欢掌握游戏题材的基本知识，但也喜欢游戏带来的不同和惊喜。
- **挑战级别**：1/1。在任何关卡中，玩家都倾向于第一次失败，第二次成功。玩家会受到这种模式的激励而多次重玩一个场景，并探索游戏中的新内容。
- **时间投入**：高。会话持续 1 小时左右，游戏内容足够玩家玩数百小时。
- **节奏**：慢，需要深思熟虑，具有回合制节奏。
- **竞争性**：低。虽然有多人模式选项，但大多数内容都基于单人模式。游戏很少强调玩家之间的比较。
- **平台**：PC，手机。
- **技能要求**：大量阅读能力、概率计算和战略思维。
- **类型/美术/设定/叙事**：经典的高度幻想。
- **从玩家身上获得价值**：口头传播、玩家内容创作和玩家互动。

《宝石迷阵》

在最后一个例子中，我赋予了玩家一个名字以及一些个性描述，以说明这种简单的改变如何使目标用户变得人性化，并帮助你更好地想象如何为这样的玩家制作游戏。你还可以添加更多的细节进一步充实目标受众的性格特征。虽然这不是开始做这事的必要条件，但肯定有助于可视化。

《宝石迷阵》的目标受众简介如下：

- **玩家名字**：克里斯。
- **学习新规则**：抗拒。克里斯玩的游戏不多，但她可以很容易就掌握三消游戏的基本要领。随着游戏的推进，她有动力去寻找一些新的组合和策略，但她不愿意去论坛或深入研究更好的策略。

- **挑战级别：**中等，1/10。克里斯希望能够在挑战性开始提升之前打过游戏中的几个关卡。即使在最高的挑战级别，克里斯通常也能勉强取胜并持续前进。
- **时间投入：**低。会话时长约为 15 分钟，没有总时间长度的概念。克里斯想要一款上手快、进游戏快且能在几分钟内完成一个小会话的游戏。克里斯不想在战役模式或扩展机制上投入太多时间。
- **节奏：**克里斯喜欢慢以及深思熟虑的回合制行为方式。她不想让游戏给她带来压力。
- **竞争性：**适中。克里斯喜欢玩游戏来消磨时间，但她也喜欢偶尔看看高分榜，瞅瞅自己和朋友的成绩如何。
- **平台：**尽可能多，这样克里斯可以在任何设备上玩。
- **技能要求：**克里斯可能不是色盲，但如果是的话，她可能很难理解核心机制。
- **类型/美术/设定/叙事：**克里斯喜欢基于抽象装饰的普适性表现风格。
- **从玩家身上获得价值：**克里斯在某些设备上一次性购买了游戏，但同时又在其他设备上玩有广告的版本。克里斯也喜欢和朋友们一起聊游戏。

你觉得你能想象克里斯的样子吗？也许你认识克里斯，甚至你就是克里斯！如果能够想象，并能清楚地看到什么会让她高兴或难过，你便能更轻松地创造出能够让她想要购买并持续赏玩的游戏。

目标受众简介的用法

你需要花大量时间确定游戏的目标受众，并创建目标受众简介。之后你可以使用这一简介作为游戏制作过程的后续指南。

你应该在游戏制作过程中频繁提及目标受众。每次有关于新功能、系统或数据的建议提出时，团队都应该考虑：这会让受众快乐吗？如果团队正在讨论游戏的多条不同路线，那么他们应该考虑目标受众可能更喜欢哪一条路线。通过不断回归目标受众，创作游戏的过程将变得更加切合实际。你不是在为自己或一些不认识的人制作游戏。相反，你在为一个特定的人制作。对人类来说，这种颗粒性能让理念更加合理。

使用目标受众简介也是吸引新团队成员的好方法。正如我们将在本书后面讨论的，游戏开发团队很少从头到尾都是静态的。当目标受众简介被创建出来时，团队很可能还很小且处于前期预制作阶段。新加入团队的人不仅要了解游戏是如何制作的，还要清楚游戏是为谁制作的。通过单一且明确的目标受众，团队中的新成员更容易快速且准确地接受团队的愿景。

进一步要做的事

在读完本章之后，你应该花一些时间在现实世界中使用这里介绍过的概念进行练习。可以通过尝试以下练习，进一步探索游戏及其玩家的定义：

- 分析几款简单的老游戏，自己判断它们是否符合游戏的定义以及为什么符合/不符合。列出构成这些游戏的各种属性。
- 为你自己的游戏以及其他热门游戏建立多个目标受众简介。看看你是否能够理解为什么游戏创作者会选择瞄准这些特定的目标用户。

第2章

游戏行业中的职能

与其他创意行业相比，电子游戏行业相对年轻。电子游戏所涉及的内容非常广泛：它可以涵盖个人制作的手机游戏、100 多人团队制作的 3A 级网络游戏、军事模拟游戏，以及无数其他变体。更广泛地说，它涵盖了桌游、卡牌游戏、体育运动以及所有其他类型的游戏。不同的游戏有不同的制作方法，需要的团队成员也不同。

游戏开发者是指任何直接参与电子游戏开发的人，不管是工程师、设计师还是音效技术人员。在有些公司，只有程序员才被称为游戏开发者。然而，这是电子游戏产业早期的一个返祖现象，那时所有创造游戏的人都是程序员。如今，人们普遍认为游戏开发者不仅仅是程序员。

一个大型游戏开发团队可能会有许多子部门。在较小的团队中，需要完成的工作是相同的，但许多团队成员通常同时具备多个职能。当然，独立开发者更需要身兼数职，做所有的工作。

一个团队，尤其是一个大型团队，几乎不会是静态的——其成员从头到尾都在为一款游戏工作。在游戏开发的整个过程中，会不断有成员进入或离开团队。本章将讨论一些该行业中常见的角色，大致按照他们进入团队的顺序来讨论。

核心管理团队

核心管理团队包括愿景把关者、首席工程师、首席美术师、首席设计师、制作人和首席声音设计师。从项目开始到完成，这个团队趋向于保持始终不变。

愿景把关者

在每个游戏开发团队中，都有一个人来负责审视最终的游戏理念。这就是愿景把关者。这个人持有游戏的最初想法，该想法要么是由外部团队所分配的，要么是由团队自身把控的。这个人必须坚持创意愿景的核心。这个角色通常由公司老板、首席执行官、高管、制作人、创意总监或导演担任。愿景把关者有责任保护和指导创造性的愿景，并解决团队中关于游戏整体方向的争议。愿景把关者几乎总是第一个被引入团队的人。在其他人加入团队之前，一款游戏可能会在愿景把关者那里停留数月甚至数年。

尤其是在大型工作室/团队中，愿景把关者是参与沟通、会议、出差和谈判最多的人。同时这个人通常是最少参与游戏细节日常制作的团队成员之一。虽然愿景把关者持有整个项目的愿景，但实际上对细节知之甚少，必须与团队合作并充分信任团队，才能做出一款优秀的游戏。

愿景把关者也是游戏开发行业中最高级的职位之一。从一名游戏开发者晋升为愿景把关者需要花费数年甚至数十年的时间。这个职位通常负责数百万美元的投资资金以及整个开发团队甚至整个公司的生计。这个职位只能交给经验丰富的人。

首席工程师

在电子游戏中，最先加入愿景把关者队伍的人很可能是首席工程师。首席工程师的工作是在技术层面弄清游戏的制作方法。游戏会使用第三方引擎，是公司已经用过的引擎，还是全新的引擎？实现愿景所需的团队体量是怎样的？工程团队为了创作这个项目都需要哪些人？这些只是首席工程师在创作游戏时所面临的数千个挑战中的一小部分。

首席美术师

一旦游戏有了一个创造性的愿景，并且技术部门也已经打下了基础，团队就需要开始为游戏确立外观。这时候就需要首席美术师进场了。由于要决定项目美术部分的规模、人员配置和日程安排，这个职位面临着许多与首席工程师相同的挑战。此外，首席美术师会为整个游戏的外观定下基调。

首席设计师

一款游戏需要一个创造性的愿景，我们也必须为游戏的技术构建和外观奠定基础，但这些都不能真正让它成为一款游戏。团队需要一名首席设计师，负责决定设计团队的组成、范围和日程安排。此外，首席设计师是创作游戏规则和玩法的核心。

制作人

制作人是创意界的协调者和商人。制作人的工作是确保游戏的制作符合预算、时间和合适的人员配置。制作人总是与各负责人、分支部门主管和开发团队一起工作，以确保整个组切实是以团队为单位在工作。

首席声音设计师

所有音频的控制都是由一个人主导的。小型游戏可能只有一个声音设计师，而大型游戏可能有单独的声音团队，由首席声音设计师领导。

团队分支

团队中的子部门相比核心管理团队拥有更具体的角色定位，并且要做更多的落地工作。在大多数情况下，每个子部门负责人（通常称为子负责人）向核心管理团队成员汇报工作。下面的内容只是简单地介绍了设计之外的其他团队。毕竟，这是一本关于游戏设计的书。

美术

美术职能角色包括动画师、角色美术师、环境美术师、概念/2D 美术师、界面美术师和技术美术师。

动画师

动画师让游戏动起来，让静态物体变得栩栩如生。他们从一个静态网格角色开始，操作它来创建动画。每个角色在视觉上的每一个动作都是动画师工作的结果。

角色美术师

角色美术师专门制作角色模型，角色模型在游戏行业中被称为角色网格。在大团队的大型游戏中，有些角色美术师高度专精化，他们在项目中的唯一工作就是创建角色网格——但工作量不小。

环境美术师

环境美术师，顾名思义，负责游戏环境的外观设计。具体职责取决于游戏的需求。在一些团队中，环境美术师与关卡设计师密切合作；在一些团队中，他们可以自由地制作关卡；而在另一些团队中，他们制作关卡设计师用来搭建关卡的“积木”。

概念/2D 美术师

在行业中，概念美术师与传统的 2D 美术师关系最为密切。他们的工作可能在开发周期的早期便开始。他们与其他美术师和设计师合作，将概念性想法可视化。他们可能制作图像来指导美术团队或帮助设计师表达想法，还可能为游戏制作海报和宣传图。

界面美术师

界面美术师专门制作玩家用来从游戏中获得更深入信息的交互界面。他们主要与平视显示器（HUD）和用户界面（UI）打交道。

技术美术师

技术美术师并不只是简单介于美术和编程之间，他们必须是这两方面的专家。这使得该职位难以填补。技术美术师需要理解美术流程，必须能够很好地编写程序，以创造或改进其他美术师将资源导入游戏引擎所需的方法。

工程

工程职能角色包括工具工程师、玩法工程师、脚本师、网络工程师、图像工程师和音频工程师。

工具工程师

工具工程师并不直接参与到游戏中，而是专注于创造所有其他职能用于制作游戏的工具。近年来，越来越多的引擎是由独立的第三方公司制作的，这减少了游戏开发团队对工具工程师的需求。

玩法工程师

玩法工程师主要专注于让游戏功能正常。他们与游戏系统设计师以及所有其他设计师紧密合作，实现赋予游戏生命所需的功能。

脚本师

脚本师使用内部脚本语言为游戏增添打磨细节。脚本师有时隶属于工程团队，有时隶属于设计团队，但无论如何，他们所做的工作基本上是相同的。

网络工程师

网络工程师特别关注计算机之间以及计算机与服务器之间的连接。这是一个难度很高的职能，需要经过专门的训练。

图像工程师

顾名思义，图像工程师专注于面向支撑游戏视觉效果的编程。无论是让水看起来更真实，还是创建更远的远景，实现良好的帧率，或使用新的着色器创作有趣的效果，图像工程师都要负责底层代码。

音频工程师

音频工程师负责为游戏中的所有音频编写程序。

制作

制作类职能与本章到目前为止讨论的其他职能有一点不同。制作部门中有很多角色，包括助理制作人、联合制作人、制作助理。制作部门中有许多不同的头衔和职责。更让人困惑的是，不同的工作室会为制作人员使用不同的头衔。然而，制作类职能角色大致可分为三类：管理者、协调人员和助理。

管理者

管理者负责资金，通常还负责人员配置。

协调人员

协调人员参与团队的日常工作。他们经常召开会议、跟踪任务、检查 bug。他们还会促进团队内部的沟通。

助理

助理是最低级别的制作人，他们做很多日常杂务来给高级人员腾出时间。助理通常是一个起步职位，它能让你逐步对游戏的制作过程有更深入的了解。

设计

设计职能角色包括关卡设计师、游戏系统设计师、数据设计师、脚本师和技术设计师。

关卡设计师

关卡设计师创作玩家会通过的物理空间。视具体团队的不同，他们可能铺设大概的路径，也可能编排预先存在的环境素材，甚至用几何原语粗略地勾画出游戏世界。关卡设计师也经常为关卡编写脚本或负责其他谜题设计。他们甚至可能还会对叙事元素有所贡献。在大型开放世界游戏中，关卡设计师可能被称为场景设计师。

游戏系统设计师

简单地说，游戏系统就是一套让游戏运作的规则。在任何游戏中，规则都是让游戏真正成为游戏的要素。游戏系统设计师要处理这些规则。他们的工作是创造并组织游戏规则，让它们彼此自洽，并向玩家解释这些规则。一款非常简单的老游戏可能拥有一个可以用一页左右的规则来解释的简单系统。现代游戏通常涉及数千个数据对象和数万行作为游戏规则的计算机代码。游戏系统设计师的主要职责是确保所有信息都是有组织和有逻辑的——并确保玩家能够理解。游戏系统设计师创造 AI、武器、交通工具和游戏中的其他物品，还决定给不同的对象分配什么属性，以及游戏中的系统如何相互作用。

数据设计师

数据设计师用角色、对象、武器、交通工具和其他游戏对象填充游戏世界。系统设计师决定每个对象将具有什么属性，而数据设计师决定每个属性的值。

脚本师

正如本章前面提到的，脚本师使用内部脚本语言为游戏增添打磨细节。

技术设计师

技术设计师一词目前在游戏设计行业中有多种解释：

- 技术设计师可能擅长脚本/编程，但不会做太多文档或高层次创造性设计。他可能是一名初级设计师，会从高级设计师那里获得指导。
- 技术设计师可能是工程团队和设计团队之间的桥梁，制作工具或系统，并利用它们使其他设计人员的工作更容易。它几乎不可能是一个初级工种，因为做这项工作所需的技能太高级，需要太多经验。

音效团队

音效团队负责让游戏的声音出色。虽然这看起来相当简单，但其实它是行业中最难的工作之一。声音设计师通常需要等到游戏的其余部分接近完成时才能开始他们的工作。他们必须考虑到玩家所需的每一个音频反馈，这累积起来通常是数量巨大的。他们还会制作音乐，而且根据游戏中的行为添加动态音乐的情况也越来越频繁。这些都是很难学会且具有技术挑战性的技能。音效团队的成员必须具备音效和音乐方面的背景，而且他们通常比传统做音乐的更有技术头脑。

QA 团队

质量保证（QA）团队的成员，也被称为测试人员，负责确保游戏发行时的质量。存在一个普遍的误解：QA 团队的成员仅仅是玩法测试者。这是不正确的。玩法测试者是那些像典型终端用户一样玩游戏的志愿者，他们会就游戏带给自己的感受、游戏有多有趣等问题提供未量化的反馈。QA 团队的确经常玩游戏，但他们做得更多的是：测试游戏。这意味着要在关卡中多次从各个方向撞向每一面墙，以确保玩家角色不会从几何体的缝隙中滑出，并在菜单页面间来回翻动数小时，以确保图像和代码被正确地加载和卸载。一般玩家不会在玩游戏时进行这些类型的活动，但游戏行业设定了足够高的标准，所有的意外情况都必须考虑在内。QA 团队的成员包括具有不同教育背景的人。这个团队的职位通常被视为进入其他职业道路（最典型的是制作和设计）的奠基石。

叙事设计师

叙事设计师，有时被称为故事作者，负责讲述游戏的故事。通常情况下工作室中的叙事设计师数量非常少，通常由高级设计师或制作团队的人员担任。叙事设计师需要接受创意和技术写作方面的培训，同时拥有坚实的游戏设计基础。

其他额外职能

从人力资源，到游戏写作，再到 IT，还有更多的人在游戏产业的后台运转，让制作过程顺利进行。他们可能不会得到很多关注，也不会成为游戏的代言人，但与“创造游戏”的人同样重要。

进一步要做的事

在读完本章之后，你应该花一些时间在现实世界中使用这里介绍过的概念进行练习。可以通过尝试以下练习，进一步探索游戏行业中的职能：

- 对于一些你最喜欢的大型工作室的游戏，你需要找出游戏开发者在游戏创作过程中所扮演的角色。注意游戏的规模是如何极大影响开发人员数量和团队中角色的丰富程度的。
- 在一些小型独立游戏工作室的网站上做一些调研，并注意游戏开发者在游戏创作过程中所扮演的角色。

第 3 章

学会提问

提问似乎是我们再清楚不过的话题。毕竟，人们总是会问问题，所以为什么还要专门费劲学习如何在游戏开发中完成这项工作呢？那是因为，系统设计师需要以独特的方式提出独特的问题，并以独特的方式诠释问题的答案。本章着眼于如何生成理论性问题并得到有意义的答案。例如，“游戏有趣吗”就不是一个可量化或可回答的问题，因为每个人对乐趣都有不同的解释。本章还专门讨论了如何提出技术性问题以有效寻求帮助。例如，比起直接问首席工程师“为什么在加载这个素材时游戏引擎会崩溃”，你需要更加细化，才能触及问题的核心。

如何提出一个理论性问题

系统设计师经常需要提出关于游戏的问题。具体来说，他们会询问游戏的赏玩感觉、平衡性以及新数据对象如何融入现有系统等问题。所有这些问题的主要目的是把感觉量化。要做到这一点，采取某种科学的方法是很重要的，而做到这一点的一个好方法就是使用“科学法”。

科学法的步骤

应用于游戏开发的科学法的步骤如下：

1. 定义游戏测试的问题。
2. 收集信息和资源。
3. 形成一个解释性假设。
4. 进行实验并以可复制的方式收集数据，以此来检验假设。
5. 分析数据。
6. 解释数据并得出结论，作为新的假设的起点。
7. 发布结果。
8. 重新测试。

第 1 步：定义游戏测试的问题

如果你想知道游戏对测试者来说是否有趣，需要问什么问题？可以简单地进行调查，询问玩家是否享受这款游戏，但这是否会给出有用的答案？研究表明，当人们同意完成一项调查时，他们在这个过程中倾向于积极回答。毕竟，他们对这个项目非常兴奋才愿意接受调查。这种倾向被称为默认偏差。

所以通过调查提出问题，你不太可能得到没有偏差的结果。这种方法的另一个问题是，不同的人对“乐趣”有不同的定义，而且这些定义很多时候完全相反。例如，有人可能会觉得游戏中的“突然惊吓”（jump scare）很有趣很刺激，而另一些人可能会觉得这让人压力山大，一点都不有趣。因此，如果询问这些玩家一款围绕“突然惊吓”创作的游戏是否有趣，可能会得到完全相反的结果。为了让获得的结果有意义，你需要弄清楚如何定义你想让玩家体验到的感觉。然后弄清如何在你有能力衡量的指标中定义这些感觉。

很重要的一点，是要避免问那些不够聚焦的问题，诸如“游戏整体是否有趣”“游戏整体是否平衡”“游戏是否太简单”等，这不会给出可操作的结果。游戏有些部分可能是有趣的，而有些部分可能是无聊或令人沮丧的。问的问题过于宽泛，会留下太多的解释空间。在问一个关于游戏的问题时，你应该想想你的问题有多聚焦——例如，“这个敌人角色对我们的目标玩家来说是否过于具有挑战性”。

一旦把你的问题缩小到最小的实用单元，下一步就是量化这个问题，这样就可以得到一个可测量的答案。乍一看，似乎有太多的问题都不可能做到这一点。有趣、兴奋、恐惧和被奖励等情感是无法直接衡量的。然而，你可以尝试基于观察到的数据找到一个指标。举个例子来说，你能从一个玩得很开心的玩家和一个无聊的玩家身上观察到什么指标？游戏时长可能就是一个很好的指标。获得乐趣的玩家单次会话的时间可能更长，或者游戏推进的进度比例更高，或者更频繁地重玩游戏，或者总赏玩时间更长，甚至可能是以上所有情况都有。而有些玩家觉得失败很让人沮丧，所以你也可以追踪特定任务中失败的数量或比例。例如，如果玩家在某项任务中失败的频率超过 70%，你就可以说它是“令人沮丧的”任务。这是一个完美量化以及可测量的指标。

接下来再看两个将模糊、宽泛的问题转化为有用、可测量问题的例子。

例 1

原始问题：第 3 关是否足够刺激？

量化：你希望关卡能很快通过，而设计师表示他将其通过时间设计为 1 分 45 秒左右。如果玩家在关卡中停留的时间超过 2 分钟，他们很可能错过了某些内容，这意味着沮丧或厌倦很快就会到来。然而，你不希望玩家轻松过关，因为那样就没有兴奋感了，所以要确保玩家在关卡中会失败，在他们学习成功所需技能并进入下一关之前至少要重试两次。考虑到这些因素，你无法确定关卡 3 是否对所有玩家来说都足够刺激。有些玩家可能会比其他一些玩家觉得玩它的时间更难熬，但你也确实希望这一关能在一种相对公平的掌控之下。你想要让首选指标能对应大多数情况。例如，你可能会认为 80%的成功率即表明已经实现了目标。

修改后的问题：80%的玩家能在 2 分钟内完成第 3 关，同时重试关卡的次数超过 2 次但不超过 5 次吗？

修改后的问题现在已经完全量化了。虽然乍一看，这个问题似乎无法给出游戏是否令人兴奋的答案，但通过测试你可以确定它是能做到这一点的。当然，通过测试你也可能认识到你对兴奋的假设定义不够准确。如果出现了这种情况，那你就可以修改量化的定义。

例 2

原始问题：这个 boss 战足够难吗？

量化：这是游戏后期的一场 boss 战，所以在初见时玩家能成功通过的概率很小——比如 15%。要打败 boss，玩家应该用上他们已获得的大部分武器，不妨假设所有武器种类中的 70%在战斗过程中至少会被使用一次。这场战斗应该需要一定的时间，例如你可能希望玩家在打败 boss 前至少花 5 分钟的时间在战斗。时刻谨记，如果发现这些数字并不能真正代表你想要的感觉，那么可以在之后进行调整。

修改后的问题：85%的玩家在 boss 战中至少失败过一次吗？当玩家取得胜利时，他们是否使用了至少 70%的可用武器，并花费了至少 5 分钟的时间去完成这场战斗？

确定在量化问题时使用什么数字

如何知道用什么数字来量化问题呢？有时候甚至在动手之前，你头脑中可能就已经对指标有了一个想法。例如，你可能会认为对于一个“简单”的挑战失败率不应该超过 50%。而其他时候，你可能不知道该使用什么指标。在这种情况下，如果你已经有了一款待测试的游戏，可以观察测试者，观察哪些参数与测试者的感受相关。例如，如果观察到一个测试者对某个关卡感到厌烦，你就应该记录下玩家感到厌烦的时间点。还可以观察与测试人员当前态度相关的任何其他指标。如果没有任何线索，那么在定义问题时就必须进行一些猜测，并假设在进行测试时需要调整数字。在这一点上，你必须进行测试，即在玩家玩相关部分时观察他们。

注意，在小规模或个人测试中，仍然可以使用一些与测试者有关的主观问题，如“游戏有多有趣”，你只需要意识到从这样的问题本身中得到的结果可能没有可操纵方向上的指标即可。然而，可以利用这些问题与测试者展开对话，最终让收集到的结果中主观数据更少。

第 2 步：收集信息和资源

一旦你提出了可量化的问题，下一步就是观察玩家并收集信息。就像在任何其他领域一样，有很多对的方法，也有很多错的方法。不正确地设置测试可能会导致模棱两可的结果，甚至更糟糕的是，会导致误导性的结果（你将在第 17 章“微调平衡、测试和解决问题”中了解更多关于对数据进行测试的知识）。

第 3 步：形成一个解释性假设

在这一步中，需要开始将记录的量化指标与从测试人员那里观察到的感受和行为联系起来。通过收集数据，可以更清楚地定义挑战性、无聊和有趣等特征对游戏的意义。

第 4 步：通过实验验证假设

一旦你觉得自己理解了如何从玩家那里量化想要的情感，下一步便是尝试有目的地操纵这些情感。例如，如果你确定失败率超过 70%会令人沮丧，那么来测试吧。首先用当前数据进行对照测试，以获得基准反馈。接下来，调整游戏，确保测试者的失败率在 70%以上，然后询问（或观察）他们是否感到沮丧。再然后反其道而行之，降低难度，以确保调整策略确实具有相关效果。通过这样的实验，不仅在数字上也可以在感觉上得到准确的调整。

第 5 步：分析数据

这一步需要在整个测试过程中定期进行，应使用数据库或电子表格来完成。这一过程在第 15 章“分析游戏数据”中有详细介绍。

第 6 步和第 7 步：解释数据，得出结论，并发布结果

一旦你完成了测试、调整、分析并开始理解游戏数据，就是时候把它们都写下来了。在理想情况下，你应该在整个过程中都做记录。在理解了情况之后，为了向队友和未来的自己解释这个过程，写一份指南是至关重要的。

第 8 步：重新测试

游戏测试从不会停止。通常情况下，在完成并交付给玩家后很长一段时间内，游戏仍处于测试、调整平衡阶段。

为数据分析定义问题

当试图将玩家的感受转化为指标时，你通常需要对这些感受的含义进行猜测和解释。有时需要挖掘现有数据并回答一些问题，如“最好的武器是什么”“哪个敌人角色最不好对付”“这把剑能贯穿多少盾牌”等。这类问题与玩家的感受没有任何关系，通常也不需要观察测试者。有了这类信息，你可以使用电子表格或其他计算方法来确定数学公式。当提出这样的问题时，很重要的一点是要量化问题的每一个方面，这样才可以写一个公式来找到想要的结果。

下面将介绍为了数据分析定义问题的两个示例。

例 1

在双陆棋中，掷到“双翻”会给予玩家更多的移动点数。假设你想知道玩家获得额外移动点数的机会。为了量化这一点，你可以问“玩家用两个六面骰子掷出双翻的概率是多少”这个问题。

例 2

假设你的游戏中有一把射程 100 米的激光枪，它的威力在整个范围内都不会衰减。另一把枪可以发射射程 60 米的子弹，这种子弹在近距离射击时比激光造成的伤害更大，但随着距离增加伤害会不断降低。为了找到定量结果，你可以问“40 米距离时哪把枪最适用”这个问题。这同样不需要游戏测试，只需直接在电子表格中完成。

请注意

回答这些问题的方法将在第 15 章中讨论。在开发早期阶段，轻松提出问题比立即找到答案更重要。

如何就问题寻求帮助

在就问题寻求帮助时，需要的技巧与提出数据驱动问题时完全不同。正如本章前面所讨论的，可以使用数据结果，利用各种意见、分析和测试结果来回答数据问题。而对于理论问题，很可能目前没有人知道答案，你会在寻求答案的过程中发掘信息。技术问题则比数据驱动的问题要直接得多。当不确定某件事但觉得别人可能已经知道答案时，你可以问一个技术问题。最好的情况是有人已经知道这些信息，他们知道你需要这些信息之后帮助了你。这听起来很简单，但也很容易出错，因此本节将介绍一种可以用来提高从他人处获取信息的成功概率的方法。

为什么你的提问方式很重要

在游戏行业中，截止日期一个接一个，需要完成的工作量往往也是超过人员或时间负荷的。一般来说，一个人的责任越大，他的时间就越紧张。主管、制作人、高管和其他重量级人物的日程安排通常都很紧。不幸的是，这些人通常也是最有可能回答你问题的人。让情况更加复杂的是，游戏行业中有许多在苛刻的截止日期和严格的工作安排下还能茁壮成长的人。这样的特质造就了优秀的员工——但他们并不总是最有耐心或最友好的人。一个非常忙碌、神经高度紧张的人可能会认为一个描述得很差的问题简直是浪费时间，进而会变得恼怒。行业中几乎每一位游戏设计师对主管工程师回答问题时的传闻逸事都能聊上三天三夜。

写得好、研究得好、组织得好的问题更有可能得到你需要的关注和答案。写得不好的问题不太可能得到回答，也不太可能被认真对待，它们更有可能被忽视，或并非以建设性的方式回答。这并不意味着你应该把问题藏在心里。当你需要帮助的时候问问题是非常重要的。在你发现你需要帮助的时候，花点时间和心思写一个可靠的问题，会有更多机会得到你需要的信息。

写出好问题的步骤

写出一个好问题有以下几个重要步骤：

1. 做好你的尽职调查，把实际的问题（issue）写下来。当你对问题了如指掌之时，再把你要提的问题（question）写下来。试着用 10 分钟的时间认真回答自己的问题。上网搜索，阅读手册，挖掘类似的例子，看看是否能自己找到答案。让问题接收者知道你已经用尽了哪些资源。

2. 写出重现步骤。一步一步地写出你到底做了什么，到底是如何出现问题的。

> **小贴士**
>
> 一定是具体的“什么”出了问题，绝不是“所有东西”或“某件事”。

3. 写下尝试过的修复过程。你问的人是不清楚你已经做了什么或还没有做什么的，所以把你已经做过的事情都列出来。

4. 在提问的时候说声谢谢。

5. 在发送问题之前，把问题通读一遍，就好像它是发送给你的而且你现在才头一次看到这个问题。你能理解这个问题吗？所有重要的信息都在吗？如果答案是肯定的，那么发送问题。

6. 当你得到一个答案时，先假设它是正确的，即使它看起来很奇怪。

7. 严格按照你得到的答案来执行。

8. 如果答案也不好使，请重新过一遍所有步骤，并再次严格按照步骤执行。这样做很重要，可以防止回答问题的人错误地认为问题已经通过一个潜在的错误答案解决了。

在执行这些步骤的时候，还需要考虑下述额外的提示。

- **抓住重点**。想聊天有的是时间聊。但当你有一个问题亟须解答时，直接抓住重点，不要废话连篇。
- 在撰写一个问题的时候，你可能非常沮丧和生气，但请记住你是在求别人帮你。多花点心思尽量表现得**友好**。此外，不要表现得像接收者应当帮你或欠你的一样，即使实际情况确实如此。因为这样做会导致带有敌意的交流，并不能帮你获取你需要的答案。
- 告诉收件人你想做什么，想解决的**问题**是什么——而不仅仅是问题的情况。例如，假设你试图计算玩家完成一个游戏关卡所需的平均时间，但每次在 Excel 中输入公式时，整个工作簿都会崩溃。那么与其说“Excel 在我眼前崩溃了。你知道为什么吗”，就不如说“我试图计算玩家在我的关卡中的平均时间，但我的公式会让 Excel 崩溃。附件是工作簿的副本，这是公式……”。了解你究竟想要做什么，对问题接收者来说是非常重要的。在这个例子中，你的问题的答案可能是不使用 Excel，因为它可能不是适合当前这项工作的工具。但这个答案只能回答一个试图解决实际问题的提问，而解决不了“Excel 崩溃”这个故障。
- 要写得**非常具体**并使用细节描述。考虑以下几点：
  - 在写技术性或其他较难的问题时，避免使用代词，以消除所有可能的歧义点。例如你说，“英雄冲撞坏人，然后他死了”，问题接收者怎么知道谁死了？相反，试试说“英雄冲撞坏人，然后英雄死了”，这就毫无歧义了。

- 使用诸如东西、事情、那啥、你懂的、全部、疯了之类的词是不可取的。
- “玩家角色”和“玩家”是不同的。这种区分是游戏行业所特有的，但同时也极其重要。玩家坐在椅子上按各种按键。玩家角色则是玩家在游戏中的身份。例如，“玩家角色看不到目标”与“玩家看不到目标”是两个不同的问题。

- **不要假装**知道你不了解的信息。当意识到你应该提前了解部分信息的时候，你可能会因为不得不对此额外提问而尴尬。尽量全盘托出。承认你知识的不足，然后问问题。这样做并不好受，但总比得不到你需要的信息要好得多。
- **科学使用粗体**。通过突出一些关键词，你可以帮助浏览者找到问题中最重要的部分。不过不要滥用，否则会让问题看起来很“嘈杂”，就像你在尖叫一样。没有人喜欢别人朝自己嚷嚷着问问题。一定不要用全大写字母，那样看起来像是在呐喊。（回顾一下这部分内容，只看粗体字。仅凭这些关键词，你就能迅速了解正在沟通的内容。）
- “让别人知道你**为什么**问他们”会很有用。以“我知道你有多年的C#经验，所以想问你如何让这个脚本好使”作为问题的开头，可以让接收者更多地了解你希望得到什么。然而，如果原因很明显，就没有必要额外解释。

好的提问示例

看看下面的邮件示例，它演示了上述写好技术问题的建议。

主题：在Excel电子表格的时间log中添加新行时遇到麻烦

你好，开发者！

我和我的团队在试图输入新的时间时，无法让电子表格的时间log正常工作。

以下是重现步骤：

1. 在运行OS X 10.7.5版本的MacBook Pro上用Excel 2010打开电子表格，选择Tab 1上的第56行。

2. 右击选中的行并尝试选择“插入新行”选项。

问题：插入新行的选项是灰色的，不能点选。

我试过在Excel的帮助文件中查找“插入新行”，也在网上用关键词“Excel灰色选择新行”进行了搜索。我阅读了前5个搜索结果，但没有一个为我的具体问题提供了解决方案。

我试过关闭Excel再打开，试过创建一个空白工作簿，可以在新工作簿中使用“插入新行”选项。

是否有办法插入一个新的第 56 行到我的工作簿中，或者说是否有其他的解决办法?

谢谢!

我的名字

我的游戏名称，我的团队名称

我的联系方式

糟糕的提问示例

下面是一些糟糕的提问示例。

- 我的关卡中的所有内容都不好使了。你能修复吗?

  这个问题没有提供任何信息，让提问者听起来很无助。这种问题会让首席工程师“男默女泪”。

- 我的.png 文件有问题，但我不知道是什么问题。我该怎么办?

  这个问题提供的细节太少。你需要告诉接收人文件哪里出了问题。是用 Photoshop CS6 打开失败，还是当你试图用 Microsoft Paint 打开它时电脑崩溃了? 抑或是文件的内容与你的期望不符? 还是别的什么?

- 我照你说的做了，但现在情况不同了。我该怎么复原?

  这里有不止一个问题。这个提问看起来像是想把责任推到回答问题的人身上。这既不礼貌也没有建设性。同时提问也缺乏具体细节。有什么不同? 是负面意义上的不同吗? 是如何出现的?

  下面是问这个问题更好的方法。

主题: 项目在加载第 10 关时崩溃

正如你所知道的，我一直在用 Unity 与我的团队一起制作关卡。昨晚添加了一个新的静态网格后，我的关卡就崩溃了。

以下是我所采取的步骤:

1. 打开 Unity 并在 Windows 10 64 位机器上加载我的关卡。
2. 运行我的游戏。

问题: Unity 崩溃，没有调试输出或警告。程序会立即完全关闭。

我已经试过删除昨晚添加的静态网格，也尝试过关闭和重新打开 Unity。我现在感到沮丧和困惑。你能就调试这个问题给我一些建议步骤吗?

谢谢!

我的名字

我的游戏名称，我的团队名称

我的联系方式

当某人的回答确实命中了你的问题时，无论是当面还是通过电子邮件，都要简短但有礼貌地说声“谢谢”。他们需要知道这是否好使，就像他们需要知道“它的确不好使”一样，让沟通闭环很关键，可以向他们展示你是一个可以在发现和解决问题方面被信任的盟友。

进一步要做的事

在读完本章之后，你应该花一些时间在现实世界中使用这里介绍过的概念进行练习。可以通过尝试以下练习来锻炼提问技巧：

- 针对你制作或玩过的一款简单游戏写一些数据驱动的问题，然后回答它们。练习这项技能需要大量的迭代操作。当你写问题的时候，要考虑到别人可能会怎么误解，甚至可以试着去想这个问题可能被曲解的所有方式。
- 在日常生活中多花点时间思考如何写问题，就像你是一名游戏设计师一样。生活在一个充满提问机会的世界的好处之一是，可以利用这些机会来练习。在技术论坛上发布问题是一种从陌生人那里获得反馈的好方法，可以看看你是否清晰地表达了你的问题。
- 浏览论坛寻找糟糕提问的例子。这应该是非常容易的，因为互联网公共论坛上充斥着糟糕的问题。对于你理解的主题，试着用有助于澄清问题的方式来回答。这不仅能让你很好地练习提问，还能让你有机会帮助别人。

第 4 章

系统设计工具

如你所料，游戏行业充满了计算机软件工具。每个团队、项目和游戏的需求各不相同，有多种工具可以满足这些要求。只是有些工具被使用得比其他的工具更为频繁。本章在仔细研究了术语“数据”的确切含义后，讨论了在游戏行业中一些最常用的工具类别。

什么是数据

在本节及以下几节中，你会经常看到数据处理相关的工具和概念，但数据究竟是什么？就本书而言，数据是用于描述某物的数字或文本。重要的是，数据是采取行动的对象，而不是数据采取行动。让我们看几个例子。

假设一个英雄角色有一个名为“生命值”的属性，以及与之相关的规则。规则决定了在攻击过程中会损失生命值，在治疗过程中会获得生命值。英雄的生命值当前为 100。在这个例子中，100 是数据，是附加在生命值属性上的一个数字，属性和规则用这个数字来实现目的。在表 4.1 中，可以看到更多附加到不同属性和规则的数字的示例。

表 4.1　附加到属性与规则的数据示例

规则/属性	数　据
生命值	100
武器	长剑
力量	50
燃料容量	20
引擎类型	汽油
是否存活	真
瞳色	绿色
掷骰次数	2

注意，表 4.1 中的一些数据是数字，一些是二进制数 0 和 1 代表的结果（真或假），还有一些是文本。不管是什么类型，这个表中的所有数据都是被游戏中的规则用来实现特定目标的。但是数据本身并不包含任何规则。

游戏行业工具

游戏行业的工具涵盖多种类型的软件和应用程序，包括文档工具、图像编辑工具、3D 建模工具、流程图工具、数据库、bug 追踪软件、游戏引擎和电子表格等。下面将详细介绍这些工具类型。

文档工具

文字处理工具是最古老最常用的一类计算机工具，游戏开发者们经常用到。创建和维护文档是文字处理的主要用途。一般来说，对每个功能、关卡、概念、主要游戏角色或系统都需要提方案。一旦方案（pitch）[1]被提出，就会对其进行讨论、澄清和组织内容。所有这些初期的设计任务都可以在文字处理工具中快速安全地完成，而无须担心把错误引入游戏。开发者会使用游戏设计文档（Game Design Document，简称 GDD）来记录游戏中的大部分或全部概念。GDD 可以是一个非常简短的文档，只保留核心的点子，也可以非常庞大，长达数百页。在一些大型团队中，甚至有一个专门的开发人员，其唯一任务就是整理和维护 GDD。

Microsoft Word、Google Docs（见图 4.1）和 Apache OpenOffice Writer 是几个广泛流行的文档工具。

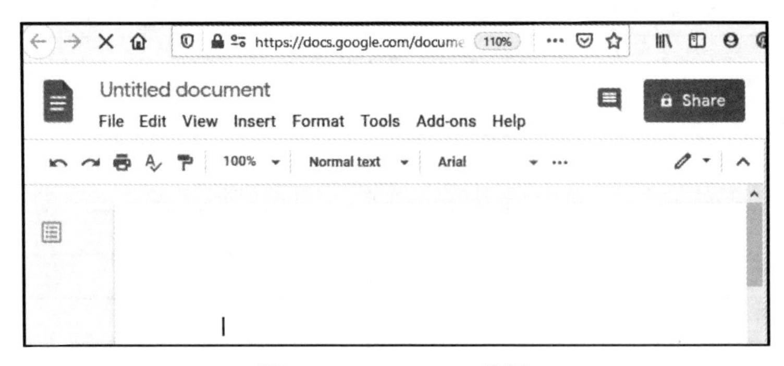

图 4.1　Google Docs 截图

图像编辑工具

所有在传统艺术环境下绘制的东西，现在都可以用图像编辑工具进行创建或修改。这些工具可以从相机或扫描仪导入原始图像，也可以从草稿开始创建全新的图像。现代图像编辑工具非常强大，允许美术相关人员快速创建和操作 2D 图像。游戏开发者用图像编辑工具完成数不胜数的工作，包括创建 UI（用户界面）、在 3D 物体上创建纹理、在角色模型上创建皮肤、创建概念艺术原画等。尽管图像编辑工具主要是美术相关人员使用的工具，但包括系统设计师在内的所有开发者都可以从学习基础的图像编辑中受益。

Adobe Photoshop（见图 4.2）和 GIMP 是流行的图像编辑工具。

1　在游戏行业中，初期的概念方案通常被称为 pitch。——译者注

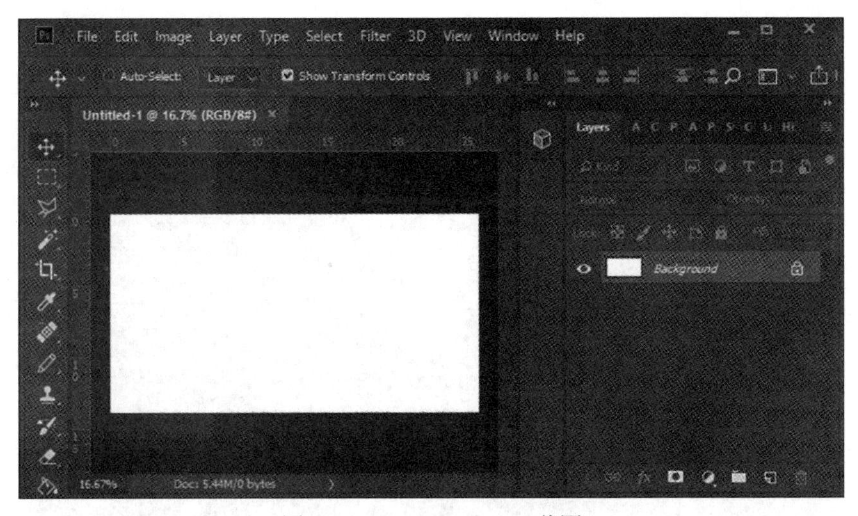

图 4.2　Adobe Photoshop 截图

3D 建模工具

在 3D 的电子游戏中，玩家可以看见 3D 对象并与之互动。美术相关人员和设计师们用 3D 建模工具来制作这些对象。3D 建模工具拥有一个可以让使用者创建 3D 模型并在模拟的 3D 空间中操控其界面。通常，3D 建模工具具有多个摄像机视图，允许使用者同时从多个视角查看物体。这些工具还有用于操作 3D 对象的控件，如拉伸、雕刻、扭曲、调整大小、分割和附加 3D 形状等。这些功能中的大多数在 3D 建模工具中都有非常具体的名称，了解这些工具的行业术语是非常有益的。

一旦创建了 3D 对象，大多数工具都可以帮助开发者给对象附上纹理。纹理的含义在游戏中与在现实世界中并不完全相同。在现实世界中，纹理是你可以感觉到的东西。在游戏世界中，纹理是用图像模拟的。3D 建模工具可以导入图像编辑工具制作的图像，并将这些图像应用到 3D 对象的表面，使其产生表面纹理的视觉效果。

许多 3D 建模工具还可以用来制作 3D 对象的动画。游戏开发者可以将动画用于预渲染的电影动画场景，也可以将动画导出成游戏引擎实时使用的指令文件。

3D 建模工具的最后一个任务是把对象导出为游戏引擎可以理解的文件格式。

3D Studio Max[1]（见图 4.3）、Maya 和 Blender 是常用的 3D 建模工具。

1　业内通常简称为 3D Max。——译者注

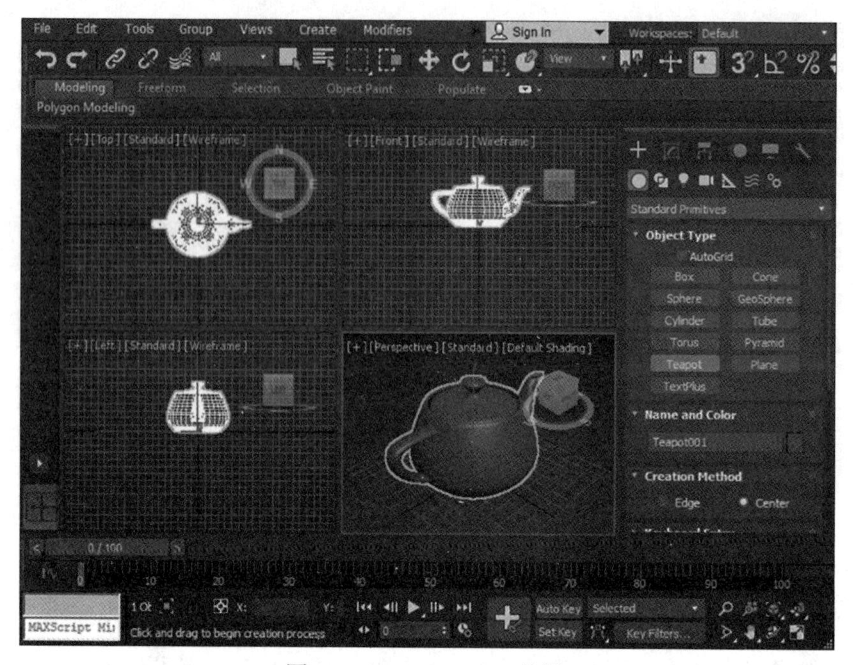

图 4.3　3D Studio Max 截图

流程图工具

如图 4.4 所示，流程图用来组织想法并显示整个系统的进展。与书面文本或线性列表不同，流程图可以以图形的方式显示分支、循环、决策点和终止条件。很多时候，关卡设计师在投入时间把关卡制作成地图或 3D 模型之前，会用流程图来粗略地勾勒出关卡的概念。系统设计师和工程师经常使用流程图来显示系统间的移动和跳转，并在把游戏系统创建到引擎中之前快速粗略地概括展示系统概念。

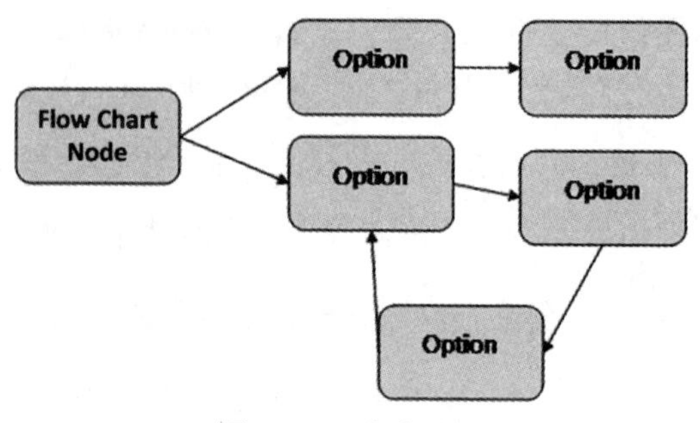

图 4.4　一个流程图

Google Drawings、Visio 和 OmniGraffle 是流行的流程图工具。

数据库

数据库存储了大量要在以后检索和使用的数据。一个简单的游戏可能不需要数据库，但对于一个体量很庞大的游戏，存储的数据量可能是巨大的，将它存储在引擎或脚本中会非常不灵便。系统设计者尤其需要熟悉如何使用数据库，因为他们通常是管理游戏数据库的人。数据库通常用于存储武器、盔甲、车辆、升级道具、玩家消耗品、AI 角色和其他敌人角色类型。对象数据库充当一个可以使用和重复使用的游戏对象的中央存储库，并在整个游戏中保持这些对象的一致性。试想一下，从为一款 MMO（大型多人在线游戏）编写的所有脚本中寻找到单个道具和角色有多么困难。数据库可以被很好地类比为一个文件柜。你可以打开文件柜，找到想要查找的对象，然后引用它以便在游戏中使用，或在会影响整个游戏的中心位置对其进行修改。

数据库管理系统提供了用于实际访问数据库中所有数据的工具。要理解数据库和数据库管理系统之间的区别，可以想象存放和使用你收藏的音乐。在你的硬盘中，有可能有成百上千首不同乐队、不同流派的歌曲。在这种情况下，你的硬盘就像是一个数据库，保存着你所有的音乐信息，包括歌曲本身。为了以一种有意义的方式查看这些信息，你可以只浏览 Windows 文件夹，但这样做非常低效和缓慢，而且会错过很多重要的信息。相反，你可能会使用音乐播放程序，它本质上是一个专门的数据管理系统。可以在该程序中过滤音乐流派，或按乐队查找每首歌曲，或者查找单个专辑的所有内容，又或者以其他方式访问数据。在游戏开发领域，数据库管理系统的工作类似于你的音乐播放程序。如果正在制作一款大型的 RPG（角色扮演游戏），你可能只想查看剑或者盾牌，或者仅供骑士使用的 22 级的物品。数据库存储所有武器、盔甲、角色类别定义等，而数据库管理系统允许你只访问你想要的信息。

难道电子表格不能处理与数据库管理系统相同的任务吗？是的，它可以，而且在许多小体量的游戏里也正是这么做的。但是电子表格每次使用时都会加载它存储的所有数据。如果要访问大量的数据，电子表格就会变得很慢。此外，如果只加载要编辑的项，那么把错误引入不打算触及的对象的可能性就更小，这样会更安全。

Microsoft Access 是流行的数据库工具，MySQL 和 Microsoft SQL Server 是很好的数据库管理系统工具。

bug 追踪软件

bug 追踪软件是一种特定类型的数据库管理系统，专门用于跟踪软件中的错误。该数据库中保存着关于游戏 bug 的信息。管理系统专门用来处理在对付 bug 时需要的信息和任务。与一般的数据库管理系统不同，bug 追踪软件在准备好跟踪 bug 之前不需要手动配置。可以使用 bug 追踪软件来记录新的 bug，搜索相似或重复的 bug，将 bug 分配给不同的所有者，跟踪 bug 的修复进度，并过滤掉已经修复的 bug。

Jira、Bugzilla、Plutora 和 Backlog 是一些流行的 bug 追踪软件。

游戏引擎

游戏引擎是把整个游戏合并在一起的地方。无论是什么游戏，制作电子游戏所面临的许多挑战都是相同的。例如在屏幕上渲染图像、检测物体何时发生碰撞，以及从内存中检索图像资产。大多数游戏都需要完成这样的任务，并且对每一款游戏都从头开始编写功能是没有意义的。因此，游戏团队、工作室和专门的公司将制作游戏所需的所有常见功能打包成一个程序，称为游戏引擎。

除了处理游戏的基本功能，游戏引擎还负责组织游戏的界面，使其易于使用。例如，许多游戏引擎拥有 3D 视图，这样开发者就可以通过 3D 空间查看游戏关卡中对象的位置，并对其进行调整或放置更多对象。游戏引擎通常还集成了文件管理功能，这样美术相关人员、设计师和程序员就可以互相合作，让资产在游戏中得以灵活运用。

如今，有几家公司制作了“中间件”引擎，这些引擎不是为任何特定的游戏或团队制作的，而是为任何需要简单的游戏开发解决方案的人设计的。中间件的好处是它被设计成能为尽可能多的团队使用，所以它非常灵活。缺点是缺少使每款游戏与众不同的关键组件。

Unity 3D、虚幻引擎、CryEngine 和 Cocos 都是流行的游戏引擎。

进一步要做的事

在读完本章之后，你应该花一些时间在现实世界中使用这里介绍过的概念进行练习。可以通过尝试以下练习，进一步研究游戏设计工具。

- 在互联网上搜索“新手的游戏引擎”。你可以找到大量现代游戏引擎的文章和大多数流行引擎的介绍视频。花一些时间观看这些视频并且比较不同游戏引擎的功能，以便更好地了解游戏行业的发展方向。
- 练习使用文档工具，这些工具的功能比你意识到的要多得多。游戏设计师必须熟悉使用这些工具，不仅是输入文字，还要能正确地使用格式和组织文档。Microsoft Word 和 Google Docs 是两个最流行的文档工具。
- 为一款游戏制作一张流程图——无论是你想要做的游戏还是已经存在的简单游戏。使用流程图来展示游戏从一开始到进行各种玩家决策的流程。为了了解流程图应该包含哪些内容，你可以在网上搜索“如何为游戏设计师制作流程图”，并花时间阅读有关使用流程图设计游戏的教程。

第5章

电子表格基础

第 4 章涵盖了游戏开发者通常使用的工具，但有一个工具是系统/数据设计师必不可少的：电子表格。由于电子表格是在设计游戏系统时可能会使用的主要工具，因此本章和下一章专门介绍电子表格的使用。本书中的电子表格示例展示了 Google Sheets（见图 5.1），这是一个免费且功能强大的电子表格程序。其他几个电子表格程序也制作精良且功能强大。本章涵盖的几乎所有内容也适用于大多数其他电子表格程序，尽管界面可能看起来有些不同。

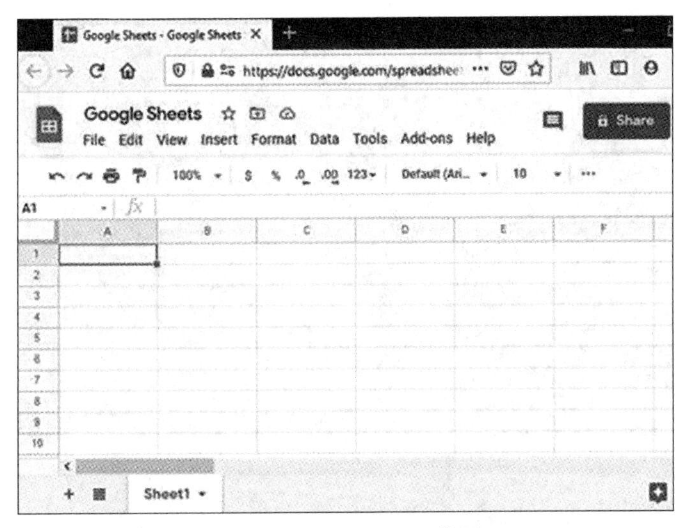

图 5.1　Google Sheets 截图

为什么是电子表格

想象一下，你的工作需要每天要搬运非常重的东西。这是一项可怕、痛苦又缓慢的工作。然后你了解到有一个喜欢搬东西的巨人，可以整天毫无怨言地搬运很重的东西。如果他能帮你，你的工作很快就会变得轻松了。然而，巨人说的不是你的语言，而是他自己的巨人语，你对此一窍不通。如果你学会了巨人言，他会很高兴地为你做任何你想做的事，而且他能够轻松地做得比任何人都多。一旦你学会了他的语言，只需要告诉巨人该怎么做，就可以坐在树荫下看着他快乐地工作。

电子表格技能是游戏这个行业中最常见且可继承的技能。到目前为止，本书中讨论的所有其他工具都一直在有条不紊地变化更新。新的游戏引擎、美术产品和团队工具会定期进入市场。此外，许多很老的产品还在不断演进和变化。即使是主流的 Photoshop 也经历了非常剧烈的重塑，以至于无法从它初期的样子中识别出来现在的踪影。因此，即使多年前学习过旧工具，如果最近没有怎么使用它们，而现在想要用它们当前的版本，那么你也需要再次学习了。

随着行业中所有工具的成熟和发展，电子表格仍然保持着明显的“以不变应万变”的状态。一个稳定且有用的电子表格设计很早就出现了，并且一直存在。例如，图 5.2 展示的 VisiCalc，是第一个被视为功能完整的消费者版电子表格程序。

图 5.2　VisiCalc 截图

尽管 VisiCalc 于 1979 年发布，你也可以很轻易从中看到现代电子表格中存在的所有相似的基本组件。多年来，电子表格程序添加了许多新功能，但即使是 20 世纪 90 年代末构建的电子表格也拥有同类现代程序中绝大多数的功能。随着电子表格的成熟，变化速度实际上已经放缓，而许多其他工具的变化速度却在增加。学习使用电子表格可能是你可以进行的最长期的游戏工具投资之一。流行的电子表格工具包括 Microsoft Excel、Google Sheets 和 OpenOffice.org Calc。

虽然游戏引擎、3D 建模工具和许多其他游戏开发工具都非常独特，需要用户学习特定的技能，但很多现代电子表格程序在使用和功能上非常相似。如果你学习了一个，那么使用任何其他电子表格工具都是非常容易的。将数据文件从一个程序转换到其他程序也是可能的，甚至相当容易。这是电子表格的另一个独特优势。大多数其他游戏设计工具都有特定的文件格式，很难或者不可能在工具之间传输文件。

什么是电子表格

简单来说，电子表格是一组可以互相交流沟通的数据容器，我们用电子表格来收集和存放数据，还用电子表格来组织、操作和计算这些数据，以便找到有意义的信息。从实际应用角度来看，这意味着我们需要处理一大堆难以理解或不可能理解的原始数据，让电子表格完成清理数据和回答有关数据问题的繁重工作。然后，可以进一步使用该工具单独或批量处理数据，使其按照我们希望的方式被充分利用。

电子表格单元格：数据的构建块

本节讨论所有电子表格工具的通用元素。每种工具都可能具有自己特有的功能，但一旦了解了通用元素，这些特有的功能也就很容易学习。在阅读以下部分时，最好先打开一个新的电子表格并重新创建示例内容。如果你还没有电子表格程序，可以获取免费的 Google Sheets 程序，该程序可在任何现代网络浏览器上使用。

请注意

本章探讨的电子表格内容，非常适合游戏系统设计。而其他很多图书或网上资源则从其他学科领域的角度深入探讨了电子表格。

单元格

电子表格中数据存储的最小单位就是单元格。第一次打开电子表格时看到的便是一系列单元格。单元格是构建所有电子表格的基础。单元格可以保存数据、检索数据、计算数据或执行更复杂的任务。单元格还可以互相通信以完成更繁杂的工作。每个单独的单元格还可以包含许多不同类型的信息。以下几节将研究单元格最常见的要素。

单元格地址

电子表格使用**单元格地址**来组织和应用单个单元格。每个单元格，即使是空单元格，也都有一个不能被删除或修改的地址。单元格地址基于单元格所在的行和列的交集；由一个字母（表示列）和一个数字（表示行）组成。数字和字母都从工作表的左上角开始排列，每向右或向下移动一个单元格，对应的地址就相应地增序一次。例如，电子表格左上角的单元格地址为 A1，该单元格右侧的单元格地址是 B1，而 A1 正下方的单元格是 A2。图 5.3 显示 B2 单元格被选中并高亮显示了。

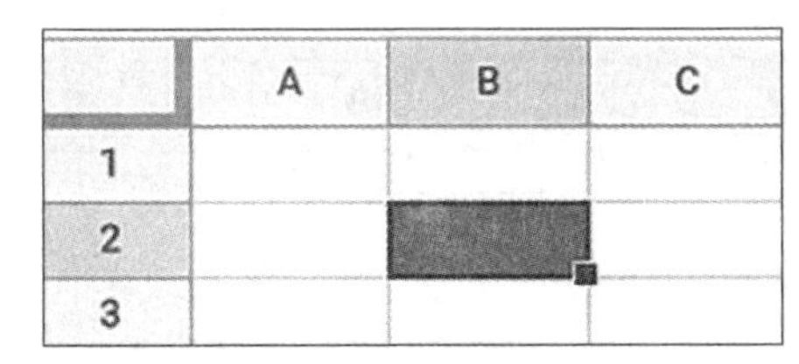

图 5.3　单元格 B2

知道了单元格的地址，你就可以访问该单元格的内容。这是电子表格最有价值的要素之一，也是它真正区别于计算器的地方。使用单元格地址引用另一个单元格中的信息，可以执行一系列计算，构建一些复杂内容，同时保持原始单元格的数据不变。

单元格的值

在电子表格中选中任意单元格时，你会注意到其中有一个光标在闪烁。此时可以在单元格中输入几乎任何你想输入的内容。可以在单元格中存储基础文本、数字和许多其他形式的数据。比如，如果在单元格中输入 HELLO 并按下回车键，那么单元格的值就会变成 HELLO。再比如，可以将不同项目输入一系列单元格，以此创建一个存储了一系列项目的列表。

单元格的值可以是任何形式的数据，它特指你按下回车键后在单元格中看到的内容。重要的是要明白在单元格中看到的内容和输入的可能不一样。在单元格中看到的内容始终被称为值。

单元格的公式

单元格的值可以视作一个名词，而单元格的公式则与一个动作相关。单元格公式是你希望计算一个答案（它显示为一个值）时，需要输入的计算式。

公式栏

电子表格中列和行的正上方是公式栏。可以通过独特的 *fx* 符号发现它，*fx* 被称为函数符号（见图 5.4）。无论单元格显示什么，公式栏都会显示单元格内部发生的变化。可以直接在单元格或公式栏中输入信息。

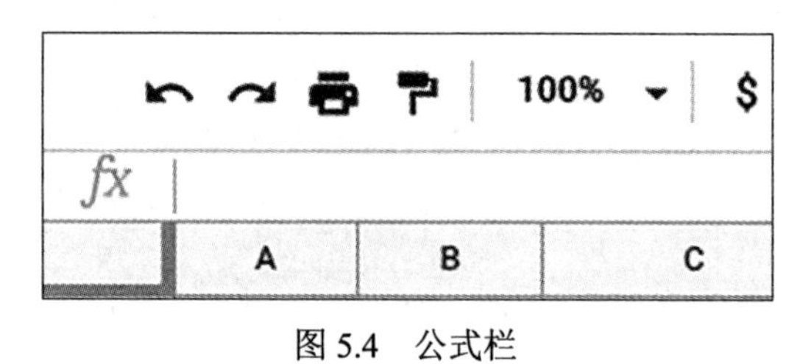

图 5.4　公式栏

电子表格符号

电子表格使用范围广泛的符号来处理和计算数据。以下描述了最常用的基本符号。

等号

电子表格可以在单元格中进行简单和复杂的计算。与电子表格进行交流，要输入一个公式——而不仅仅是输入一个数据值——你需要一个特殊的代码。在这种情况下，代码的符号是=（等号）。在电子表格中，等号在用于公式开头时的含义与它在书面数学中的不同。在电子表格中，它被用作表示“做某事”的特殊符号。在电子表格中使用等号，就好像你在说“我想让这个单元格的值等于我将要输入的公式的结果”。

与数学中等号处于两个运算部分的中间不同（例如 1+1=2），在包含公式、函数或引用的电子表格单元格中，等号最先出现。等号是电子表格中使用的最重要的符号，因为它开启了所有其他符号的使用。如果在单元格的开始位置没有等号，电子表格就不能进行计算。

例如，如果在单元格中输入=1+1，则单元格将显示值 2。如果只输入 1+1，单元格将显示 1+1。注意在图 5.5 中，单元格 A1 被选中，该单元格的内容显示在公式栏中。还要注意，公式栏中显示的=1+1 与单元格 A1 中显示的 2 不一样，两者都是正确的；请记住，公式栏始终显示输入的内容，而单元格（默认情况下）显示你输入内容的值。

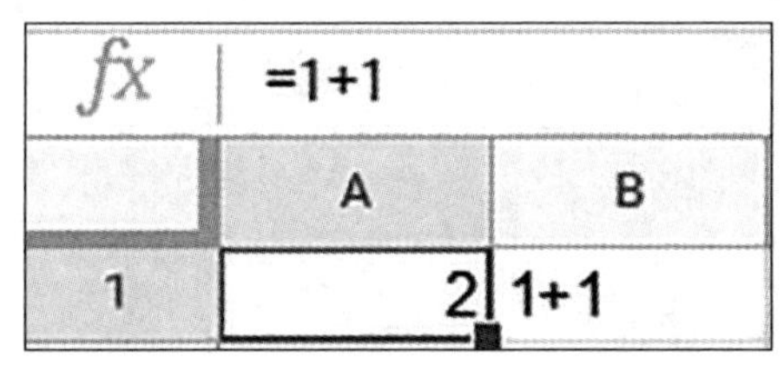

图 5.5　公式栏显示一个公式，而单元格 A1 显示公式的输出结果

公式可以非常复杂和强大。比如你可以将等号与单元格地址结合，告诉电子表格访问指定单元格的内容。举个例子，在图 5.6 中，单元格 B1 引用 A1。

	A	B
1	10	=A1

图 5.6　单元格 B1 引用 A1

本例中单元格 B1 与 A1 计算值相同（见图 5.7）。

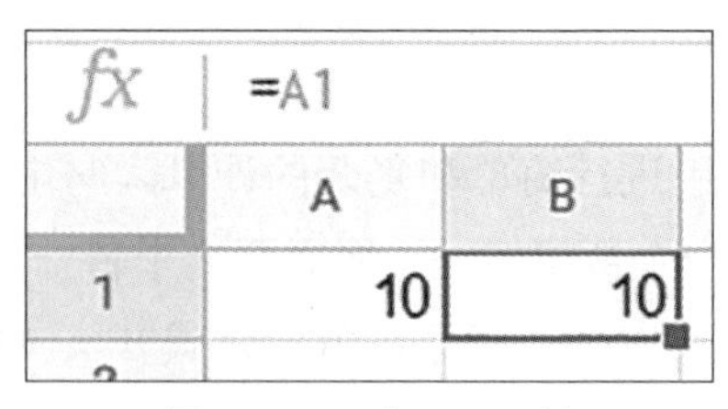

图 5.7 A1 与 B1 一样

电子表格可以使用单元格引用来执行或简单或复杂的计算。在图 5.8 的示例中，单元格 B1 将 5 加到 A1 的引用中。

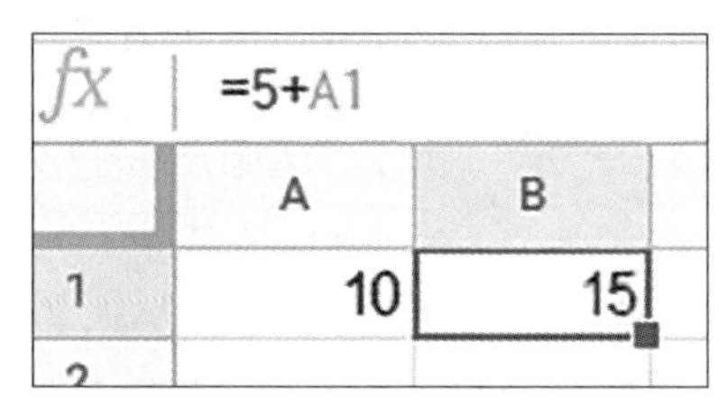

图 5.8 用公式调整引用

请注意

有时可以在同一单元格中包含多个公式或函数，但作为单元格中第一个字符的等号只需要一个。你不可以也不应该在同一个单元格中的多个公式或函数前输入等号。在单元格最开始输入=就像打开一个开关，让电子表格在单元格中执行主动的任务，而不是存放被动的数据。

圆括号

圆括号在电子表格中与在数学中作用非常相似，甚至还可以做得更多。在最基本的情况下，括号表示操作的顺序。在一个配对的左右括号内，任何计算都将先于外部操作发生。图 5.9 显示单元格 A1 和 B1 中的公式类似，只是 B1 中包含了括号。这将导致单元格返回完全不同的值：单元格 A1 将返回 10.75，单元格 B1 将返回 2.75。

请注意

在默认情况下，电子表格将只在单元格中显示公式的计算结果，但公式本身将始终显示在公式栏中。

	A	B
1	=2*5+6/8	=2*(5+6)/8

图 5.9　带括号和不带括号的公式

还可以把单元格引用和括号一起使用，如图 5.10 所示。在单元格 A1 中，10 是静态数值，它被单元格 B1 在公式中引用。

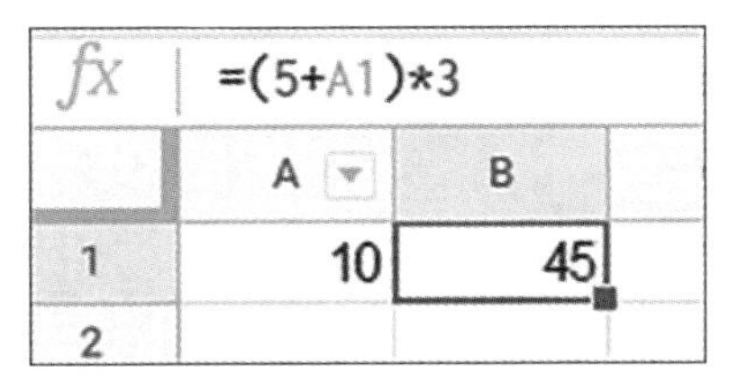

图 5.10　括号与单元格引用同时使用

除了表示操作顺序，括号还充当函数的容器，本章后面将对此进行讨论。

引号

和许多编程语言一样，电子表格中的引号表示文本。电子表格将引号内的任何内容都视为非功能性和非数字性的。例如，在图 5.11 中，单元格以等号开始，这是理所应当的，但计算是用引号括起来的，因此电子表格返回计算的显示值（即 1+1），而不是返回计算值（即 2）。

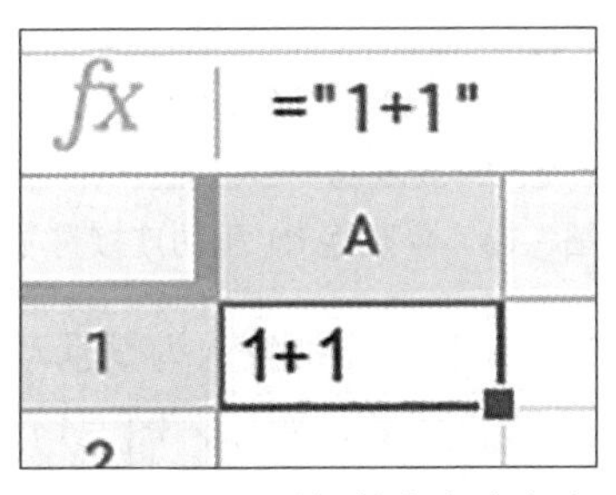

图 5.11　用引号把数字变为文本

其他数学符号

在计算中使用的标准数字符号也适用于电子表格公式：

- +：加号
- *：乘号

- /：除号
- -：减号
- ^：幂

这些符号中的任何一个都可以应用于公式或引用。例如，在图 5.12 中，单元格 B1 将单元格 A1 和 A2 的值加在一起，然后将结果乘以 5。

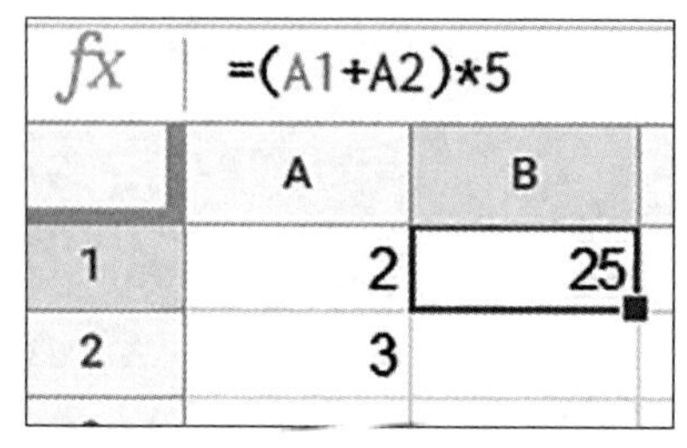

图 5.12　在单元格 B1 中有多个符号

和符号

和符号（&符号）表示连接——这基本上意味着将文本连在一起。通过连接和引号，电子表格可以使用几段不同的文本和数字来创建一个完整的文本。在图 5.13 中，单元格 B2 引用存储在列 A 上的信息，并将其连接在一起形成更长的文本。

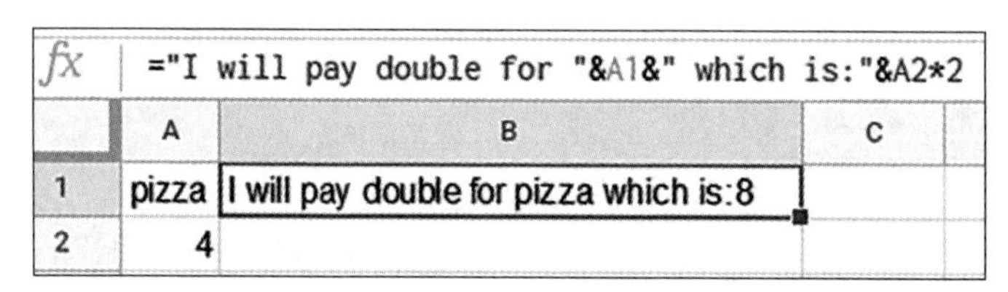

图 5.13　单元格 B1 里的连接符号

由于单元格的引用，单元格 B1 中的公式被认为是活动的或动态的，这意味着当它引用的数据发生变化时，会产生不同的结果。例如，图 5.14 中，比萨（pizza）被换成了寿司（sushi），4 变成了 9，结果也相应变化了。

fx　="I will pay double for "&A1&" which is:"&A2*2

	A	B	C
1	sushi	I will pay double for sushi which is:18	
2	9		

图 5.14　动态更新的单元格

编写基于数据动态变化的复杂计算式，能让你用电子表格快速完成许多复杂任务，而不需要重写计算过程和创建新的公式。

电子表格中的数据容器

电子表格由列和行中的单元格集合组成。在更大的范围内，列和行组成一个网格，即电子表格。在现代程序中，用户能够使多个电子表格相互连接，并同时在内存中全部打开。这被称为工作簿，包含所有工作表并将其作为选项卡显示在当前工作表下方。

列和行

列和行是电子表格中仅次于单元格的第二大分组。一行包含一系列在工作表上水平排列的单元格，列包含一系列在工作表上垂直排列的单元格。列和行都用于组织数据。你可以访问列或行中的单个单元格并对其编辑，也可以选择整列或整行并进行群组编辑。在图 5.15 所示的例子中，用户单击了标记为 2 的行标题，这将一次性选择整行。行用数字标记，从第 1 行开始，行总是水平排列的。列用字母标记，从 A 开始，它们是垂直排列的。

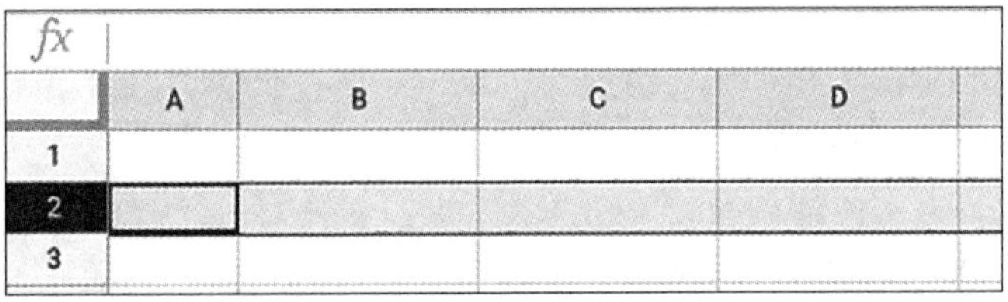

图 5.15　通过选择行首标题来高亮选中整个第 2 行

工作表

列和行之后的下一个最大的分组是工作表。工作表在网格中包含一系列行和列。当有人谈到在电子表格中工作时，工作表很可能就是他们所指的地方。但是，拥有多个工作表是完全可能的，也是很有用的。所有工作表在创建之时都是相同的；每个工作表总是包含相同的字母列和编号行。正如上一节所讨论的，可以通过单击行或列的标题来选择行或列中的所有内容。要选择整个工作表中的所有内容，可以使用全选按钮，该按钮位于工作表的左上方，位于 A 列标题左侧和第 1 行标题之上（见图 5.16）。通过单击全选按钮，可以选择工作表中的每个单元格，然后一次性对所有单元格进行操作。

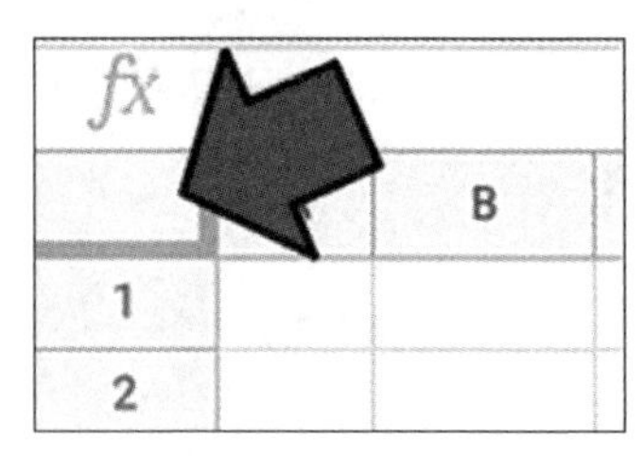

图 5.16 全选按钮

工作簿

打开电子表格程序并加载大多数人说的电子表格时，你实际上是在打开一个工作簿。工作簿这个术语也是保存在硬盘驱动器或云端的电子表格文件的名称（例如在 Google Sheets 中）。这个术语是从人们在纸上手写数字并将其实际装订成工作簿的时代延续下来的。这也是我们在电子表格中工作的一个很好的类比。创建许多不同的、独立的工作表来在不同的文件中完成所有工作是完全可以的，但将工作表划分在不同工作簿中有两个明显的好处：

- **表格组织**：当表格在工作簿中组合在一起时，它可以帮你保持游戏数据的组织化信息。例如，如果你知道一个项目包含角色、武器、盔甲、战利品和怪物等对象类型，则可以为这些不同类型的数据中的每一个制作一张表，同时将它们全部囊括在游戏的单个工作簿中，组成一个整体。这将有助于区分这个游戏中的角色和另一个游戏中的角色。
- **表格连接**：当工作簿中包含多个工作表时，每次打开工作簿都会将它们全部加载到内存中。这意味着任何表格都可以完全和立即访问其他表格上的数据。从不同的工作簿访问数据也是可以的，但这种访问涉及更多开销和复杂度。通常，如果数据相关，最好在一个工作簿中使用更多的工作表，而不是创建单独的工作簿。

要在工作簿中创建新的工作表，可以查看单元格网格的底部，在那里可以看到带有单个标签页的灰色条（默认情况下）。这是你正在处理的当前工作表。在 Google Sheets 中，默认的表格称为表单 1（Sheet1）（见图 5.17）。

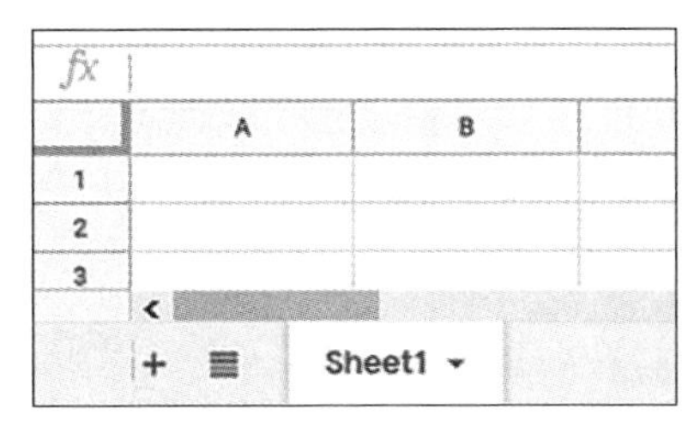

图 5.17　一张工作表的标签页

在所有工作表的左侧是一个显示为几条水平线的按钮。这是所有表格的列表。在非常大的工作簿中，这个符号很方便，因为你的工作表比程序一次能显示的更多，单击这个按钮可以让你快速访问所有工作表，而不必滚动它们。

在底部最左边是一个+按钮，单击该按钮可以添加新工作表。单击这个按钮，程序会添加一个带新标签页的新的工作表，并给它一个默认名称；图 5.18 显示新添加的工作表名为 Sheet2。可以单击新工作表的标签页，将视图从之前的工作表切换到新工作表。

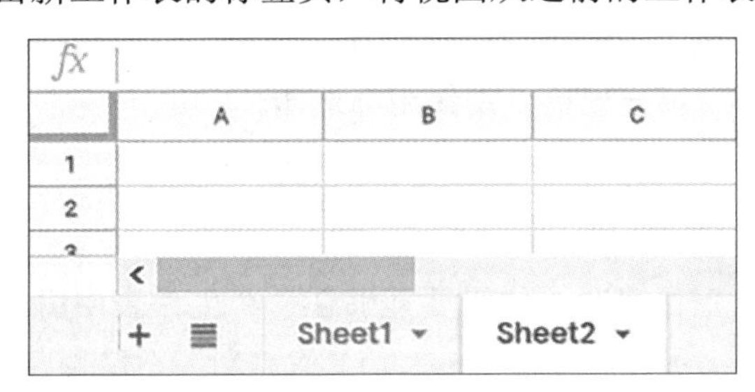

图 5.18　一张新工作表的标签页

请注意

注意到这一点很重要，当工作簿打开时，工作簿中每个工作表的所有数据都是打开的，并且存放在内存里。

当创建新的工作表时，建议以符合新的工作表内容的名称来重命名工作表（见图 5.19）。如果需要，还可以给工作表标签页着色以更好地组织工作簿，尽管颜色不会给工作表带来任何特殊的功能。

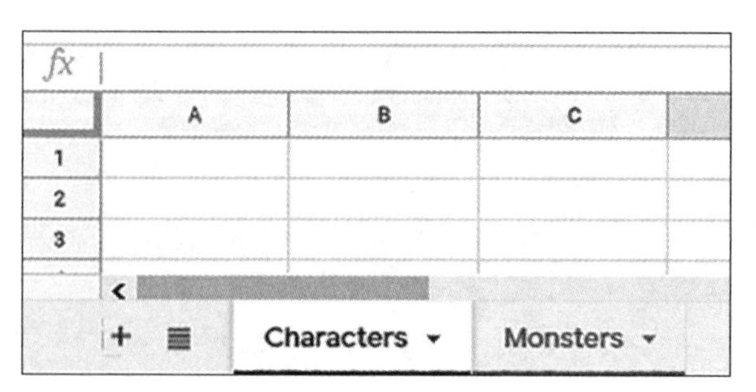

图 5.19 重命名工作表

可以向左或向右移动工作表标签页，也可以删除或复制它，在某些程序中，你可以将其移动到另外一个工作簿里。你还可以隐藏或保护它，这将在本章后面详细讨论。

工作表的操作

本节着重介绍使用电子表格可以执行的任务，例如引用和隐藏数据、冻结表格的一部分、使用评论和注释、填充表单以及使用筛选器。

引用另一张表格

当工作簿包含多个工作表时，你需要能够在一个工作表中引用来自另一个工作表的数据。图 5.20 显示了一个角色（Characters）工作表和一个怪物（Monsters）工作表。在怪物工作表中，可以看到一个力量为 10 的食人魔（Ogre）。

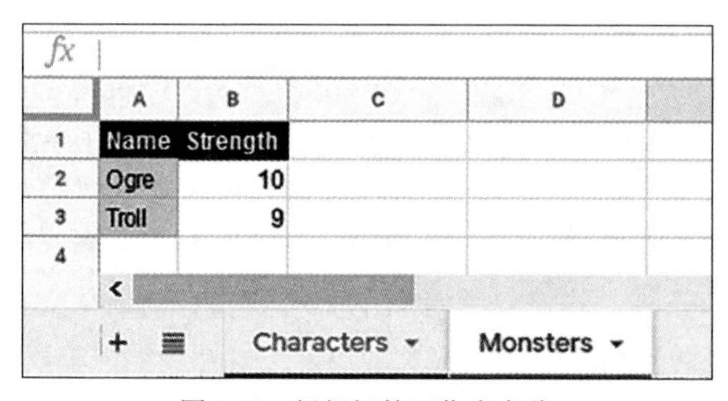

图 5.20 组织好的工作表名称

假设在角色工作表中，你想要比较角色“士兵（Soldier）”和 C2 单元格中怪物“食人魔”的力量（Strength）（见图 5.21）。在怪物工作表中，食人魔力量的数据位于该工作表的 B2 单元格。

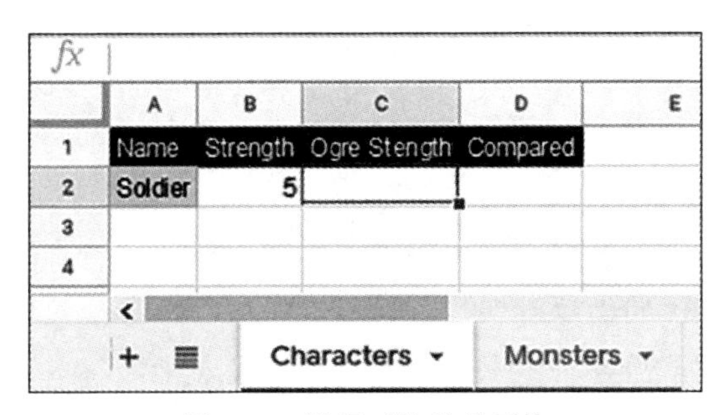

图 5.21 进行对比的单元格

但你不能直接就简单地写出指向 B2 单元格的公式，因为角色表上的 B2 单元格包含的是士兵的力量值，而不是食人魔的力量值。在这种情况下，需要使用一个特殊符号（!操作符）来访问另一张单独的工作表。

要访问另一个工作表中的数据，电子表格需要知道在哪里获取数据。为了使这一点更清楚，你需要使用工作表的名称。然而，由于工作表可以被赋予任何名称，电子表格并不知道你输入的是工作表名称、函数名称、变量名称还是纯文本。!操作符在电子表格中允许你以电子表格可以理解的格式包含工作表名称。在名称的末尾放置一个!操作符，电子表格会识别出它是一个工作表名称，从而进入这个表格。例如，要引用怪物工作表，首先要写下以下内容：

=Monster!

在工作表名字末尾的!操作符之后，你可以如同在操作那张工作表一样写下余下的表达式。在本例中，如果想在怪物工作表中引用食人魔的力量值，可以输入=B2。但是，因为你想访问不同工作表中的相同单元格，所以需要在表达式开头添加“工作表名称!”来指定它是一个工作表，然后再添加引用。在本例中，最终的表达式如图 5.22 所示。

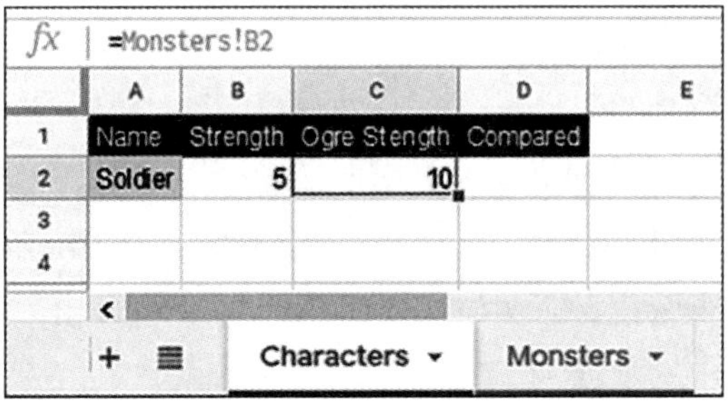

图 5.22 工作表具体的引用

现在，怪物工作表中的 B2 单元格被引用了，它包含的数据可以使用了。

隐藏数据

在电子表格中，你通常希望在工作表或工作簿中包含信息，但不需要用户查看这些信息。例如，将复杂操作的构建块分到单独的单元格中是一种常见的做法。虽然这些中间步骤很重要，但它们不需要一直出现在视线中。在这种情况下，可以使用称为隐藏的内置功能。可以隐藏行、列或整个工作表。要隐藏一行或一列，可以单击要隐藏的内容以选中它，然后右击标题并选择隐藏。一旦行或列被隐藏，它将不再在工作表中可见，但仍然可以通过公式或函数访问它。在图 5.23 的例子中，怪物的力量值已经被隐藏了，但是选中的单元格引用了一个隐藏的单元格，结果可以正常显示。

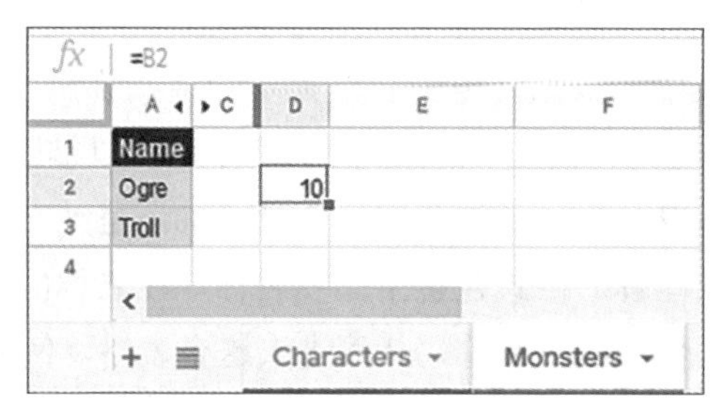

图 5.23 引用隐藏的单元格

请注意，如果列被隐藏，你将无法再看到它的标题字母，隐藏的列都被折叠并替换为一组箭头。要使隐藏的信息再次可见，可以单击折叠箭头，然后打开所有隐藏的列。

类似地，你可以隐藏整个工作表。右击工作表标签页并选择隐藏工作表。同样，信息仍在那里，也会被加载在内存中，但它们是不可见的。例如，工作表包含大量信息，这些信息会使工作簿混乱，而不会为用户提供有效资讯，则可能需要隐藏工作表。

冻结部分工作表

表格包含的数据通常比一个可见的页面所能容纳的要多。虽然电子表格可以毫无问题地处理一个可见页面之外的信息，但人们很难阅读这样的电子表格，他们必须频繁地上下拖动滚动条，来回查看信息。例如，在图 5.24 中，有一组数量庞大的数据，而你只能看见部分位于工作表中的数据。

25	Swamp Man	m	5	5	25	2	2	4	3	4	1	Wood	y	1
26	Mummy	u	10	4	20	6	2	2	3	4	2	Cloth	y	1
27	Giant Scarab	a	8	5	15	9	2	4	3	4	1	Stone	y	1
28	Razorback	a	6	6	15	6	3	5	4	4	1	Skin	y	1
29	Serpent	a	6	6	15	6	6	4	4	4	1	Skin	y	1
30	Giant Scorpion	a	6	5	15	9	4	5	4	4	1	Stone	y	1
31	Black Bear	a	7	6	15	6	4	6	4	4	1	Skin	y	1
32	Harpy	m	6	8	15	6	5	7	4	4	2	Cloth	y	1
33	Gargoyle	m	7	5	15	6	5	6	5	4	1	Stone	y	1
34	Stone Golem	m	8	5	25	8	3	4	5	4	1	Stone	y	1
35	Giant Crab	a	8	5	15	12	5	6	5	5	2	Stone	y	1
36	Gorilla	a	9	7	15	3	3	4	6	5	1	Skin	y	1
37	Iron Golem	m	9	5	30	10	3	4	6	5	1	Iron	y	1
38	Hill Troll	m	12	4	20	5	1	4	6	5	2	Stone	y	1
39	Sasquatch	m	9	6	15	4	6	5	6	5	1	Wood	y	1
40	Cave Gobbler	a	10	8	3	1	1	4	7	5	2	Stone	y	1
41	Sabertooth	a	10	6	20	7	5	6	8	6	2	Skin	y	1
42	Giant Spider	a	8	7	15	6	5	6	8	6	1	Stone	y	1

图 5.24　查看表格部分数据

在这个例子中列出的值是什么？你不可能说得出来，因为属性的标签在工作表的顶部、目前可见部分的上方。在非常简单的表中，这可能不是问题，但随着数据变得越来越复杂，能够随时查看数据标签就变得更加重要了。为了缓解这个问题，可以冻结列或行。这意味着不管当前浏览工作表的哪个部分，都让一列或一行始终可见。例如，要冻结第一行，你可以将该行选中，选择工具栏 **“视图”**选项，再选择**“冻结窗口”**选项，然后选择**“冻结第一行”**。在冻结菜单中有多个选项可供选择。在本例中可以看到，冻结包含列标题的首行让数据更清晰了（见图 5.25）。

	A	B	C	D	E	F	G	H	I	J	K	L	M	N
1	Character Type	PLR	STR	DEX	HP	AV	D(	MV	LVL	XP	Loot Cards	Loot	Use?	Deck
25	Swamp Man	m	5	5	25	2	2	4	3	4	1	Wood	y	1
26	Mummy	u	10	4	20	6	2	2	3	4	2	Cloth	y	1
27	Giant Scarab	a	8	5	15	9	2	4	3	4	1	Stone	y	1
28	Razorback	a	6	6	15	6	3	5	4	4	1	Skin	y	1
29	Serpent	a	6	6	15	6	6	4	4	4	1	Skin	y	1
30	Giant Scorpion	a	6	5	15	9	4	5	4	4	1	Stone	y	1
31	Black Bear	a	7	6	15	6	4	6	4	4	1	Skin	y	1
32	Harpy	m	6	8	15	6	5	7	4	4	2	Cloth	y	1
33	Gargoyle	m	7	5	15	6	5	6	5	4	1	Stone	y	1
34	Stone Golem	m	8	5	25	8	3	4	5	4	1	Stone	y	1
35	Giant Crab	a	8	5	15	12	5	6	5	5	2	Stone	y	1
36	Gorilla	a	9	7	15	3	3	4	6	5	1	Skin	y	1
37	Iron Golem	m	9	5	30	10	3	4	6	5	1	Iron	y	1
38	Hill Troll	m	12	4	20	5	1	4	6	5	2	Stone	y	1
39	Sasquatch	m	9	6	15	4	6	5	6	5	1	Wood	y	1
40	Cave Gobbler	a	10	8	3	1	1	4	7	5	2	Stone	y	1
41	Sabertooth	a	10	6	20	7	5	6	8	6	2	Skin	y	1
42	Giant Spider	a	8	7	15	6	5	6	8	6	1	Stone	y	1

图 5.25　冻结包含列标题的首行

现在，即使你向下滚动工作表，也可以看到每列的标题了。

使用评论与注释

包含数据、公式或函数的单元格本身没有多大意义。这就是为什么你经常花费额外的时间来添加标题行或列。然而很多时候，行列标题提供的信息是不足以清楚解释某些单元格的。有时可能可以在旁边的单元格中添加注释，但通常是不能这么做的，况且这样做还会导致屏幕上显示的信息过多。此外，如果你不完全确定引用流程如何工作，那么将文本添加到共享的电子表格单元格中可能会破坏公式和函数。为了解决所有这些问题，现代电子表格提供了两个有用的选项：评论和注释。这两个选项的工作原理相似，但有一些差异，根据具体情况来灵活选用会事半功倍。

> **请注意**
>
> 使用评论和注释时，你输入的信息不能被公式或函数里的其他单元格访问。它被添加到电子表格的“顶部”，而不是充当工作表中的活动内容。

评论

评论是电子表格中临时的“行动号召”。添加评论要先选择想要评论的单元格，然后单击鼠标右键并选择“添加评论”（Add Comment）选项（它位于菜单的底部附近）。在指定的单元格旁边会弹出一个对话框，显示添加评论的用户名、从用户配置文件中获取到的用户小头像、添加评论的文本框以及“评论”和“取消”按钮（见图 5.26）。

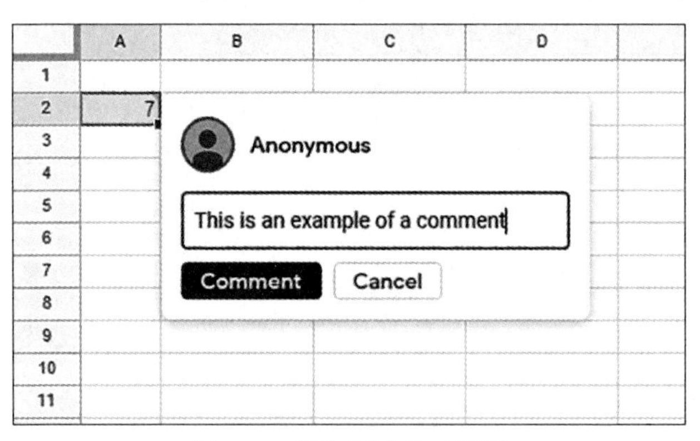

图 5.26 添加评论的对话框

一般来说，添加评论时你应该登录到当前的账户。其他用户可以回复你的评论，当你的评论有更新的时候，Google Sheets 会通过电子邮件通知你。然而，如图 5.26 所示，也可以以匿名方式添加有用的评论。打开添加评论对话框后，可以输入或粘贴要添加到单元格的信息。评论附加到特定的单元格上，可以帮助其他人理解该单元格的内容。评论应是临时的，所以你不应该添加背景或解释性信息。以下示例是一些可能在评论中包含的信息：

这个公式引用了错误的数据。

从程序团队那里得到反馈时，我们可能需要更新这个值。

这个公式的作用是什么？

我们可以删掉这个工作表吗？

写完评论后，可以单击“评论”按钮把评论提交给工作表。之后，表格上的一些标识发生了变化。例如，注意在图 5.27 中带有评论的 A2 单元格，现在右上角有一个小小的橙色三角形，它表示这个单元格有评论，用户可以把鼠标指针悬停在单元格上。还要注意，在工作表标签页上现在有一个带有数字 1 的小文字气球。这个气球上的数字显示了工作表上的评论数。

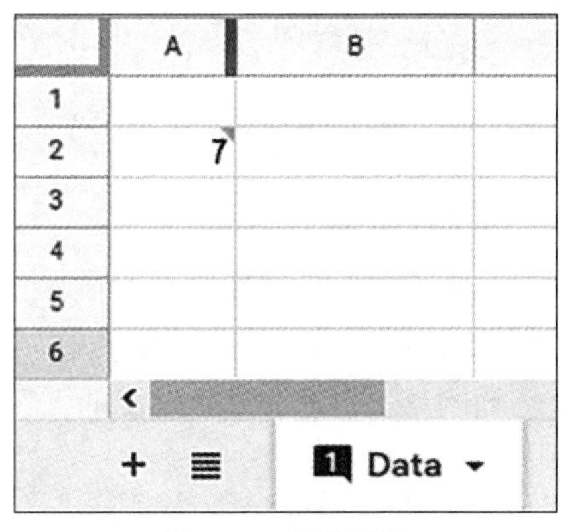

图 5.27　评论标识

评论的目的是吸引用户注意并引导他们浏览评论。当用户浏览到包含评论的工作表并将鼠标指针悬停在有标记的单元格上时，就会弹出评论，如图 5.28 所示。

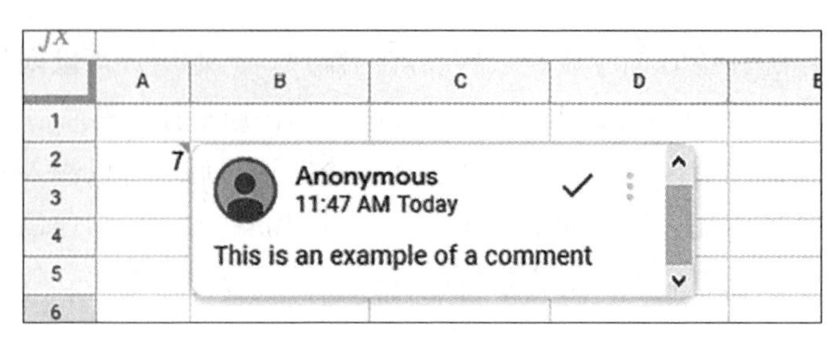

图 5.28　评论

用户可以阅读评论并通过单击右上角的复选标记来关闭它。Google Sheets 会向评论的创建者发送一封电子邮件，通知他评论已经被阅读。

此外，用户还可以回复评论并开始对话。在 Google Sheets 中，这会向你要回复的人发送电子邮件，以便他们及时回复。

请注意

评论只是临时的行动号召，而注释则用来提供长期的额外信息。与评论不同的是，注释不会显示是谁添加的，不会给用户推送邮件，也不允许进行对话。它们也不会在工作表标签页上增加标注通知。相反，注释操作非常像在单元格中嵌入记事本文件。单元格右上角的黑色标识可以用来区分注释（见图 5.29）。注释通常的作用是：在不让工作表变乱的情况下进一步解释单元格的内容。

注释

在图 5.29 中，可以看到在单元格中输入了一个单独的 7。没有周围的上下文，这可能会让浏览这张工作表的人感到困惑，包括输入这个 7 的人在未来回顾的时候也会困惑。这是一个添加注释的好例子：注释可以解释为什么有个 7 或它是干什么的。

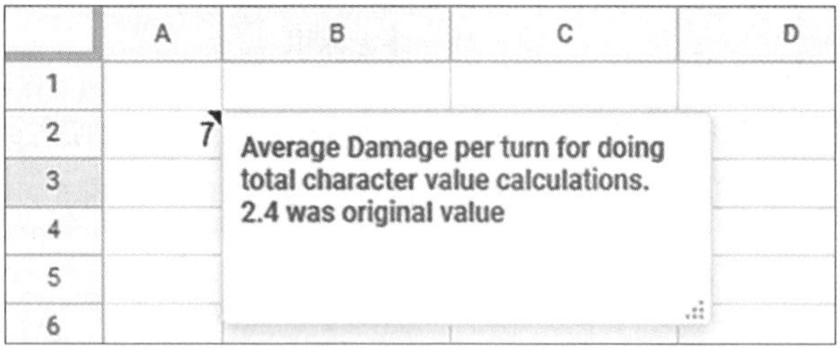

图 5.29　注释

在图 5.29 的例子中，注释解释了单元格中 7 的用处，也解释了为什么有这个数字。对于这两种用途，注释都非常合适。此外，注释对添加以下类型的信息非常有用：

- 单元格预期的最大和最小值。
- 用来解释单元格中公式的游戏规则。
- 单元格中数据的拥有者。
- 数据和公式的来源。
- 特定函数或公式的使用说明。
- 可能让数据不再具有价值的过期日期。
- 任何其他可能有用的小的信息片段。

使用评论和注释最好的方法就是经常使用。在单元格上添加注释，可以让你和他人更好地理解数据的意图和用法——这些数据原本可能非常让人困惑。

使用格式刷

使用电子表格的主要优点之一是数据可以分散在许多单元格上。此外，公式可以展开并在许多单元格中重复。在图 5.30 的例子中，一些玩家已经玩了一款游戏三次。每一次结束游戏后，他们都会输入最终得分。

	A	B	C	D	E
1	Player Name	Score Game #1	Score Game #2	Score Game #3	Total
2	Adam	37	58	49	
3	Bob	55	81	10	
4	Carl	67	32	54	
5	Dave	11	79	25	
6	Ed	56	12	89	
7	Fred	63	87	32	
8	Gary	22	86	15	
9	Herb	73	37	46	

图 5.30　记录玩家的得分

假设你想要得到每个玩家的总分。这需要一个简单的公式（尽管也可以通过函数来实现，本章后面将对此进行讨论）。在单元格 E2 中，可以用公式=B2+C2+D2 来得到 Adam 的总分，结果是 144。接下来，将对其他玩家做同样的事情。同样的公式再重写七次会非常慢，而且容易出错。相反，你可以利用电子表格的格式刷特性，让格式刷为你完成所有工作。

要开始使用格式刷，请在单个单元格中编写所需的公式。将公式写在最上面的单元格中会使这个过程稍微容易一些，尽管不是必须要这样做。一旦公式被编写并按照预期运行，你就可以选择你想复制的单元格（见图 5.31）。

fx =B2+C2+D2

	A	B	C	D	E
1	Player Name	Score Game #1	Score Game #2	Score Game #3	Total
2	Adam	37	58	49	144
3	Bob	55	81	[illegible]	
4	Carl	67	32	54	
5	Dave	11	79	25	
6	Ed	56	12	89	
7	Fred	63	87	32	
8	Gary	22	86	15	
9	Herb	73	37	46	
10					

图 5.31　准备用格式刷的模板单元格被选中

如果你放大表格，可以看到单元格周围的边框发生了变化：它变厚了，颜色变成了蓝色（见图 5.32）。此外，在选区的右下角有一个蓝色小框。这就是格式刷小部件。将鼠标光标移动到它上面时，光标将从默认箭头变为十字线。这表示你可以使用小部件。如要使用，用左键单击小部件并在列中向下拖动鼠标，直到到达要复制公式的单元格的末尾，然后松开鼠标。这是告诉电子表格将公式从第一个单元格复制并粘贴到所有其他选中的单元格中，并更新公式以匹配每个新选择。或者，双击格式刷小部件来让电子表格向下复制当前单元格，直到它在左边一列找到空白单元格为止。这可能看起来有点让人糊涂，但在表格中多试几次，就能完全弄清这个很实用的玩意儿。

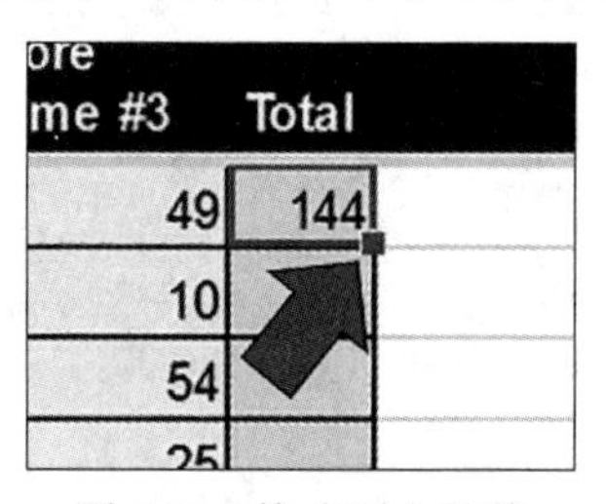

图 5.32　格式刷小部件

图 5.33 显示了使用格式刷的结果。注意，当公式被复制下来时，电子表格知道要更新 E 列中条目的行引用参数。这被称为相对引用，它允许你一次写下一个公式，然后在格式刷复制的时候重复做一系列相同的计算。在电子表格中，它是一个强大的工具，但

也有一些局限性和缺点。

	A	B	C	D	E
1	Player Name	Score Game #1	Score Game #2	Score Game #3	Total
2	Adam	37	58	49	=B2+C2+D2
3	Bob	55	81	10	=B3+C3+D3
4	Carl	67	32	54	=B4+C4+D4
5	Dave	11	79	25	=B5+C5+D5
6	Ed	56	12	89	=B6+C6+D6
7	Fred	63	87	32	=B7+C7+D7
8	Gary	22	86	15	=B8+C8+D8
9	Herb	73	37	46	=B9+C9+D9

图 5.33　格式刷的结果

相对引用最大的缺点是，你并不是总想要更新每个单元格引用。为了更好地说明这一点，让我们看看另一个示例（见图 5.34）。

	A	B	C	D	E	F
1	Player Name	Score Game #1	Score Game #2	Score Game #3	Total	Minus Expected
2	Adam	37	58	49	144	
3	Bob	55	81	10	146	
4	Carl	67	32	54	153	
5	Dave	11	79	25	115	
6	Ed	56	12	89	157	
7	Fred	63	87	32	182	
8	Gary	22	86	15	123	
9	Herb	73	37	46	156	
10						
11	Expected Score	130				

图 5.34 需要被引用的静态数字

假设现在想要比较每个玩家的真实分数与你期望玩家在三次尝试中获得的分数。可能还希望在将来的某个时候更改预期分数，因此不能认为给出的分数，例如 130，总是期望的数字。

请注意

不建议将“期望分数”之类的变量与数据放在同一页上，但为了便于在书中显示，本例故意采用了这种不推荐的做法。

要计算 F 列的“分数减去期望”的值，需要从 E 列里列出的每个玩家的总分数中减掉预期分数。把第一个公式以单个计算的形式写在单元格 F2 中是很直截了当的，但在这个例子中，你需要一种可以用格式刷向下复制的方式来输入它。如果按照与 E2 单元格中公式相同的写法来写，则如图 5.35 所示。

fx =E2-B11

	A	B	C	D	E	F
1	Player Name	Score Game #1	Score Game #2	Score Game #3	Total	Minus Expected
2	Adam	37	58	49	144	14
3	Bob	55	81	10	146	
4	Carl	67	32	54	153	
5	Dave	11	79	25	115	
6	Ed	56	12	89	157	
7	Fred	63	87	32	182	
8	Gary	22	86	15	123	
9	Herb	73	37	46	156	
10						
11	Expected Score	130				

图 5.35 选中的单元格

这对于单元格 F2 来说是奏效的，但当用格式刷复制到下方单元格时会发生什么呢？公式中的每个引用都被更新到了新的行数上（见图 5.36）。

fx =E3-B12

	A	B	C	D	E	F
1	Player Name	Score Game #1	Score Game #2	Score Game #3	Total	Minus Expected
2	Adam	37	58	49	144	14
3	Bob	55	81	10	146	146
4	Carl	67	32	54	153	153
5	Dave	11	79	25	115	115
6	Ed	56	12	89	157	157
7	Fred	63	87	32	182	182
8	Gary	22	86	15	123	123
9	Herb	73	37	46	156	156
10						
11	Expected Score	130				

图 5.36 被格式刷的行

在图 5.36 中，要注意，从单元格 F3 开始，预期值的 130 不再被减去。在公式栏中，可以看到新公式正确地引用了单元格 E2 中 Bob 的总分数 146，但是现在公式指向单元格 B12，而不是 B11 的预期分数。虽然从直觉上看，你可能希望为每一个新玩家都更新引用，但同时希望预期分数保持原本的 B11，而不是更新到下一行 B12，而表格是不会自动悟出这一点的。相反，你需要告知电子表格某些单元格引用需要更新和更改，因为它们已经被格式刷更新了，但其他的单元格并不需要格式刷。要指引电子表格这样做，有两个选择：

- **使用相对引用：**在填写公式时，可以对任何想要更改的单元格进行相对引用。这是任何引用的默认状态，不需要更改原始单元格中的引用即可使其工作。
- **使用绝对引用：**可以对希望保持不变的任何单元格使用绝对引用，而不管公式是否被填充。为此，你需要另一个特殊字符。在本例中使用美元符号（$）表示引用是绝对的，不会更改。要注意的是，当使用$时，列和行引用是独立的。因此，如果你想要对某个单元格进行绝对引用，需要在行标签和列标签前都放一个$。在本例中，若单元格 B11 中的预期分数不会更新，则要输入$B$11 以指引电子表格应该准确地引用该单元格，而不管原始单元格如何被公式格式刷复制。图 5.37 显示了正确使用绝对引用和相对引用的新公式的样子。

fx =$E2-$B$11

	A	B	C	D	E	F
1	Player Name	Score Game #1	Score Game #2	Score Game #3	Total	Minus Expected
2	Adam	37	58	49	144	14
3	Bob	55	81	10	146	16
4	Carl	67	32	54	153	23
5	Dave	11	79	25	115	-15
6	Ed	56	12	89	157	27
7	Fred	63	87	32	182	52
8	Gary	22	86	15	123	-7
9	Herb	73	37	46	156	26
10						
11	Expected Score	130				

图 5.37 使用绝对和相对引用的更新后的公式

公式栏中显示的公式现在可以被复制了。因为每个玩家的总分数总是在 E 列中，所以单元格引用已经被更改为对 E 列的绝对引用。但是你想让工作表更新对第 2 行之后每个新行的引用，所以行引用保留为相对引用。希望对单元格 B11 的引用永远不变，因此将列引用和行引用都改为绝对引用。当把公式格式刷到其他行时，现在就会生成所需的计算。为了更清晰一点，图 5.38 显示了同一张表格，其中所有公式都直接可见。

	A	B	C	D	E	F
1	Player Name	Score Game #1	Score Game #2	Score Game #3	Total	Minus Expected
2	Adam	37	58	49	=B2+C2+D2	=$E2-$B$11
3	Bob	55	81	10	=B3+C3+D3	=$E3-$B$11
4	Carl	67	32	54	=B4+C4+D4	=$E4-$B$11
5	Dave	11	79	25	=B5+C5+D5	=$E5-$B$11
6	Ed	56	12	89	=B6+C6+D6	=$E6-$B$11
7	Fred	63	87	32	=B7+C7+D7	=$E7-$B$11
8	Gary	22	86	15	=B8+C8+D8	=$E8-$B$11
9	Herb	73	37	46	=B9+C9+D9	=$E9-$B$11
10						
11	Expected Score	130				

图 5.38　显示所有公式

相对引用和绝对引用是电子表格的一些不太直观的特性。需要时间和大量的练习来理解何时使用相对引用，何时使用绝对引用。

使用筛选

除了提供内置的行、列、工作表和工作簿，电子表格还允许你使用筛选功能构建自定义的单元格选择。要使用筛选器，首先按本章前面讨论的那样输入数据。再来看看之前玩家玩游戏并追踪分数的案例（见图 5.39）。

	A	B	C	D	E	F
1	Player Name	Score Game #1	Score Game #2	Score Game #3	Total	Minus Expected
2	Adam	37	58	49	144	14
3	Bob	55	81	10	146	16
4	Carl	67	32	54	153	23
5	Dave	11	79	25	115	-15
6	Ed	56	12	89	157	27
7	Fred	63	87	32	182	52
8	Gary	22	86	15	123	-7
9	Herb	73	37	46	156	26
10	Adam	73	37	46	156	26
11	Bob	67	32	54	153	23
12	Carl	37	58	49	144	14
13	Dave	11	79	25	115	-15
14	Ed	56	12	89	157	27
15	Fred	63	87	32	182	52
16	Gary	55	81	10	146	16
17	Herb	22	86	15	123	-7
18						

图 5.39　准备筛选的数据

要使用筛选器，需要选择所有的数据，包括标题，然后从工具栏的最右端单击**创建筛选器**按钮（看起来像一个漏斗）（见图 5.40）。

图 5.40　创建筛选器按钮

单击这个按钮时，电子表格将对所选的整个数据范围进行筛选，这将打开一套完整的新选项。数据也明显发生了变化。列标题变成了绿色，并在第一行出现新的三角形按钮（见图 5.41）。

	A	B	C	D	E	F
1	Player Name	Score Game #1	Score Game #2	Score Game #3	Total	Minus Expected
2	Adam	37	58	49	144	14
3	Bob	55	81	10	146	16
4	Carl	67	32	54	153	23
5	Dave	11	79	25	115	-15
6	Ed	56	12	89	157	27
7	Fred	63	87	32	182	52
8	Gary	22	86	15	123	-7
9	Herb	73	37	46	156	26
10	Adam	73	37	46	156	26
11	Bob	67	32	54	153	23
12	Carl	37	58	49	144	14
13	Dave	11	79	25	115	-15
14	Ed	56	12	89	157	27
15	Fred	63	87	32	182	52
16	Gary	55	81	10	146	16
17	Herb	22	86	15	123	-7

图 5.41　开启了筛选的电子表格

单击单元格 A1 中的三角形筛选按钮，将弹出一个新的筛选器对话框，如图 5.42 所示。

这个对话框中的大多数选项都是不言自明的。可以按字母顺序或所选列的颜色对整个数据进行排列，或根据许多不同的条件来应用筛选器。对筛选项的说明如下。

- **按颜色筛选：**仅显示带有指定背景颜色的单元格。
- **按条件筛选：**允许筛选你想要的数字或大于你想要数字的数字，或者基于设定范围内许多其他条件进行筛选。

- **按值筛选：**显示该列中列出的所有值的列表。在当前的示例中，这将是玩家的名称。此列表是由电子表格为每一列动态生成的，以让其包含所有当前值。在这里，你可以单独检查或取消选中任意特定值，当然也可以全选或清除所有值。

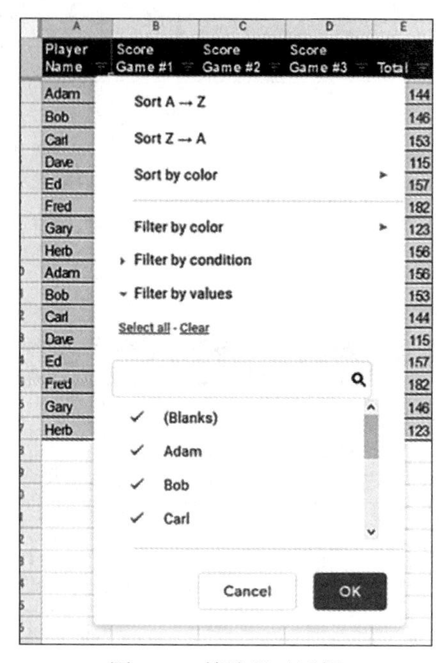

图 5.42　筛选器对话框

通过选择所需的筛选器，你可以在单个工作表中保留大量信息，也可以在特定时候只显示希望看到的特定行。对于本例，假设你希望将信息过滤为只看到 Adam 和 Bob，结果如图 5.43 所示。

	A	B	C	D	E	F
1	Player Name	Score Game #1	Score Game #2	Score Game #3	Total	Minus Expected
2	Adam	37	58	49	144	14
3	Bob	55	81	10	146	16
10	Adam	73	37	46	156	26
11	Bob	67	32	54	153	23

图 5.43　筛选的数据

应用筛选器时，只有你想看到的行是可见的，但其他所有数据仍旧原封不动地保留在表格中。可以通过观察行标题来判断行是否仍在那里。注意图 5.43 中行号是如何从 3 跳到 10 的。第 4 行到第 9 行目前被筛选器隐藏了。

另一件需要注意的重要事情是，对于应用过筛选器的列，现在已经用标题单元格（在本例中是单元格 A1）中的漏斗图标替换了三角形。如果你曾经遇到过“打开表格发现许多数据丢失了”，应该检查是否启用了任何筛选器。在标题行中查看是否有任何漏斗图标，有则表明这列是处于被筛选状态的。要删除筛选视图，右击漏斗图标，然后直接选择或从菜单中单击“全部”选项来撤销筛选器。还可以通过选择所有单元格并单击工具栏中的筛选按钮来删除所有筛选器。

数据验证

在默认情况下，用户可以将任何类型的数据输入电子表格的任何给定单元格。这对于创建具有大量变体的新工作簿非常有用，但一旦创建了工作簿，而且你对单元格需要的数据类型也有了足够的了解，那么能够输入任何内容反而就变成了一种负担。如果工作表中有公式或函数需要基于引用的单元格上计算，那么单元格包含正确类型的信息是至关重要的。例如，假设想要查找一组人拥有的兄弟姐妹的总数，并要求每个人在电子表格的单元格中输入该信息。以下是可能会得到的一些信息：

2
三
一个兄弟
独生子
Sally 和 Dave
我父母一直在生孩子
2，但也是个继兄

如果将这个列表放入电子表格并添加单元格，将得到如图 5.44 所示的结果。

	A	B
1	2	
2	Three	
3	A brother	
4	Only child	
5	Sally and Dave	
6	My parents keep having kids	
7	2, but also a step brother	
8	2	Total

图 5.44　录入得很糟糕的数据

这个电子表格计算的结果是 2，尽管你知道这个结果是错误的。不幸的是，你不知道真正的答案是什么，也不能从列出的信息中得知。第 6 行甚至没有给出一条可以转换成数字的信息。该列表中填充了格式不正确或无效的数据。在收集和分析数据时，获取这些无效数据几乎是一个普遍存在的问题。要解决这个问题，你需要从用户那里拿走一些权力，并限制他们可以输入单元格的内容范围。为此，需要使用数据验证。数据验证允许你确切地指定用户可以在任何单元格中输入的内容。要开始使用数据验证，请选择要限制的单元格。可以从上面的例子中重新创建列表，并为其添加更好的标签以便于使用，如图 5.45 所示。

	A	B	
1	User #	Number of siblings	
2	1		
3	2		
4	3		
5	4		
6	5		
7	6		
8	7		
9		0	Total
10			

图 5.45　有组织的输入

现在，这个表格的格式为输入内容提供了一些线索，包括颜色编码和正确的输入栏标签，以及一条指令。要进一步确保只输入数值，你需要选择应该限制的单元格范围——在本例中，是从单元格 B2 到单元格 B8。要在电子表格中选择一个范围，首先单击范围的一端（本例中是 B2），按住 Shift 键，然后选择范围的另一端（在本例中是 B8）。这样做以后，整个范围都被选中了，并且它们被同样的方框包围着，这个方框在所有其他操作中都表示选中的单元格（见图 5.46）。

	A	B	
1	User #	Number of siblings	
2	1		
3	2		
4	3		
5	4		
6	5		
7	6		
8	7		
9		0	Total

图 5.46　单元格的选择

“数据验证”对话框

选择要限制的范围后，可以在范围内单击鼠标右键。向下滚动弹出的菜单，直到找到“数据验证”选项（靠近列表底部），然后单击它。弹出的“数据验证”对话框如图 5.47 所示。

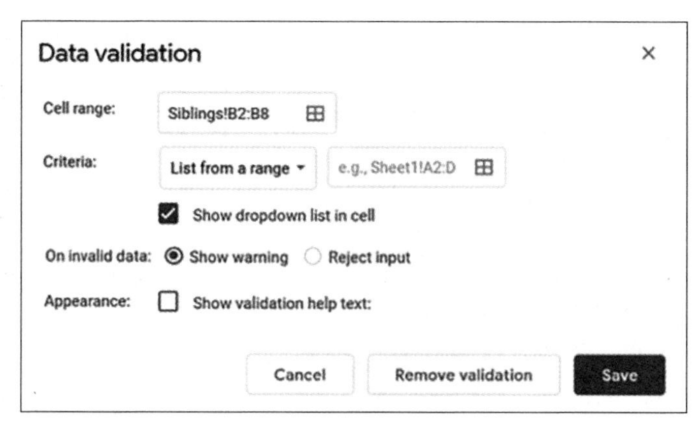

图 5.47 “数据验证”对话框

“数据验证”对话框有如下几种限制选项。

- **单元格范围**：这是你想要限制的单元格列表。注意，在图 5.47 中，单元格范围被限制为 Siblings!B2:B8。这是对单元格范围的引用。它没有单独列出每个单元格，而是用冒号（:）来表示第一个列出的单元格 B2 和最后一个列出的单元格 B8 之间的整个范围。这种定义范围的方法可用于电子表格中的所有操作。
- **条件**：在默认情况下，条件被设置为范围中的列表，如图 5.47 所示。在本例中，你很清楚你需要的是数字，因此需要更改此设置。若要更改单元格的限制方式，请单击条件并选择要使用的条件，例如数字。如图 5.48 所示，当选择数字时，会出现更多选项。

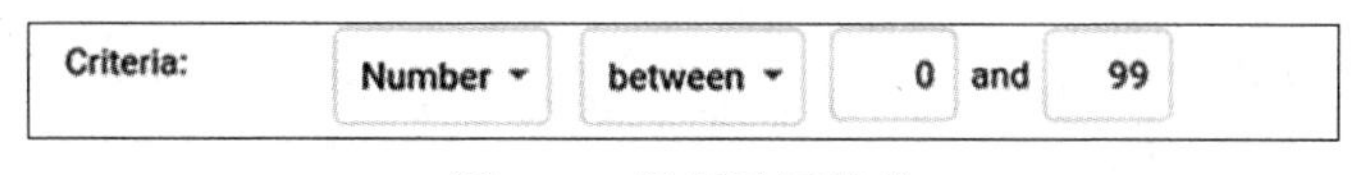

图 5.48 数据验证条件

对于本例，你想要的是最小和最大可能兄弟姐妹数之间的任意数字。因为很难说你能得到的最大数字是多少，所以应该选择一个比你预期值大的数字。如果你就想要特别具体的最小值和最大值，那么直接设置成你想要的就行。

- 对无效数据的处理：可以警告用户他们输入的数据有问题，但不阻拦他们继续输入；又或者直接拒绝他们输入这样的数据。就这个例子而言，应该明确拒绝错误输入。
- 显示：这是最后一个选项，可以让你为用户编写有用的说明。

在调整了所有选项后，“数据验证”对话框应该如图 5.49 所示。如果看上去没问题了，单击“保存”按钮。

图 5.49 设置完成的“数据验证”对话框

有了这些规则，用户就不能输入无效数据了。

时间验证

数据验证不仅适用于数字，也适用于许多其他形式的数据。比如，日期就是一种很麻烦的数据。自从第一批计算机尝试使用日期以来，日期和时间的记录格式一直存在问题。我们计算时间的方法与计算机计算时间的方法不一致。此外，不同地区和组织使用庞杂的数列格式来记录时间和日期。例如 2000 年 1 月 1 日的午夜可以用下列任何一种格式书写——甚至更多。

2000/1/1 12am
00/01/01 midnight
1,1,2000 12
1-2000-1 0:00

当要尝试进行计算时，格式这么多会造成混乱。为了防止出现这个问题，电子表格使用单一的日期和时间格式进行计算：

月/日/年 时：分：秒

对于 2000 年 1 月 1 日午夜，采用这种格式的结果看起来如下所示：

1/1/2000 0:00:00

奇怪的是，如果你在单元格中输入这个日期，然后以显示数字的格式应用单元格，会看到：

36526.000

虽然这个数字看起来很奇怪，但它并非受到了破坏。这是计算机用来存储该数据的值。因为计算机不能对实际的日历时间进行计算，所以每次都将日期转换成一个数字。这个数字是本日期距离 12/30/1899 0:00:00 的天数。小时和分钟数以小数形式转换为部分天。因此，2000 年 1 月 1 日的午夜恰好在“计算机时间”开始后的第 36526 天。我们很少看到这种格式的日期，但了解幕后发生的事情是很有价值的。

列表验证

列表验证是一个很好的工具，可以限制用户输入，也可以加快数据设计人员的工作。使用列表验证，你可以在单元格中创建一个下拉列表，其中包含填充表格所需的任何项。可以手动输入项目列表，也可以引用数据范围。

命名范围

命名范围是具有用户定义引用名称的单元格的集合。命名范围不是设置工作表所必需的，但是一种功能强大的工具，可以使你更容易地访问存储的数据或值。命名范围可以简单到只有一个单元格，也可以包括多个单元格或多个行。工作表中任何大小范围的选择都可以成为命名范围。

虽然命名范围在技术上不是必需的，但它有助于简化对现有数据的引用。我们可以从本章前面的怪物列表中看到这一点。如果想使用数据验证来创建一个包含所有可能的怪物的下拉列表，你可以选择“数据”→“命名范围”选项来打开“数据验证”对话框并选择范围，如图 5.50 所示。

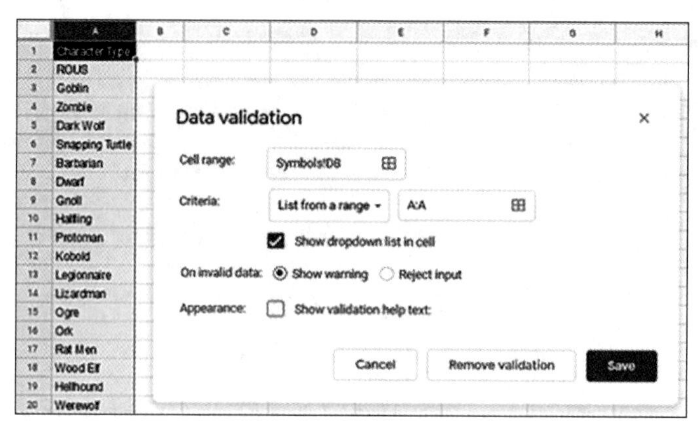

图 5.50 列表验证

在进行如图 5.50 所示的选择时，单元格 D8 中会出现一个下拉列表。然而，当查看“数据验证”对话框时，你必须记住其中的信息指的是什么（例如图 5.50 中的 A:A 这一栏）。有时候它显而易见，例如当信息在同一页且完全可见时。然而，如果数据在另一张表上或被隐藏，就需要挖掘一下才能发现 A:A 的实际含义。因为每个表都有相同的范围，所以没有关于该范围中存储什么内容的内置线索。为了防止出现这种混淆，你可以为范围指定一个更易于识别和提供更多信息的名称（例如怪物名称——“MonsterNames”）。以后看到这个名称时，你就会理解正在引用的数据是什么。

要定义命名范围，请选择要包含在命名范围中的单元格。然后选择“数据”→“命名范围”选项，就会看到如图 5.51 所示的对话框。

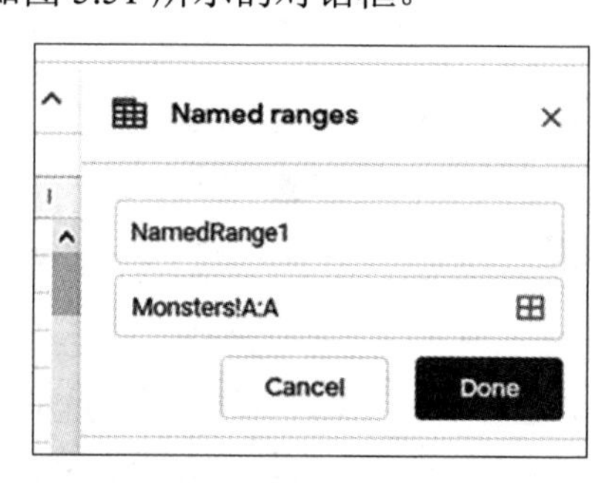

图 5.51 “命名范围”对话框

因为你选择了需要包含的数据，所以电子表格会自动填充所选的范围。注意，可以在这个界面中修改范围，甚至可以选择一个完全不同的范围。访问其他工作表的相同规则也适用于此界面。在选区的上方是范围的实际名称。在默认情况下，Google Sheets 会应用一个占位符。将这个占位符替换为一个更有意义的名称是个好主意，因为命名范围的全部意义在于使区域的选择更加直观。在当前示例中，形如“MonsterNames”这样的名字效果更好（见图 5.52）。

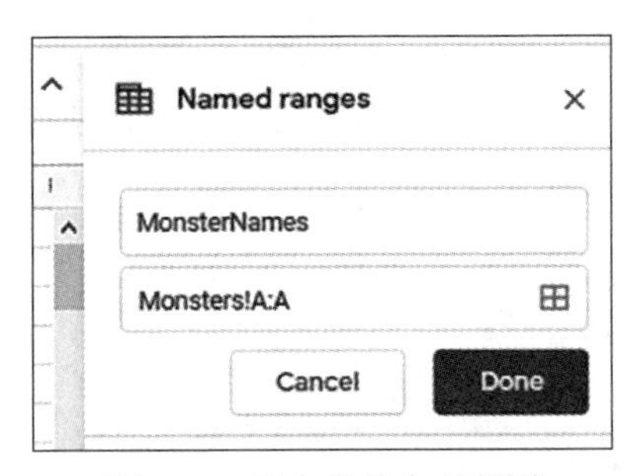

图 5.52　重命名的命名范围

请注意

在定义了范围的名称和范围本身之后，可以单击“完成”按钮来创建范围。在此之后，通过从数据菜单中访问相同的命名范围界面，随时可以返回界面并重命名或重定义范围。

命名范围后，你可以在希望访问范围内数据的任何地方应用范围的名称。例如，使用数据验证从怪兽名称中创建列表，而不是引用 Monsters!A:A，你可以简单地引用命名范围“MonsterNames”来获得此功能（见图 5.53）。

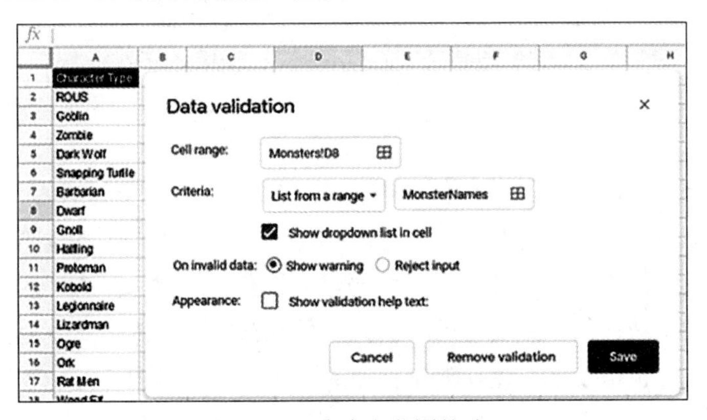

图 5.53　一个命名范围的验证

命名范围也可以在公式中使用，或者作为函数中的变量。命名范围在存储复杂或很长的数字时特别强大。例如，如果你在游戏中有一辆载重 1480 磅（1 磅约等于 0.45 千克）

的货车，那么记住这个大数字或用它进行计算就不是一件容易的事。此外，如果在测试过程中发现需要更改容量，该怎么办？如果记住了 1480，然后在需要这个数字的地方手动输入，那么你就面临在无数公式函数中寻找这个数字的艰巨挑战。与此相反，在引用表格上创建一个单元格，输入 1480 并给单元格一个名称会容易得多，如图 5.54 所示。

从此以后，可以用“CargoWeight”这个名称来代替数字了。它比数字更容易记忆，也更容易更新。在一个公式中，它看起来如图 5.55 所示。

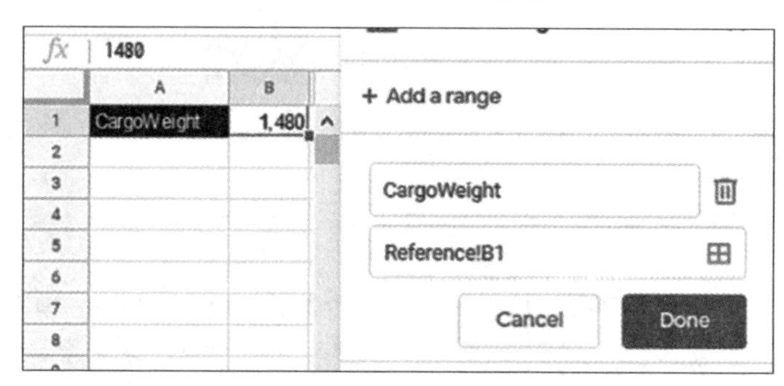

图 5.54 命名范围单元格

fx =CargoWeight*3

	A	B
1	CargoWeight	1,480
2		4440

图 5.55 公式中的命名范围

记住以下关于命名范围的重要注意事项。

- 命名范围可以在工作簿的任何地方使用（因为它们是全局的），并且可以从任何工作表中访问，而不需要引用工作表本身。举个例子，你可以简单地使用这些名称来访问工作簿中任意位置的“怪物名称”和“货物重量”。
- 命名范围是动态的。如果它们所包含的单元格的内容发生了变化，则任何引用该范围的内容也将发生变化。下拉验证的异常也适用于命名范围：数据在下拉列表中可以更改，但更改列表中的数据不会更新其他地方的任何数据。
- 命名范围必须有唯一的名称。因为它们可以被全局访问，所以电子表格需要给命名范围定义不同的名称。

- 已命名范围的名称不能包含空格。在电子表格中，空格表示新术语，如新变量或新工作表的名称。可以在命名范围的名称中使用下画线而不是空格，也可以使用大小写字母（如 Monster_Names 或 MonsterNames）。
- 命名范围不区分大小写，因此 CargoWeight、Cargoweight 和 cargoweight 都被视为完全相同的名称。

进一步要做的事

在完成这一章之后，你应该花一些时间在现实世界中使用这里介绍的概念进行练习。尝试以下练习来进一步巩固电子表格的基础知识：

- 学习电子表格最好的方法就是经常使用电子表格！现在就开始思考电子表格可能有用的地方。做预算是一种常见的用途，但用途远不止这一种。例如，你可以使用电子表格对一所房子或一间办公室进行清点。或者，可以使用电子表格来跟踪锻炼次数、体重随时间的变化或者其他与健康相关的数据。电子表格对于组织音乐、电影和游戏目录非常有用。
- 电子表格也可以应用于游戏开发。为了了解其作用，你可以找到一些你喜欢的游戏数据。大多数流行游戏都有粉丝网站甚至官方网站，这些网站会有一些可以复制并粘贴到电子表格中的数据，找到数据后就可以进行操作。通过使用其他人创建的数据进行练习，你可以得到一些最佳实践，那么在开始使用自己的数据制作电子表格时可能就会避免一些陷阱。

第 6 章

电子表格功能

电子表格不仅能计算简单的公式，还可以使用函数，函数是预先编写的代码，每个函数执行特定的任务。终端用户，包括游戏系统设计师，使用函数来快速执行复杂的任务，而不需要确切地知道底层代码。每个函数都有一个函数名和参数。函数是应该做的事情，参数则会接收被称为变量的数据，并告诉函数在执行时应该用哪些数据。

分组变量

计算机程序不像人类那样直观地理解英语，所以必须以计算机能够理解的格式编写函数和输入数据。

例如，英语短语“Pesto butter toast（香蒜酱黄油吐司）”。这个短语是指“香蒜酱”、“黄油”和“吐司”，还是指“香蒜酱黄油”和“吐司”？抑或是指涂了香蒜酱黄油混合物的吐司？我们可以通过上下文和习惯来理解单词的意思，但计算机不能。人可以通过声音提示来强调，或者通过视觉线索来了解眼前的事物，从而理解其意图。对于计算机来说，你需要详细地说出你的意思。在向函数输入数据时，每一段数据都称为*变量*，多个变量之间用逗号分隔。变量分组的方式对计算机是有意义的。例如，你可以用几种不同的方式写“香蒜酱黄油吐司”，以表达你希望电子表格理解的确切内容。这里有几种可以为计算机分解它的方法，以及计算机是如何分别解释的：

- （香蒜酱黄油吐司）是一种物品：涂有香蒜酱黄油的吐司。
- （香蒜酱，黄油土司）是两种物品：一种是香蒜酱，另一种是黄油土司。
- （香蒜酱黄油，吐司）是两种物品：一种是香蒜酱和黄油的混合物，另一种是原味吐司。
- （香蒜酱，黄油，吐司）是三种物品：彼此独立。

函数结构

函数在行为上很像现实世界中的机器。物体进入机器，机器对物体进行预设操作，然后机器以某种方式将改变过的物体返回。为了更好地理解函数是如何工作的，有必要将现实世界中的机器来做类比。

以搅拌器为例，正如其名字所暗示的，它是一种混合食物的机器。作为用户，你可以把各种各样的食物放进搅拌器，然后搅拌器做它能做的事，返回一个新的产品给你。假如搅拌器是一个电子表格的函数，就像搅拌器一样，这个函数需要一台机器、一个容器和一些配料来完成它的工作——“机器”是函数的名称，“容器”是一组括号，“配料”是以逗号分隔的参数形式的数据。

正如在图 6.1 中看到的，搅拌器代替了函数的名称。接下来是装满配料的容器。在这种情况下，多种配料（“任何物品”）可以被放置在容器中。

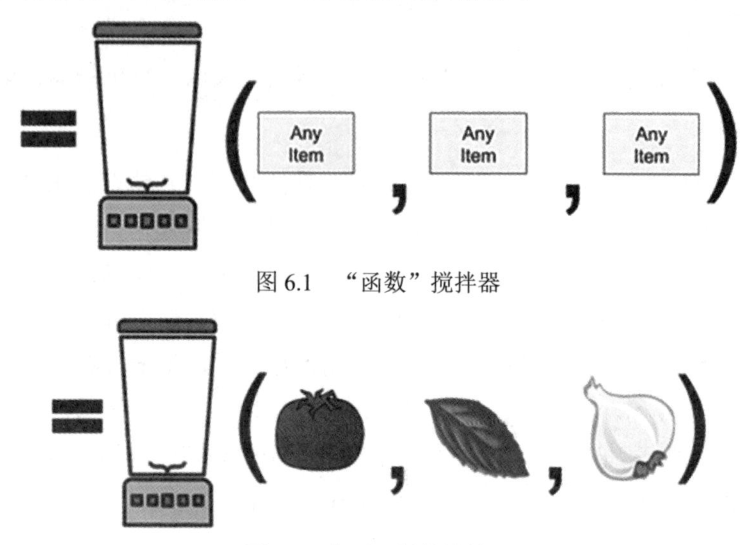

图 6.1　“函数”搅拌器

图 6.2　装了配料的搅拌器

图 6.2 显示了放入搅拌器中的配料：番茄、罗勒叶和大蒜。一旦搅拌器启动，它就会处理这三种配料，然后输出——在这个例子里，输出是番茄酱。图 6.3 显示了一个相同的函数，但数据不同。

图 6.3　装了其他配料的搅拌器

再一次，搅拌器完成它的工作，将冰、菠萝和烈酒混合在一起，形成一种新的输出——在这个例子里，是一种水果饮料。这是同一个函数的完全不同的输出，因为输入的数据是不同的。

我们可以分解一个电子表格函数，就像刚才分解搅拌器的配料一样。来看看函数 SUM。正如它的名字暗示的一样，SUM 是一个将放在容器中的所有数据相加的函数。

=SUM(1,1)返回的值是 2。

=SUM(1, 1+1, 5, 2)返回的值是 10。

函数允许在变量中使用公式甚至其他函数。例如，在上面的第二个例子中，SUM 将首先在变量中计算 1+1，然后再加其他变量，最终得出和为 10。

在图 6.4 的示例中，SUM 将两个单元格的数据相加。每个单元格的变量由单元格地址引用。

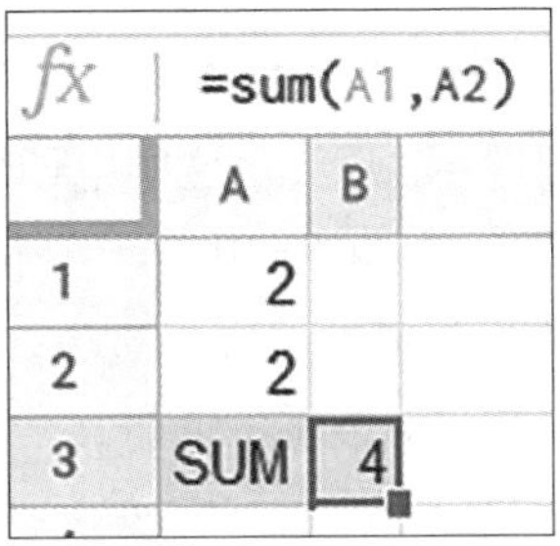

fx =sum(A1,A2)

	A	B
1	2	
2	2	
3	SUM	4

图 6.4　相加并引用

在图 6.5 的示例中，SUM 将 A1 到 A6 范围内的内容进行了相加。冒号（:）指示电子表格应该把范围内的每个单元格都包含在内。还要注意，本例中使用了不同数量的变量。有些函数允许用户输入任意数量的变量，SUM 就是其中之一。

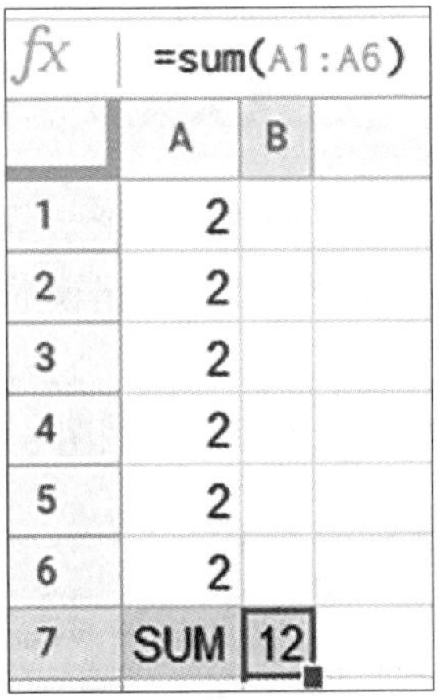

fx =sum(A1:A6)

	A	B
1	2	
2	2	
3	2	
4	2	
5	2	
6	2	
7	SUM	12

图 6.5　对一个范围相加

首次使用某个函数时，最好查看一下函数的帮助文档，看看哪些变量是允许的和符合期望的。这叫作语法。对于 SUM，帮助文档显示了如图 6.6 所示的语法。

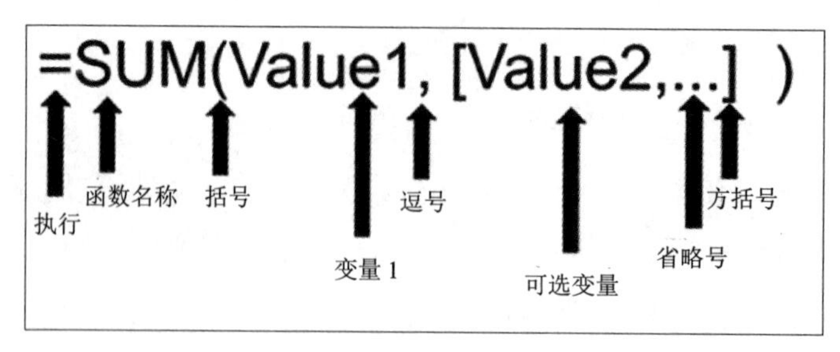

图 6.6 函数的语法

在函数的上下文中，每一个元素都有重要的意义：

- 执行：每个函数都必须以“=”开头，这样电子表格就知道单元格被激活了。
- 函数名称：使用函数，需要按名称引用它。在本例中，函数名是 SUM。
- 括号：这些是保存所有数据变量的“容器”。
- 变量 1：在这个函数中，只有一个必选变量。
- 逗号：分隔两个独立的变量。
- 方括号：在函数的语法中，方括号内可以添加更多的变量，但不是必需的。例如，SUM 可将任意数量的数字相加。
- 省略号：省略号表示可以有多个可选变量。对于 SUM，可以添加任意多的变量，函数会将它们加起来。

更复杂的函数

就像现实世界中的机器一样，有些函数更复杂一些。它们只允许特定类型的数据进入特定的变量中。如果使用了错误数量的变量或错误的数据类型，函数就会报错。你可以在现实世界的汽车中看到这一点。以汽车为例，它有三个容器：一个装汽油，一个装冷却液，还有个后备厢。如果它是一个函数，则如图 6.7 所示。

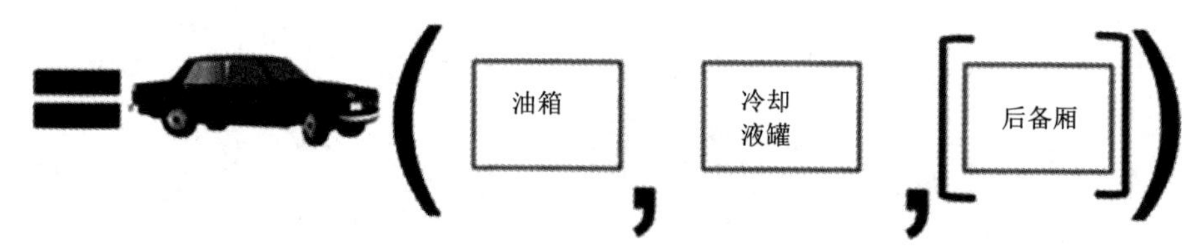

图 6.7 把车视作函数

注意，参数不再是模糊的“任何物品”；它们现在非常具体。此外，后备厢是可选的

（因为它在方括号中），后备厢里不一定要有东西。在图 6.8 中，你可以看到带有适当变量的汽车按照正常的方式运转。

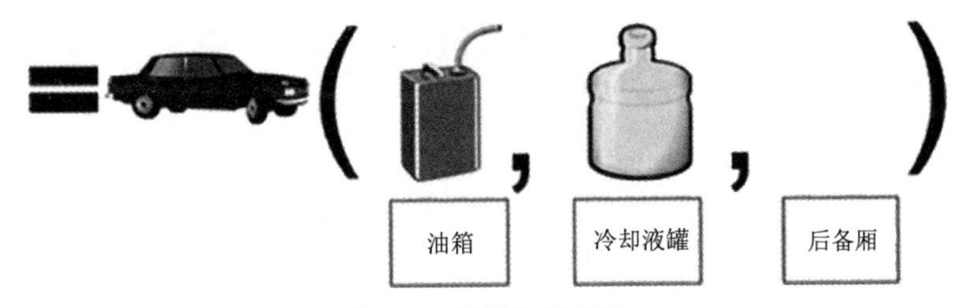

图 6.8　材料位置正确

这个例子展示了汽油装在油箱里，冷却液装在冷却液罐里，后备厢里什么也没有。这些是正确的数据类型，它们被放置在正确的变量空间中，所以一切都按照它应有的方式工作。后备厢可以放任何东西，但在上面的例子中后备厢啥都没装（如果有东西在里面，汽车仍然会正常工作）。

在图 6.9 中，数据类型发生了变化。那车现在会怎么样呢？

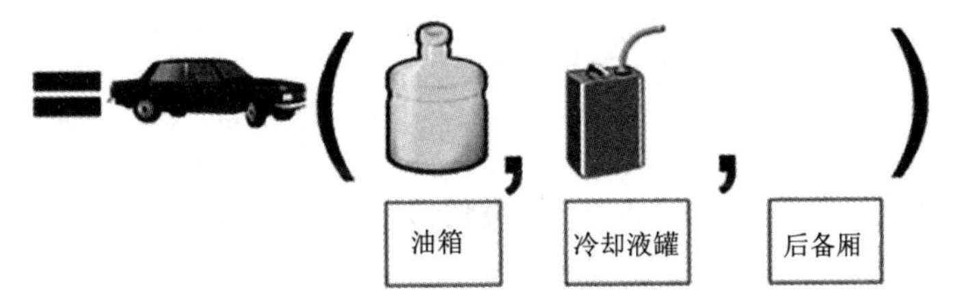

图 6.9　正确的材料放到了错误的地方

油箱里是冷却液，冷却液罐里却是汽油，这样汽车就不能行驶了。许多电子表格函数的工作方式是相同的：它们不仅需要数据输入到变量中，还需要输入特定类型数据。例如，COUNTIF 函数的语法如下：

COUNTIF（范围，标准）

这个函数返回“一个范围内的条件计数”。这意味着必须给它一个范围，以及要找的东西。例如，假设有一张志愿者签到表，并且你希望他们在到达时输入“Here（到了）”，你将得到一个如图 6.10 所示的列表。

	A	B
1	Name	Check In
2	Charlotte	no
3	Ethan	no
4	Evelyn	Here
5	Mia	no
6	Elijah	Here
7	Amelia	Here
8	Isabella	no
9	Emma	Here
10	Benjamin	no

图 6.10　人员列表

现在有了这个列表，需要编写一个函数来查看列表并计算标记为“Here（到了）”的人数。对于这个函数，这意味着范围是 B 列中的单元格，从 B2 开始，到 B10 结束。在这个范围内，函数需要查找单词“Here（到了）”并计算它出现的次数。函数运行后，电子表格如图 6.11 所示。

fx　=countif(B2:B10,"here")

	A	B	C
1	Name	Check In	
2	Charlotte	no	
3	Ethan	no	
4	Evelyn	Here	
5	Mia	no	
6	Elijah	Here	
7	Amelia	Here	
8	Isabella	no	
9	Emma	Here	
10	Benjamin	no	
11	# here	4	

图 6.11　使用 COUNTIF

重要的是，使用 COUNTIF 函数时，变量的顺序必须正确，变量也必须包含正确类型的信息。变量 1 必须包含一个范围，变量 2 必须包含要检查的内容。如果颠倒了顺序，函数就无法工作。如果变量 2 中除范围之外还有其他参数，函数同样不能工作。

在学习新函数时，帮助文档绝对是有价值的。现代电子表格都有两个功能齐全的文档，一个是小且可快速参考的帮助文档，另一个是更大的更深入的帮助文档。通过查看帮助文档，你可以看到需要哪些变量以及变量的正确顺序，还可以看到每种变量中允许的数据类型。

系统设计师使用的函数

电子表格中有数百种函数，但大多数都是为解决特定职业的特定问题而创建的。这意味着很多函数通常不适合游戏系统设计师。本节侧重于游戏系统设计师真正必不可少的函数。如果你学习并理解了以下部分中提到的函数，将知道如何完成游戏系统设计师每天的大多数工作。

请注意

这些函数如何运作，请参阅电子表格程序的帮助文档。接下来的部分将重点讨论如何在游戏系统设计中使用这些函数。

加函数（SUM）

对游戏系统设计师而言，SUM 是最简单有用的函数之一。正如本章前面提到的，它会把你给到它的所有元素都加起来。SUM 可以对函数中作为变量输入的数字进行相加，也可以对包含数字的单元格范围进行相加——或者对两者都进行相加。图 6.12 显示了 SUM 用于将怪物列表中的 STR（力量的简写）属性加起来。

	A	B
1	Character Type	STR
2	Goblin	3
3	Zombie	4
4	Dark Wolf	4
5	Snapping Turtle	6
6	Barbarian	7
7	Dwarf	6
8	Gnoll	3
9	SUM	33

图 6.12　使用 SUM 函数

平均值（AVERAGE）

AVERAGE 函数能算出一列值的平均值。游戏系统设计师在分析数据时经常使用这个函数。图 6.13 显示了使用 AVERAGE 函数来算出 STR 平均值。

	A	B
1	Character Type	STR
2	Goblin	3
3	Zombie	4
4	Dark Wolf	4
5	Snapping Turtle	6
6	Barbarian	7
7	Dwarf	6
8	Gnoll	3
9	AVERAGE	4.7

图 6.13 使用 AVERAGE 函数

中位数（MEDIAN）

MEDIAN 函数可以作为一个很好的对位点，并对 AVERAGE 函数的输出进行检查。中位数是数据分布的中央值。根据数据的分布情况，它可以提供与平均值相似的信息。然而，如果一组数据有极端的异常值，平均值将与中位数有很大不同，意识到这种不同应当会促使你进一步研究数据。例如，图 6.14 的示例中，中位数低于平均值。正如在这里看到的，可以在与 AVERAGE 函数相同的地方使用 MEDIAN 函数，并且可以同时使用这两个函数来更深入地了解数据。

	A	B
1	Character Type	STR
2	Goblin	3
3	Zombie	4
4	Dark Wolf	4
5	Snapping Turtle	6
6	Barbarian	7
7	Dwarf	6
8	Gnoll	3
9	MEDIAN	4.0

图 6.14 使用 MEDIAN 函数

众数（MODE）

视数据集合的不同，MODE 函数可能有用，也可能没用。众数是数据集中出现频率最高的值。如果数据是像颗粒一样呈现的，并且相互间差距很大，众数则不能提供特别直观的特征。但是，如果数据大量重复，则该函数可以暴露数据中的趋势。图 6.15 中的示例是多众数的（也就是说，有多个值都是最常见的值），并让电子表格返回第一个候选值。

	A	B
1	Character Type	STR
2	Goblin	3
3	Zombie	4
4	Dark Wolf	4
5	Snapping Turtle	6
6	Barbarian	7
7	Dwarf	6
8	Gnoll	3
9	MODE	3.0

图 6.15　使用 MODE 函数

最大值（MAX）和最小值（MIN）

MAX 返回范围内最大的数值。MIN 返回范围内最小的数值。在图 6.16 中，可以看到最大的 STR 值是 7，最小的 STR 值是 3。

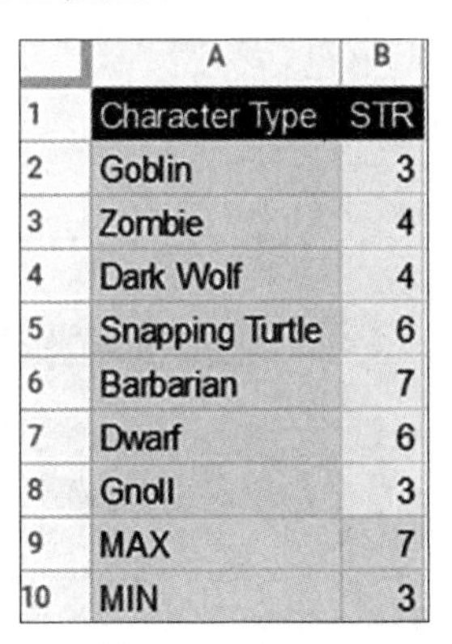

	A	B
1	Character Type	STR
2	Goblin	3
3	Zombie	4
4	Dark Wolf	4
5	Snapping Turtle	6
6	Barbarian	7
7	Dwarf	6
8	Gnoll	3
9	MAX	7
10	MIN	3

图 6.16　使用 MAX 和 MIN 函数

排名（RANK）

RANK 函数可以显示数据在分布中的排名。例如在图 6.17 中，可以看到它把排名相同的数据都列出了，同时相应地跳过了下一名次。在这张图中，两个角色并列第二，所以它们的排名都是 2，相应地就没有排名 3。RANK 函数默认按照从大到小的顺序排列项目，但它也可以反过来从小到大展示。

fx =rank(B2,$B$2:$B$8)

	A	B	C
1	Character Type	STR	Rank
2	Goblin	3	6
3	Zombie	4	4
4	Dark Wolf	4	4
5	Snapping Turtle	6	2
6	Barbarian	7	1
7	Dwarf	6	2
8	Gnoll	3	6

图 6.17 使用 RANK 函数

计数（COUNT）、非空统计（COUNTA）和统计唯一（COUNTUNIQUE）

COUNT、COUNTA 和 COUNTUNIQUE 都是对范围内条目计数，但彼此略有不同：

- COUNT 只统计范围内的数字的条目。
- COUNTA 统计条目的总数。
- COUNTUNIQUE 统计时会去重。

在图 6.18 的示例中，范围 A:A 中包含单词、数字，其中一些单词和数字是重复的。在这个示例中，COUNT 函数查找所有的数字，COUNTA 函数计算所有非空的单元格，COUNTUNIQUE 统计时会去掉重复的条目。

	A	B	C	D
1	1		Function	Result
2	2		COUNT	7
3	3		COUNTA	10
4	4		COUNTUNIQUE	8
5	5			
6	6			
7	hello			
8	hello			
9	6			
10	words			

图 6.18 使用 3 个函数

长度（LEN）

LEN 函数的作用是计算单元格中的字符数。游戏系统设计师似乎很少能用上它，但实际上用得非常频繁。在游戏设计中，许多时候玩家的用户界面、角色的对话和指示文本都必须保存在指定的空间里。为了无须单独测试游戏中的每一行内容就能确保所编写的文本符合要求，团队人员通常会将所有游戏文本放入电子表格中。然后，他们可以使用 LEN 函数做一个快速的初期检查，以确保没有过长的对话框。如图 6.19 所示，检查这段文本长度，以确保游戏中的角色能够引用它。

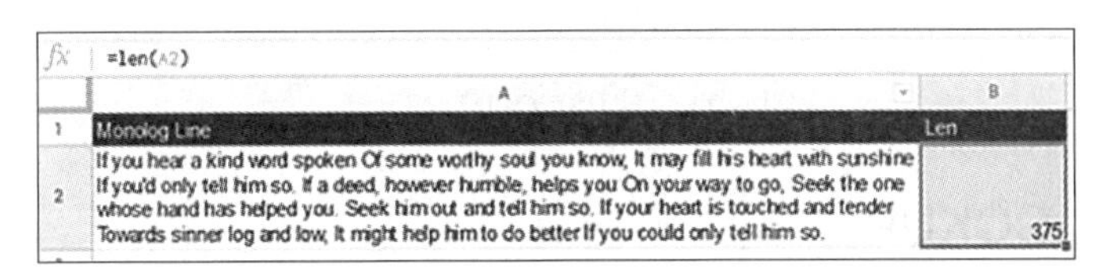

图 6.19 使用 LEN 函数

条件检查（IF）

IF 是一个强大且高适应性的函数。它会计算一个逻辑表达式是真还是假。基于此计算，该函数返回两种不同结果中的一个。游戏系统设计师会非常频繁地使用 IF 函数进行各种条件检查。在图 6.20 所示的例子中，IF 语句检查图 6.19 中的文本对于游戏来说是否太长（其中 350 是文本的最大字符长度限制值）。

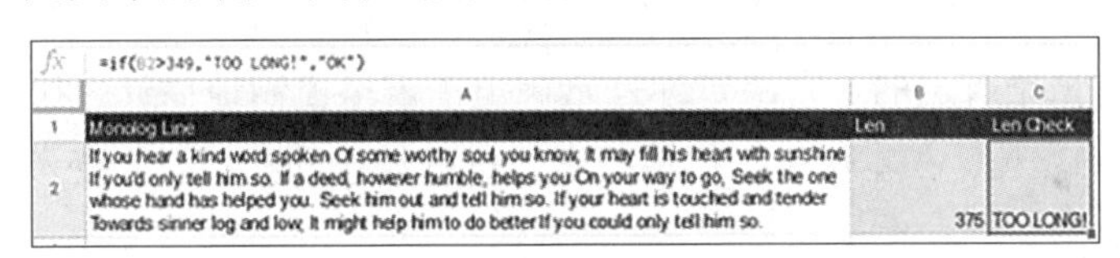

图 6.20 使用 IF 函数

条件计数（COUNTIF）

顾名思义，COUNTIF 函数结合了 COUNT 和 IF 函数的特性。使用 COUNTIF，你可以在计数器上应用一个条件，并查看该列表中有多少项匹配该条件。在图 6.21 的示例中，COUNTIF 用于查明列表中有多少角色的 STR 值大于 3。

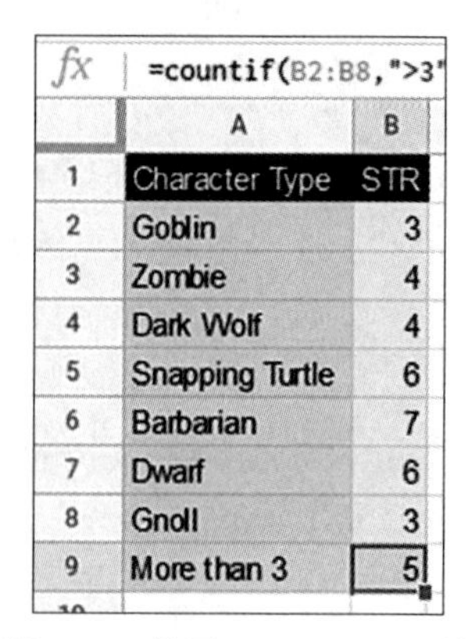

fx =countif(B2:B8,">3"

	A	B
1	Character Type	STR
2	Goblin	3
3	Zombie	4
4	Dark Wolf	4
5	Snapping Turtle	6
6	Barbarian	7
7	Dwarf	6
8	Gnoll	3
9	More than 3	5

图 6.21　使用 COUNTIF 函数

纵向查找（VLOOKUP）

VLOOKUP 比之前介绍的函数稍复杂一些。VLOOKUP 函数动态地搜索数据表，并从中检索元素以供使用。假设一个非常大的电子表格中有很多数据，但你想一次只关注其中的一小部分，通常就会用到这个函数。如图 6.22 所示，在列表中寻找野蛮人（Barbarian）角色，并返回它在 STR 列中找到的值。

对于 VLOOKUP 函数来说，第一个变量是你要查找的内容，它可以是文本（带引号）或单元格引用。第二个变量包含想要搜索和返回的内容。第三个变量是返回值的偏移量。如图 6.22 所示，你的目的不是返回第一列信息（即名称），而是返回第二列信息（即 STR 值）。最后一个变量是可选的，它决定你是希望电子表格模糊地估计（找到最接近搜索词的值）还是仅精确匹配。在本例中，你希望它只进行精确匹配，因此变量被设置为 False，表示“不模糊估计”。

fx =VLOOKUP("Barbarian",A1:B8,2,false)

	A	B	C	D
1	Character Type	STR		
2	Goblin	3		
3	Zombie	4		
4	Dark Wolf	4		
5	Snapping Turtle	6		
6	Barbarian	7		
7	Dwarf	6		
8	Gnoll	3		
9	Barbarian STR	7		

图 6.22　使用 VLOOKUP 函数

查找（FIND）

使用 FIND 函数可以在单元格的大段文本中定位特定的文本。你可以使用它从较大的文本块中提取关键信息。在默认情况下，FIND 函数返回特定文本开始的字符位置。例如，在图 6.23 中，查找“spoken”字符在大段文本中的位置。

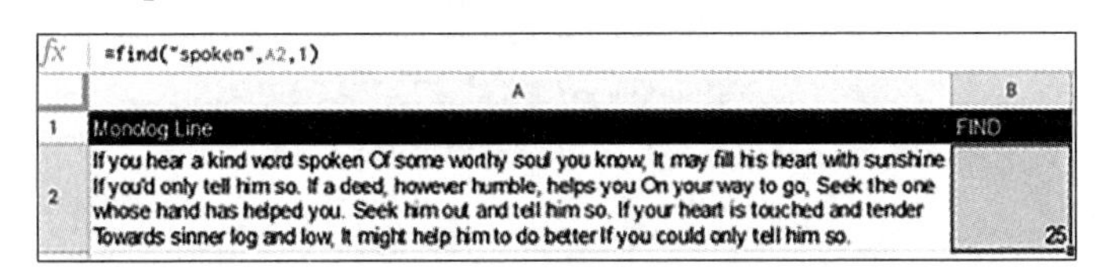

图 6.23　使用 FIND 函数

截取（MID）

MID 函数的作用与连接符的目的基本上相反。使用&字符连接文本时（如第 5 章“电子表格基础”所述），可以将小段文本组合成更大的文本。相反，MID 则从较大的数据块中提取较小的数据块。在图 6.24 的示例中，MID 函数提取了到“spoken”单词之前所有的字符，然后它停止在“spoken”单词第一个字母的前一个字符上（图 6.24 也是使用另一个叫 FIND 的函数作为变量的复合函数的好例子）。

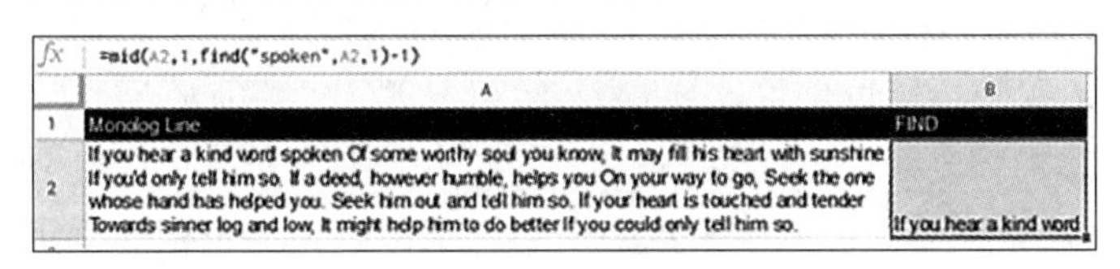

图 6.24　使用 MID 函数

取时（NOW）

NOW 是一个有点奇怪的函数，因为它本身并不是很有用。如果在电子表格单元格中输入=now()，电子表格将返回当前时间。每次更新单元格时，该函数都会再次检索当前时间并显示新的时间。本质上，它是一个时钟，只在工作表更新时更新。计算机本身就有时间，那么 NOW 函数有什么用呢？就其本身而言，NOW 函数没有多大用处，但与静态时间相结合时，它就变得有用多了。在包含 NOW 函数的单元格中使用验证、复制或粘贴值等操作时，可以获得静态时间。当电子表格有一个静态的（不变的）时间时，可以将 NOW 函数与它进行比较，以计算与以前时间相比已经过去了多久，或者距离将来的时间还有多久。在图 6.25 的示例中，单元格 A1 使用了 NOW 函数，单元格 A2 包含一个静态时间值，单元格 A3 测量它们之间的差距。

fx =A1-A2

	A	B
1	9/18/2020 16:28:15	Now function
2	9/17/2020 14:02:22	Static time
3	26:25:53	Duration

图 6.25 使用 NOW 函数

请注意

为了使电子表格中的时间更容易阅读，重要的是改变时间的格式（如第 5 章所讨论的），从而把时间格式化，多个时间之间的间隔被格式化为持续时期。

随机数（RAND）

RAND 函数产生一个介于 0 到 1 之间的、小数部分位数非常大的随机数。这是另外一个奇怪的函数，因为它在电子表格每次更新时都会刷新，包括任何单元格有更改时。与 NOW 函数很类似，当函数的结果被复制并粘贴为值时，RAND 函数更有用，此时会消除底层函数并保留随机生成的值。RAND 函数会产生一个很长的十进制数，它不太适合游戏中产生随机数的需求，因为游戏往往会避免使用长十进制数。然而，与所有其他函数一样，RAND 函数可以在其他函数中使用，也可以作为公式的一部分，将默认的输出值变更成更有用的数字，比如 1 到 100 之间的数字。图 6.26 显示了 RAND 的原始输出。请注意，这个输出本身并没有提供太多信息。

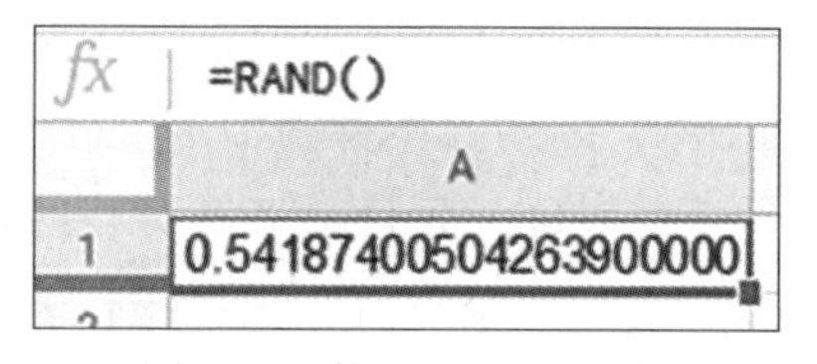

图 6.26 使用 RAND 函数

取整（ROUND）

ROUND 函数做的事情和它的字面意思完全一致：它将任意给定的数字四舍五入到指定的小数位。这个函数使长十进制数字更容易被玩家甚至你自己的团队理解。图 6.27 显示了在一个简单的公式中结合使用 ROUND 和 RAND 函数来生成更有用的 1 到 100 的随机范围值。

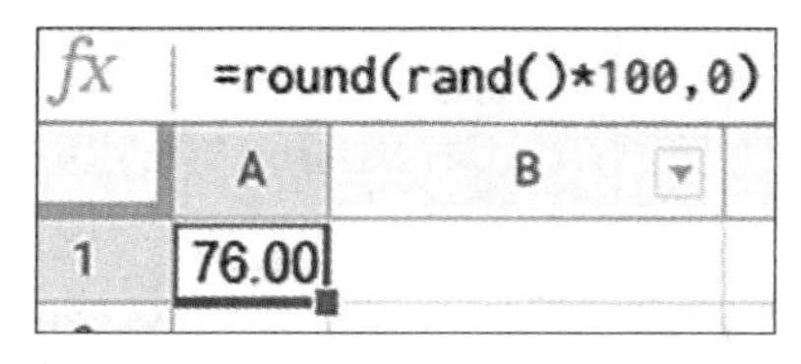

图 6.27　使用 ROUND 和 RAND 函数

请注意

函数在电子表格中不区分大小写。无论你使用大写字母、小写字母，还是两者混用，电子表格都会以相同的方式读取你输入的任何函数。它会把你的输入全部变成大写字母。

范围随机（RANDBETWEEN）

在许多应用场合，你可能不太想要随机数介于 0 到 1（或者某个倍数）之间，因为你有一个特定的范围需求。在这种情况下，可以使用 RANDBETWEEN 函数指定最大值和最小值。它会在指定的范围内随机生成数字。如图 6.28 所示，该表格显示了 10 到 20 之间随机数的生成。注意，与 RAND 和 NOW 函数一样，RANDBETWEEN 函数通常在结果被复制并仅作为值粘贴时使用。

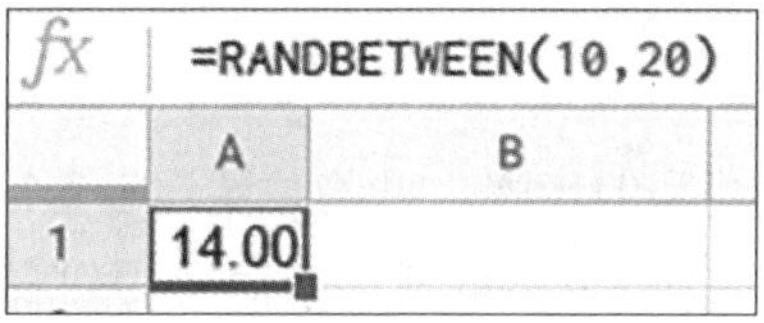

图 6.28　使用 RANDBETWEEN 函数

了解更多函数

电子表格中有数百个函数，这里列出的是游戏系统设计师最常用的函数。如果你肯花时间去彻底弄懂它们，便能够使用它们去完成制作游戏所需的大部分工作。

要找到更多函数，可以单击工具栏中的函数符号（希腊字母Σ）（见图 6.29）。然后选择“了解更多”选项，你将看到电子表格程序中所有可用函数的列表。不要被它们的数量所吓到。可能存在数百种函数，但大多数都是为非常专业的职业设计的，其他人完全可以无视。

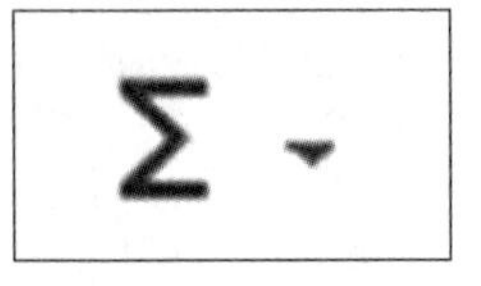

图 6.29　函数符号

怎样选择正确的函数

你应该使用本章中描述的函数进行练习，以更加熟悉它们的工作方式。在制作游戏的过程中，与电子表格打交道时，你很可能会遇到这样的情况：知道自己要做什么，但却不知道什么函数可以实现它。这是一个非常正常的问题，有经验的专业人士也会遇到。以下步骤可以帮助你确定该使用哪个函数：

1. 制订一个计划。想想你要做什么，然后详细地写下来。写下想要电子表格为你做什么之后，分析计划中的每个字并思考它到底意味着什么。

2. 手动做一次。当你弄清想要电子表格做什么时，先手动做一次。这可能意味着在头脑中计算数字，或者用眼睛搜索大量数据。

3. 写下准确的步骤。手动完成任务时，是否需要单击另一个表格？是否用鼠标滚轮向下滚动页面来查找内容？你把事情都想清楚了吗？把所有的步骤写下来，一次写一个，然后写下所有步骤中准确细致的内容。

4. 提取关键词。看看刚才写的步骤。哪些关键词瞅着很显眼？寻找形如搜索、加、计数、平均这样的词。将这些关键词提取成一个简短的列表。

5. 做一些调研。打开一个浏览器窗口，输入“Google Sheets”和一两个提取的关键词。很有可能有人已经试着做了你正在做的事情，并且也像你一样问过问题。也有可能其他人已经回答了这个问题，并给出了如何做的明确指示。在电子表格中，函数通常是根据它们所做的事情来直观地命名的，所以如果你在电子表格程序的帮助文档中搜索关键词，可能会发现一个函数恰好可以完成你想要做的事情。如果没有，那么你可能会找到一些函数，它们可以和其他函数结合，达到你想要的效果。

6. 问问题。如果调研和搜索帮助文档没有给到你想要的结果，你可以使用步骤 3 中写下的步骤向认识的人或互联网求助。有很多论坛都会讨论电子表格的用法。这些论坛对你非常有帮助。关于如何提问，请参阅第 3 章。

进一步要做的事

在读完这一章之后，你应该花一些时间在现实世界中使用这里介绍的概念进行练习。尝试以下练习来进一步锻炼提问和精炼问题：

- 创建几个电子表格，并用本章中介绍的公式和函数进行练习。如果完成了第 5 章“进一步要做的事”部分的练习，你就已经在电子表格中获得了游戏数据。考虑如何在数据上使用各个函数来获得有趣的结果（如果还没有创建这个电子表格，最好现在就创建，因为它将在后面的章节中再次出现）。
- 阅读电子表格程序中的帮助文档。本章非常详细地讨论了一些重要的函数来让你开始学习，还可以在帮助文档中找到更多信息。函数偶尔也会更新，因此最好查看所选程序中的帮助文档，以确保对函数的最新版本了然于胸。

第7章

把生活提炼进系统

既然你已经理解了创建和使用电子表格的基本原理，那么就该开始用新游戏数据填充电子表格了。在创造一款新游戏时，游戏数据来自哪里？显然，这些数据来自游戏系统，更普遍地说，来自游戏。这意味着，为了生成数据，你需要系统，而为了创造系统，你需要真正开始制作游戏。本章主要讲述从头开始创造游戏理念，然后利用系统和数据去创造它们的基本内容。

要理解的第一个理念是，没有游戏是在真空中创造出来的。仔细观察构成任何游戏的机制时，你会发现它们与现实生活中的方方面面很相似，即使它们是抽象的。这种与现实生活的相似性有助于解释为什么人类（和其他动物）会玩游戏。

生活是复杂、混乱、随机以及不公平的。它比我们所能理解的要复杂得多。生活是不断变化的，在很大程度上，是我们无法控制的。“解决”生活是不可能的，但人类天生喜欢解决问题。我们喜欢找出系统，并全面地理解它们；也喜欢完全掌握规则，完全理解它们。我们喜欢在周围环境中发挥能动性，做出有意义的决定。虽然在生活中不可能拥有所有这些东西，但在游戏中却是完全可能的。如果将大部分系统从生活中移开，并将少量机制提炼成游戏，你便能掌握系统以及它们的互动方式和游戏的意义。还可以在游戏中做一些生活中不可能做的事情：你可以让游戏变得公平。为了说明复杂性以及如何提取现实世界中的系统，让我们看两个例子。

首先，图 7.1 是一张城市街道的图片。继续阅读之前，试着开始思考在这张图片中可以看到的所有系统。

图 7.1　一张城市街道的图片

以下是这张图片中所代表的一小部分系统：

- **城市布局**：人们决定了所有建筑的位置。
- **建筑、工程和建造**：除了决定所有建筑的位置，许多不同的团队还构建了关于各建筑设计、建造和维护的复杂系统。
- **水管设施**：每栋楼都有管道将水从一个集中的位置输送到这栋楼的各个地方。还有管道将脏水从大楼和街道上排除，并将其转移到一个集中的地方进行处理。
- **电力系统**：每栋楼都有一个电力系统，城市街道本身也是如此。

- **交通**：人们在指定的位置按照规则行走和驾驶。如果没有这些系统，运输几乎是不可能实现的。
- **植物**：你可以看到这条街上种着几棵树。决定在哪里种树的是一个系统，就像树木本身一样。在树木之外，你可以看到生长着的一些较小的植物。
- **天气和其他方面**：你可以在背景中看到天空，其中包含多种天气和空气系统。此外，整个宇宙的其余部分实际上都在那里，尽管它们在我们的视野之外。
- **人**：图片中的每个人都是由许多复杂的系统组成的。
- **服装**：图片中的每个人都穿着衣服，复杂的系统控制着这些衣服的设计、创造、购买和穿着。
- **社会**：作为一个整体，我们人类有复杂的社会系统，它影响着我们所做的一切。
- **商业**：在人口众多的任何地方，都有多种复杂的经济体系在发挥作用。
- **法律**：除了基本的社会规则，世界各地都有更严格的法律规则。
- **广告**：我们可以在整条街道上看到广告。每一条广告都遵从复杂的法律规则和广告策略来吸引消费者。
- **寄生虫**：想到这一点很奇怪，但几乎可以肯定的是，在有这么多人的图片中，至少有一个人有某种形式的寄生虫，无论是虱子、蠕虫还是脚气（真菌）。这说明我们可以多么迅速地深入到系统中去。我们可以无休止地层层挖掘这些细节。

这只是对发生在这张图中的一些系统、规则和交互的一个简要概述。除非故意为之，否则游戏绝不可能会深入这些细节规则。你真的想在 RPG 中模拟寄生虫吗？可能不会。你想在赛车游戏中解决建筑区分许可的问题吗？绝对不会，相反，你想创造一个非常简化的游戏世界，这样玩家便能够将其视为一个抽象的世界，而不需要在游戏中添加他们不关心的细节。

现在让我们看看城市街道的抽象版本（见图 7.2）。

图 7.2　城市街道的抽象图片

在这张城市街道的抽象图片中，我们仍旧可以看到各种系统：人、树、电线杆、道路、天空和建筑。

这个清单比之前的要小，并且缺少之前清单的细节。事实上，如果我们仔细看，可以看到这张图片实际上是几笔油漆画。里面的人只是一些涂了颜料的斑点，上方再加上一个圆圈。道路只是一抹灰色，树木是几笔较长的棕色和绿色。如果我们完全孤立地看这张图的任何一部分，甚至都很难确定这个物体应该代表什么。然而，如果我们随意将视线在这两张图之间切换，可以很容易地将它们描述为一些行人在道路上的城市景观。在这张图中，我们的大脑会填补所有缺失的细节，或者干脆忽略它们，因为它们对这张图想要传达的信息并不重要。

照片与抽象画之间的区别类似于现实生活和游戏之间的区别。为了创造一款游戏，我们需要着眼于生活，然后提炼一些关键元素并以这样的方式呈现给玩家，让玩家理解我们所呈现的内容，而不会被无数的细节所困惑。

游戏机制可以像模式识别一样简单。例如，在井字棋[1]游戏中，目标是连续画出三个 X 或三个 O。井字棋有一个非常简单的机制和一套非常简单的规则。虽然井字棋如此简单，对成年人来说吸引力并不是特别大，但它的魅力在于我们可以完全了解它的全部规则。即使是小孩子也能掌握全部的规则。而且，与现实生活不同的是，在井字棋游戏中，玩家不会因为游戏中意外的规则改变而感到惊讶或失望。在现实中，即使是简单的互动也会产生我们无法完全理解的不可预测的结果。在井字棋游戏中，我们不会因为弄丢了 X 就不能玩游戏，也不会因为对手又花钱买了一回合而输掉比赛。这些混乱的事件会发生在现实世界中，不管我们是否喜欢或是否觉得公平，但在游戏的现实中，我们确实能够控制这些元素。我们可以决定什么是公平的，并在游戏中执行它。这让游戏及其规则具有一种我们在现实世界中从未见过的纯粹性，这本身就吸引了许多人。

如果我们沿着这个讨论方向一直走向极端，便能够从现实场景中提取一些简单元素去创造一款众所周知的游戏。如果你曾经把一包包东西塞进过一辆车或储物间，这很有可能让你想起一款游戏。仔细观察细节，你会发现实际情况要复杂得多。图 7.3 显示了一辆塞得满满当当的汽车，图 7.4 展示了一款类似《俄罗斯方块》的游戏。它们彼此之间有

1　英文名叫 Tic-Tac-Toe，是一种在 3×3 格子上进行的连珠游戏，和五子棋类似，由于棋盘一般不画边框，格线排成井字而得名。游戏需要的工具仅为纸和笔，然后由分别代表 O 和 X 的两个游戏者轮流在格子里留下标记（一般来说先手者为 X），任意三个标记形成一条直线，则获胜。——译者注

明显的相似之处，一些基本的机制也是相同的。

图 7.3　一辆塞满行李的车

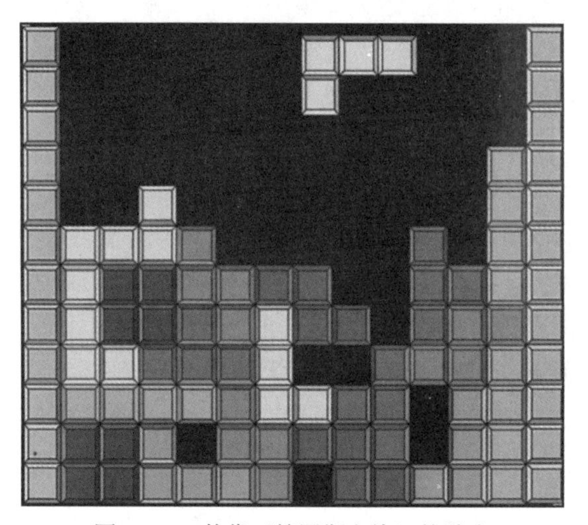

图 7.4　一款像《俄罗斯方块》的游戏

在这两种情况下，“玩家”都试图将尽可能多的物品塞进给定的空间中，而留下尽可能少的缝隙。这一底层机制驱动了《俄罗斯方块》游戏，尽管这一机制是抽象的，但其灵感却很明显：《俄罗斯方块》的主要机制源自我们人类在打包过程中有效利用空间时所获得的满足感。

现在，来看看塞满行李的车和类似《俄罗斯方块》的游戏之间的一些主要区别。在车里，你可以看到一些物品之间的小间隙，可能可以把非常小的物品塞进去。有些箱子可能易碎，最好放在靠近车顶的地方。有些可能很重，最好放在底部。此外还有一个重要之处，需要考虑汽车移动时所有物品是否安全。这辆车投保了吗？希望这些箱子中没有任何会在旅途中腐烂的物品——甚至活物，它们可能无法在旅途中生存下来。这样的担忧是真实的，直接适用于把一堆物品打包到固定空间的现实活动。

类似《俄罗斯方块》的游戏去掉了很多上面的往汽车里塞行李的问题。为什么设计师决定排除这些方面？主要是因为它们并不有趣，而且会分散设计师希望玩家去专注的核心机制：在有限的空间中整合各种形状。还要注意的是，上述游戏做了一些在现实生活中不可能做到的事情，比如在填满一行之后就将该行删除。游戏设计师着眼于现实世界，识别出一个机制，提炼出这个机制，以抽象的方式添加到游戏里，让玩家觉得更有趣。这是优秀游戏设计的精髓，也是这类游戏长久不衰的原因之一。

一个抽象的例子

现在让我们着眼于更复杂的抽象机制，可以在之后将其重新制作成一款受欢迎的游戏。在这个例子中，我们要看看旧石器时代的狩猎技术。人类在那个阶段生活了很长一段时间，我们许多根深蒂固的本能在那时得到了发展。下面几节将介绍旧石器时代猎人的一些最大优势。

投掷

旧石器时代的猎人经常需要准确地投掷东西，比如石头。我们来研究一下投掷东西的机制。与其他动物不同，人类可以准确而快速地投掷足够重量的物体，甚至可以杀死大型动物。这给了人类在旧石器时代狩猎的巨大优势。通过在安全距离使用一次性物品进行攻击，他们可以在没有直接危险的情况下对目标造成伤害。人类的投掷能力越来越强，以至于成为人类根深蒂固的本能。看看小孩子是怎么玩的：他们不需要教就会扔东西，事实上，父母通常很难阻止他们扔东西。所以我们可以肯定地说，这是一种内在的本能，而不是通过后天观察得来的。

棍棒

旧石器时代的人类还学会了使用棍棒和其他工具来获取狩猎优势。与其他动物不同的是，人类能够准确有力地挥棒击打某物。如果棍棒在这一活动中损坏了，我们也觉得没关系，因为它很容易被替换，使用棍棒可以让我们在攻击目标时保持更安全的距离。同样地，挥舞棍棒是全世界孩子们自然而然就能学会的事情，这体现出人类与这项活动有着多么紧密的联系。

奔跑

大多数动物都会奔跑，人类也是。我们有进化的适应性，使得我们能够长途跋涉，特别是在炎热的天气中。跑得快也是一种与生俱来的好事。同样，观察世界上处在任何地方、任何社会之中的孩子们，你会发现跑步一定有着某种形式的价值。这是人类的一个特征，在我们完全成为人类之前就已经被用于狩猎了。

团队合作

最后，旧石器时代的人类已经学会了群体协作。其他动物也会群体协作，而且效率不见得低，但人类在合作时是有明确分工的。

把机制合在一起

如果把刚才讨论的所有抽象的机制提炼出来，重新加工一下，然后把它们结合起来，我们就可以利用这些信息为现代人类创造出一款基于旧石器时代人类狩猎活动的游戏。

要说对旧石器时代狩猎技术进行抽象，我脑海里浮现出的第一个游戏是棒球（见图 7.5）。为棒球、圆场棒球或其他相关游戏制定规则的人不太可能这么想，他们也没必要这么想。相反，他们最可能做的是思考那些对自己和朋友来说有趣、有吸引力的活动。他们会观察孩子们在公园里玩的时候都在做什么。像棒球和旧石器时代狩猎这样的活动，其特点是有趣、有吸引力，因为这样的特征本就深深烙在了人的思维里。这些感觉可以追溯到人类发展的很长一段时期。因此我们制作包含旧石器时代活动机制的游戏也就不足为奇了，在不同文化和时代的游戏中出现许多相同机制的主题也不令人惊讶了。

要从生活中提炼出用于游戏的机制，被提取对象并不需要非得是有意识、有目的的活动。如果仔细观察任意游戏并实际研究它的机制，你是能够在现实世界中找到类似东西的。

来自 Rob Marmion/Shutterstock

图 7.5　棒球

游戏中的故事

这部分内容并不是关于如何为游戏编写故事的。为游戏编写故事并不属于游戏系统设计师工作的范畴。当然，他们也可能是叙事设计师，但在这种情况下，一个人就要胜任两种不同的工作。而本节是关于游戏系统设计师如何基于其他人所写的内容创建故事。想想下面这句话：

我们在游戏中添加的故事并不重要，重要的是玩家在游戏中体会到的故事。

想想这句话到底是什么意思。这并不是要否定叙事设计师所做的工作，而是体现了作为游戏系统设计师的我们如何使用不同的方法让故事进入玩家的头脑中。同样值得注意的是，这两种创造故事的方法并不是互相排斥的。开发者可以花大量时间创造精彩的背景故事和人物弧光[1]。游戏系统设计师想要利用游戏本身来强化——甚至完全创造——为玩家而存在的叙事。让我们来看一些例子。

扑克的规则中完全没有故事。“人物背景”就指的是玩家自己的背景，没有被专门写

1　也叫人物弧线、人物转变等，一般是指人物内在的，特别是心理方面的种种变化，是人物心理即精神面貌的改变或转变。——译者注

过。游戏规则中没有叙事弧光，也没有背景故事，但关于扑克的故事却有成千上万。关于扑克的故事被创作成电影、书籍和漫画，朋友之间会传颂着很多惊人的关于扑克的轶事。以扑克为题材的传说可能发生在英雄和反派之间，可能是改变某人一生的胜利之路，也可能是足以影响全城经济的一败涂地。如果没有叙事设计师的精心设计，这些故事又该是怎么发生的？游戏系统为这些故事的发展创造了肥沃的土壤。而这里就正是现代游戏系统设计师发挥的舞台。作为游戏系统设计师，你的工作便是为玩家创造在规则范围内属于他们自己的戏剧化可能性。

想想你玩过的任何一款让你印象深刻的游戏。游戏中可能有一些写得很好的故事，但很有可能（尤其是如果你正在看这本书，那更有可能意识到这点）远不止如此。有些非常神奇的事情在你身上从未发生过。我们很难将这个事件描述给朋友，尤其是当他们并不熟悉你说的游戏时。这里便是游戏独特的地方。电影播放的方式对所有人来说都是一样的。无论是谁阅读，书的开头、中间和结尾都是一样的。但游戏具有互动性，为玩家提供独特的体验。此外，它们还能让玩家参与到游戏里的事件中。没有其他的媒介能做到这一点。

作为游戏系统设计师，你应该不断思考能够让玩家创造自己故事的机制和系统。阅读后面的章节时，请牢记这一点。考虑如何让玩家能够通过游戏讲述自己独特的故事。

进一步要做的事

在完成这一章的阅读之后，你应该花一些时间在现实中使用这里介绍的概念进行练习，让游戏更加贴近现实世界。

- 分析几款老游戏并着眼于其中的机制。这些游戏与人类的活动之间有什么相似之处？
- 进一步分解经典游戏和你最喜欢的现代游戏中单独的某个游戏机制。哪些抽象概念只用于这些机制而非整个游戏？
- 观察你周围的世界，从现实世界中挑选一些你在游戏中不常见到的机制。你能否将这些机制变成游戏？能否将这些机制添加到现有的游戏中去完善它？
- 研究几款现代游戏，思考被它们排除在外的内容，而不是着眼于它们所包含的机制是如何被抽象的。在现实世界中，哪些游戏机制被忽略了？你认为设计师为什么会忽略这些功能？

第 8 章

想出点子

想出点子可能会很困难。更困难的是提出新的点子或对点子进行新的修改。比这还要困难的是想出有效的、可以付诸实践的、真正让人满意的新点子。人们普遍认为，有些人有创造力，有些人则没有。然而，就像人们所做的许多其他事一样，创造力是一种技能，而不仅是一个天赋。就像学习演奏乐器、驾驶汽车、运动、绘画、舞蹈或雕刻一样，创造力部分是天赋，但主要是一种习得的技能。那些看起来很有创造力的人可能生来就有某种程度的天赋，但可以确定的是，通过努力工作以及制订周密计划，他们会让自己的天赋继续锻炼成长。

本章介绍了一些可以用来培养创造力的方法和实操练习，特别是在想出新点子方面。如果你觉得自己天生没有创造力，那么应该仔细阅读本章，认真地完成练习。所有游戏系统设计师都应该是点子的源泉。你所面临的挑战应该是如何从你泛滥的点子中选择哪一个来使用，而不是想出一个特定的点子。如果一开始感觉困难和不自然，不要担心，这是意料之中的。像其他习得的技能一样，以新的方式使用你的大脑，一开始看起来确实不太自然。就像学习其他技能一样，提高的唯一方法就是练习。坚持使用这些方法做做练习，直到它们变得舒适甚至自然。此时你可能会发现，点子来得更容易、更快了，最终会如泉水般不断涌现。

点子自助餐

每个游戏设计师和创意人员都应该开发并维护一个点子自助餐，它基本上是一张包含点子和简短描述的清单。它可以是游戏点子、角色、机制、武器、车辆、关卡设置或任何你想要的内容。最后，你可能需要把这些点子粗略地分下类，以便在清单规模变得很大时更容易找到想要的点子。

我使用了“自助餐”这个词来形容这个清单，因为它跟现实世界中的自助餐很相似。核心思想就是：在你面前摆出的点子比你可能用到的要多。这当中很多点子本身不太能很好地结合在一起，但当需要灵感的时候，你可以把这份自助餐端上来，挑选适合你需求的选项。

样本点子自助餐

下面是一个点子自助餐的片段。正如你在接下来的例子中会看到的，你的点子自助餐可以包括一般的想法、想法碎片、问题以及其他任意想要的东西。对于如何在你的点子自助餐中记录想法，并没有严格的格式。请注意，大部分的点子只是简单的描述。它们本身并不意味着完整的解释，甚至有些并不能单独拿来使用。使用这样的清单唯一的目的是帮助记忆，并在浏览清单时激发新的点子。通常，这样的列表应该有很多页。

游戏点子

- 有关弹跳的物理游戏。把果冻堆积起来。
- 奇形怪状的叠叠乐[1]。移动端或 VR（虚拟现实）。

1 一款考验动手能力和大脑思维的桌游。游戏中，玩家交替从积木塔中抽出一块积木并且使其平衡地放到塔顶，去创造一个不断增高，越来越失去根基的积木塔，直到积木塔倾倒。——译者注

- 基于“军事生存手册”的游戏。严肃的游戏。
- 基于真实绳结的打结游戏。VR？在由绳结组成的管道中竞速？
- 同注分彩法[1]的赌博：怪物对战、赛狗等。
- 从动物视角出发的决策游戏。从非常低等的生命形式和非常简单的决策开始。随着生命形式变得越来越复杂，决策和控制也变得越来越复杂。
- 在益智游戏中选择你自己的冒险。
- 滑动拼图与平台游戏相结合。
- 实时的剪刀石头布。

机制

- 混合颜色以匹配敌人的颜色。激光？
- 在角色扮演游戏中的旅行推销员解谜。
- 让糟糕的镜头控制成为一项挑战。
- 玻璃以不可预测方式破碎，供玩家利用。
- 通过一组简单的符号给狗下达命令。
- 只有当你不攻击他时才会受伤的敌人。
- 在别人的游戏中扮演一个 NPC（非玩家角色）。

进行头脑风暴会议

头脑风暴可以采用多种形式，它也可以用于制作游戏。这一节讨论了如何进行头脑风暴会议，以及可以用来排除那些运行不畅通的点子的方法。

设定目标

在每次头脑风暴时都设定目标是很重要的。这些目标应该写下来，并在会议之前展示给小组中的每个人。它们应该是简单的、一句话能说得清的、易于理解的目标，但不限制创造性思维过程。以下是游戏系统设计师在头脑风暴会议中可能设定的一些目标：

---

1 parimutuel betting 语出法语 pari mutuel，意即相互下注，即彩池制，是发源于法国的一种下注方法，先将所有赌注共同置于同一个彩池内；结果开出后，主办方会先于彩池内提取部分税项和手续费，而胜者则按下注金额分彩池的余额。同注分彩法常见于赛马、赛狗或类似体育项目的赌博的彩金计算。——译者注

- 填补旧职业系统的新角色职业。
- 车辆与世界互动的新机制。
- 更好的武器与防具的组合。
- 将我们的游戏与其他游戏区分开来的环境机制。
- 如何在目标主机平台上使用新型控制器。

一旦有了一个简短的目标清单（例如 1~3 个目标），你就可以开始头脑风暴了。

请注意

目标不应该包含诸如“解决这个问题”或“做出最终决定”之类的主题。这些主题不属于头脑风暴的范畴。一个良好的头脑风暴会议应该是为了产生点子，而不是为了执行、批评或评判点子。

集结团队

其中一个与会人员应当是头脑风暴会议的主持人。虽然你可以一个人进行头脑风暴——而且往往真的会这样——但是集体头脑风暴会更好。参加会议的人应该熟悉目标，但不必是专家。有新的视角本身就是一件很棒的事情，两个人就足以进行集体头脑风暴，最多不超过五个人。一次会议超过五个人会让每个人都很难参与进来，而且会滋生协调问题。当需要超过 5 个人参与时，分成小的小组进行会议更好。

还有一个关键点，相关的每个人都有足够的空闲时间来参加会议。排除所有打断与分心的事情也同样重要。在进行头脑风暴时，手机铃声会彻底破坏氛围。任何人都不应该在过程中使用电子设备。唯一的例外可能是，记录员可以打开一个文档来进行会议记录。干扰会破坏创造力。

最好在白板或者其他可查看的地方写下一套小的基本会议规则。下面是这个列表的例子：

- 会议时间为 1 小时，从下午 2 点到下午 3 点。
- 禁止带手机或平板，禁止戴耳机，禁止打电话。
- 把门关好，会议期间任何人不得出入。
- 不存在坏点子，任何点子都有价值。
- 任何提出新点子的人都值得赞许。

- 享受过程，轻松一点。
- 积极参与。
- 目标是什么（列出会议目标）。

给自己一段时间

头脑风暴会议应该定义开始和结束时间。一小时对一个新团队来说很合适。随着会议持续进行，团队会越来越有耐力——但不是无限的。超过 2 小时可能太长了。对于大多数团队来说，不到 30 分钟的时间太短了，无法进入适当的状态。开始的时间要严格，团队中的每个人都需要投入。如果有人在头脑风暴中途才加入，则会严重影响整个进程。迟到的人容易重复之前的想法，无法理解房间里的氛围，也可能会把自己当前的情绪强加在会议中。

结束时间应该是固定的，但并非不能变通。如果你的点子真的源源不断，会议也不断取得进展，那么可以继续进行一段时间。如果会议的氛围不好，消极情绪多于创造力，那么会议可能需要提前结束。如果发生这种情况，需要在下一次会议之前与小组成员一起解决这个问题。在会议结束时留出一些时间来收集笔记和规划未来的步骤。如果人们试图在会议期间就开始计划（这很常见），主持人应该温和地提醒他们，会议结束后有时间做计划。

不要接受第一个答案

在头脑风暴会议（以及其他有关创造力的过程）中，最大的陷阱之一通常是接受第一个答案。让我们看一个简单的例子。假设给了你一些红色纽扣和蓝色纽扣、一张网格纸和两个骰子（见图 8.1）。会议的目标是想出使用这些对象的游戏点子。在你继续阅读之前想几秒钟。

你的第一个答案可能是创造一个类似西洋跳棋[1]的游戏，但带有随机的骰子移动元素。这个简单的挑战已经被无数的勘察设计师（prospective designer）所接受，这也是到目前为止最常见的答案。然而，在以想出新点子为目标的头脑风暴会议中，你不应该采用显而易见的答案。在头脑风暴会议上，人们很容易抓住某人脱口而出的第一个想法，并将

1　西洋跳棋是一种两人玩家的棋，棋子都是沿斜角走的。棋子可跳过敌方的棋子并吃掉它。——译者注

其固化在脑中。你需要克制住这种冲动。主持人应该对每个答案都说："好主意，继续下一个"。

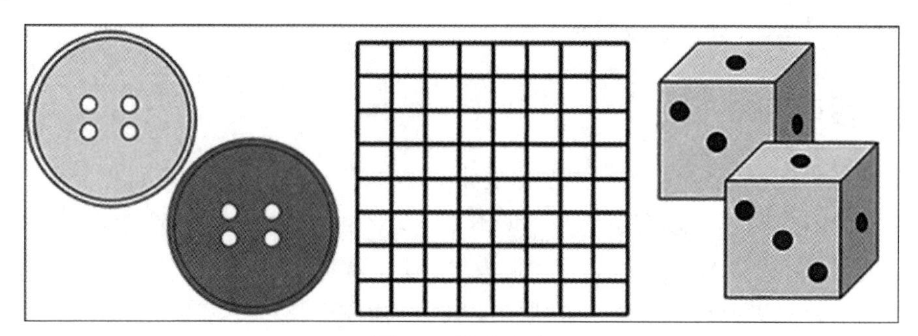

图 8.1 游戏碎片

你可以用纽扣和骰子的例子来尝试：写下你的第一个想法，然后再想出 10 个。确保这 10 个答案完全不同。例如，确保你有纽扣和网格不一起使用的几个点子，另外有几个以新颖的方式把物品组合在一起使用的点子，以及几个完全没有逻辑的点子。这些点子中大多数都不好，但不要紧。你最终需要的不是点子数量，而是在所有的点子中挖掘出几个珍宝。

在某些情况下，提出的第一个想法可能最终会被采纳。那当然是很棒的一件事！但用额外的时间想出的更多答案也并非白费力气。无论如何，从一个过程中获得一个很棒的点子都是一种胜利，当你将其与其他点子进行比较时，会对这个结果更加自信。在头脑风暴中，最好的点子排在第 1 位、第 5 位或第 100 位并不重要。重要的是找到你能想到的最好的点子。

避免批评

头脑风暴的目标是不断增加点子，而不是消除它们。作为想要生产出高质量产品的技术开发者，游戏开发者天生持批判态度。在制作过程中，特别是在项目接近尾声时，这是件好事。然而，在头脑风暴会议期间，这却是一场灾难。批评迫使人们进入一种防御性心态，在这种心态下，他们考虑更多的是如何为一个特定的想法辩护，而不是提出新的想法。批评也会阻碍参与，而参与是成功的关键。

对于头脑风暴会议的主持人来说，密切关注批评意见并加以解决是很重要的。因为好斗也会对创造性过程造成破坏，所以当发现有批评存在时，一个好的解决方法是说："我看到你发现了一个潜在的缺陷，但让我们把注意力集中在解决方案上。"其他好的说辞是：

“这个想法可能行不通，但有什么想法可以呢？”“好吧，这个想法怎么样才会更好？”执着而积极地引导他人，主持人可以帮助会议产生更多质量更好的点子。

在某种程度上切题

如果头脑风暴会议的目标是提出有关角色的点子，但实际上却产出了新的游戏创意，那么这场会议的作用就很有限了。然而，过于专注会扼杀创造力。主持人要在不离题太远的前提下，让团队积极进行点子的交流和碰撞。你可以把它想象成牵着小狗穿过田野回家。主持人想让它们都回家，但也想让它们在田野里奔跑和玩耍，把所有的能量都释放出来。主持人应该允许参与者稍微浪荡一下，让他们互相打趣，但之后也应该友好地把他们带回来。主持人应确保不要批评或告诉任何人他们做错了，而要温和地引导参与者回到目标上。像“让我们回到正轨”这样的声明可能会令人感到窒息。相反，主持人可以这样说：“我听到了一些非常有创意的想法。我们怎样才能将这些想法与我们的目标联系起来？”

捕捉创造力

头脑风暴小组应该利用白板、纸或计算机来捕捉点子。最好是所有参与者都能看到这些点子，因为已有的点子往往会产生更多的点子——这正是你想要的。不要担心错别字或组织方式，相反，专注于把点子记下来。在一个好的会议中，点子会快速而频繁地涌现出来，重要的是不要让人们放慢或阻止他们产生新的点子。如果需要，让更多的人记下点子。在会议快结束时安排时间做清理工作。在这段时间里做一些清理工作可以帮助那些习惯有条不紊的人得到放松。当你看到有人在会议期间删除和重写想法时，你可以温和地提醒他们，会议结束后的时间是专门用来清理的，不需要现在就做这件事。

过程中不要擦除掉任何东西。如果在会议结束时，你发现一些点子有些胡言乱语，或者会议上的每个人都忘记了这些点子的含义，这时再删除它们。但是，任何你能理解的点子，无论好坏，都应该被记录下来。

在会议结束后，你可以将所有产生的点子整理到自助餐里去。

保持合理的预期

头脑风暴会议是很艰苦的。产生新的点子非常困难。不要指望一次会议就能得到你需要的所有答案——极端情况下甚至一个答案都得不到。尽量不要感到沮丧。只要有耐心和足够的练习，结果会越来越好。

渗透

头脑风暴会议结束后还有很多事情要做。此时此刻，你的脑子里应该有很多好的、有创意的、不实用的或糟糕的点子。在接下来的几个小时、几天里，你的头脑将继续倒腾这些点子，新的甚至是非常棒的点子会在你最不期的时刻冒出来。请做好准备，手边最好有一个录音设备。对于游戏设计师来说，进入这个阶段后，很可能会长时间停留于此。你可以在任何时候产生想法和解决方案。你的创造性思维并不在乎你的日程安排，也不在乎你是否进行头脑风暴，它想做什么就做什么。在头脑风暴会议之后，你的工作就是保持警惕，等待那些点子浮出水面，然后捕获它们。

强制创造力的方法

创造力并非总是唾手可得，有时（甚至经常）它会完全停滞不前。如果，作为主持人或头脑风暴会议的参与者，发现会议过早地放慢了速度，或者完全卡住了，那么可以用一些方法来突破障碍，让想法再次流动起来。请注意，以下章节所讨论的方法最好在会议的流动陷入停滞时使用。在一个良好的会议中，根本不需要它们，主持人只需要引导，让小组继续前进。

坏风暴

这个方法是个很好的会话开场白。人们往往不愿意想出不好的点子，这使得他们对任何点子都犹豫不决——因为害怕这些点子会被毙掉。为了解决这个问题，用坏风暴来逼迫这个情况。这个步骤的目的是让会议中的每个人都有意提出一个坏点子。

例如，对于带有纽扣、网格和骰子的游戏来说，这是一个非常糟糕的点子：第一个玩家将两个红色纽扣插入自己的鼻孔，然后拼命打喷嚏，将两个物体都喷射到网格上。然后，两个玩家各自秘密掷骰子下注。第二个玩家把蓝色纽扣塞进鼻孔里，然后打喷嚏，试图把纽扣喷射出来，击中红色纽扣，并把红色纽扣从网格上撞出去。如果第二个玩家成功了，他将赢得第一个玩家下的赌注，反之亦然。这对于游戏来说是个好点子吗？绝对不是。它让你喷饭了吗？可能喷了。那它是否让你对这堆东西产生了完全不同的看法？是的，完全没错！

要求每个人都想出坏点子往往会激发更多的创造力，因为参与者不必遵从任何关于“正确”答案的内心偏见。这也会让人们放松。当他们有勇气说出一个非常糟糕的点子时，他们对说出更多点子的恐惧就会减少甚至完全消失。

开玩笑

鼓励开玩笑以及提出玩笑式的点子。这种技巧是坏风暴的延伸。当一个点子以玩笑的形式表达出来时，它成为一个好点子的压力就没那么大。为了打破紧张气氛，让参与者开始用“我有一个疯狂的想法，是这样的”这样的语句来表达这个点子。虽然这个玩笑式的点子可能最终不会脱颖而出，但它可能会激发其他更严肃的点子。在专业场合，最好的答案往往来自一个玩笑。玩笑还能保持轻松的气氛，帮助团队保持和谐。优秀的工艺是可以来自严肃的纪律的，但有趣和创造性的点子却不能。

构建块

开始产生点子的最佳方法，尤其是对游戏系统设计师来说，是将对象或概念分解成最小的碎片。我们将在第 9 章“属性：创造和量化生活”中进一步讨论该技巧，之所以在这里提到它，是因为它也是头脑风暴会议中的一个很好的实践。第一步是将一个点子分解成尽量小的组件，这可能会生成一个长列表。第二步则是将其中一个组件变成其他组件，并猜想这样的变化会对整个系统产生什么影响。

例如，想象一个玩具马车，它有一个金属底盘，四个轮子，两个轴，一个把手，一个把手的铰链。如果你把其中一个变成其他东西会发生什么呢？例如，给马车的是滑板而不是轮子，那你现在就有了一个雪橇。如果把金属底盘换成一大桶沸腾的汤呢？现在你有的就不是马车了，而是一个移动食物供给站。通过改变一个概念中的最小构建块，你可以夸张地改变整个概念。同样，用这种方法提出的点子不可能被最终采纳，但将一个主题分解成组件的思维过程却可能会产生笑到最后的点子。

将来过去法

当你有一个特定的问题需要解决时，最好使用将来过去法。用这种方法，你先陈述问题，然后可能有人会脱口而出一个模糊、随机甚至有意出错的解决方法。接下来并非确定该方案是否有效，而是要将现在想象成未来，事实证明这个解决方案确实有效。现在需要弄清楚它是如何发挥作用的。人们往往会过多地考虑点子是否奏效，从而无法聚焦于点子如何奏效。

将来过去法非常强大，可以更广泛应用于很多问题的解决。例如，你的目标是将公司从一个车库大小的初创公司发展成一家成功的独立工作室。解决这个问题的方法之一，是想象现在即未来。你在一家蓬勃发展的工作室，那么你是如何走到这一步的？想想从现在的位置到目标位置要采取的步骤。从“这是否可能”到“如何让它变为可能”，可以极大地改变你对问题的看法。

迭代步进

在迭代步进方法中，你从一个已知的想法开始，然后考虑这个问题“什么与之接近”。在小组中，你会把问题从一个人传给下一个人。最好不要停留在迭代上，而要将想到的第一件事脱口而出。这种技巧的过程可能很奇怪，但它会产生有趣的结果。

例如，假设你从马这个想法开始。你的迭代步骤可以像下面这样：

1. 马力
2. 肌肉车
3. 贻贝[1]（类似蛤蜊的生物）
4. 海鲜意大利面
5. 和妈妈吃饭
6. 家庭戏剧
7. 家庭喜剧
8. 电视
9. 收视率

你可以无限地进行下去。

当你想要从陈词滥调中解脱出来时，迭代步进法也是一种很好的方法。如果团队停留在一个陈旧的想法上，那么迭代就可以将其打破，从想法的微小改变开始，最终转向

1 英文中，肌肉 Muscle 与贻贝 Mussel 发音相同。——译者注

全新的点子。让我们来看另一个与游戏更相关的例子。我们可以从打破罐子寻找宝藏的老套路开始。迭代步骤可能是这样的：

1. 打破罐子来寻找宝藏

2. 吃牛肉干来寻找宝藏

3. 吃牛肉干来发现自我

4. 通过寻找宝藏来发现自我

5. 质疑你自己为什么需要宝藏

6. 质疑你自己为什么要打破罐子

7. 一个英雄把农民的罐子都打破，在道德上有没有问题

8. 打破罐子的惩罚和回报

9. 平衡打破罐子的惩罚和回报

这是一个非常傻瓜的列表，但没关系！这里列出了许多有趣的互动。也许这些都不是你想要的，但你想要的线索可以就在其中的某个地方。至少你没有下意识用一个无聊的过时比喻。

折中

当存在两个大相径庭的点子时，你可以使用折中法。它与迭代步进法完全相反。在这个实践中，目标不是从一个点发散到某个未知的地方，而是在两个已知想法之间找到一个想象中的、不存在的点。如果在头脑风暴会议产生的点子中，有一对天差地别的点子时，那么你可以思考下这对并不相配的概念，并尝试找出这两个点子之间的中点。

这里有几个对立的例子让你来练习这个方法：

- 一款第一人称游戏和一款种田游戏。
- 一辆赛车和一匹赛马。
- 一把剑和一面盾。
- 一个制造系统和一个伤害系统。

试一试！如果有需要，可以用不同的答案多次解决同一个问题。甚至可以让每个参

与者写下不同的答案，然后揭晓他们的答案，看看有多少差异。在考虑各种问题的折中法时，新的、有趣的点子很可能就会应运而生。

就像本章所列出的所有其他方法一样，你越深入挖掘折中法，就越有可能淘到宝。

反向

用反向法，你会从一个主题开始，尝试提出这个点子的反面。然后基于这个新点子，再揭出它的反面。但要注意的是，你不能再选择第一个提出的点子。要做到这点很有挑战性，但它会产生一些有趣的结果。从功能角度而言，它类似于把一些文字翻译成多种语言（例如用谷歌翻译），然后再把结果翻译回原语言。这样做很少能完全还原回最初的形态，结果往往很有喜感，而且经常会与原形态大相径庭。

举个例子，假设你现在思考“枪”这个点子的反面。以下是你进行四次思考后可能会得到的结果：

- 花（和平，而非战争）
- 羊（吃植物的，而非被吃的植物）
- 指甲（尖尖的，而不是软软的）
- 锤子（用来敲钉子而不是被敲）

只要你想，可以一直继续。

同样，这种技巧产生的杂物比珍宝多，但这不是重点，重点是不惜一切代价挖掘出珍宝。

随机联想

经典的随机联想是另一个可以帮助你在头脑风暴会议中摆脱困境的方法。从你产生的一个想法或主题开始，然后通过使用随机词生成器或老式的字典挑选一个随机词。然后列出想法与随机词的相似之处和不同之处。要写具体点。这种技巧并非总能产生珍宝，但经常会出现让人大吃一惊的结果。

意识流写作

如果在使用上述方法后仍然难以产生点子，或者只是想要更多的想法（想法永远不嫌多），你可以尝试意识流写作。为此，准备好纸笔，设置一个 2 分钟的计时器。看起来很短，但身临其境时则会感觉非常漫长。当计时器开始运行时就开始写。你可以写任何东西。写创意是最好的，但没有什么是不可以的。唯一的规则是你必须在整个 120 秒钟内积极写作，不能停顿，不能休息，不去修改，不要反思，也不要说话。2 分钟内只是写。如果你脑子里没有想法浮现，就把“没有点子”本身写下来。试着在脑海中尽可能频繁地变换思考的轨道，在把所有相关内容写下来的过程中不要卡住。当计时器结束的时候，希望能有几个金点子跳出来。可以预料到，你写下的大部分东西都没有用，但这无所谓。毕竟获得钻石前肯定需要先挖掘大量的废矿石。

请注意

本节中列出的所有方法都是有用的，有助于打破停滞不前的会议，让人们重新思考点子。把这些方法列在手边。如果你注意到某个话题已经停止，需要重新启动，可以用其中一个方法来重启。然而，在使用这些方法时也要有一定的限制。你肯定不希望自己的头脑风暴过程让人觉得像是一堆聚会游戏，只是在消磨时间而不是产生点子。如果会议进展顺利，点子从一开始就源源不断，那就坐下来，在需要的时候温柔地引导它，享受它。在一个经验丰富的团队中，主持人可能根本不需要做什么，这是最好不过的了！

进一步要做的事

读完这章之后，你应该花一些时间在现实世界中使用这里介绍的概念进行练习。尝试这些练习来进一步探索头脑风暴的方法：

- 进行一次单人的头脑风暴。选择一个窄的主题，例如你正在研究的游戏机制，并通过头脑风暴的所有步骤来看看你能从中得到什么。
- 进行集体头脑风暴。找几个朋友来一起使用本章叙述的方法。可以挑选任何主题，但与游戏相关的主题将是最有用的。在许多头脑风暴会议中，没有必要完成所有的步骤和尝试所有的强制创造力活动，但在你的练习中，无论如何都要这样做。这将使你熟悉每个步骤和方法，同时不必负担产出结果的压力。

第9章

属性：创造和量化生活

游戏系统设计师最常见的一个早期任务就是为游戏对象创造属性。我们可以将游戏对象定义为游戏中的任何独立对象。它可以是具有材质和碰撞的一块地面，也可以是具有大量属性、动画、3D 模型等的角色。

机制与属性

游戏对象可以通过属性和机制来定义。简单地说，机制是掌管用法的规则，而属性是影响这些规则的值。从实际意义上来说，电子游戏的机制需要编写代码，而属性则以数值（数据）表示。在桌面游戏中，机制需要规则或规则的组合，而属性则以数值的形式呈现。

让我们通过一个简单的类比来说明机制与属性之间的关系。在游戏中，数据对象和属性的功能就像写作中的名词，而机制的作用就像动词。我们可以进一步进行类比，微观系统的功能就像书面的句子，宏观系统的作用就像章节，而游戏就是故事。基本的构建块总是会落地到名词和动词，在游戏中就是数据和机制。

想想国际象棋，你可以说棋盘上每一个正方形都是一个物体。棋局开始时，每个方格都有相应的规则。此外，每个棋子也是一个物体。所有这些物体都有自己的机制和属性。

在国际象棋中，国王和皇后都有一个机制，即它们可以在一个回合中向 8 个方向中的任何一个方向移动。然而，如果道路通畅，国王只能移动 1 格，而皇后可以移动 8 格。所以我们可以说，国王的移动属性是 1，移动机制是道路必须通畅；皇后的移动属性是 8，它的移动机制与国王的相同。国王也有关于将军和将死[1]的额外机制，但这两者都没有相关的属性，它们各自只是一个单纯的机制。

现在让我们思考一个稍微复杂的例子：经典街机游戏 *Galaga*[2]。玩家的战机有几个机制：它可以左右移动，可以向敌方飞船发射炮弹，当与敌方飞船或炮弹相撞时会受到伤害。玩家的战机也拥有一些能够推动这些机制的属性，包括移动速度、射速和生命值。在不改变机制的情况下，可以通过操纵属性来显著影响游戏玩法。想象一下，如果你放慢玩家角色（PC）的速度，让战机的移动速度减半，会发生什么情况？游戏会变得多困难？再想象一下，如果玩家射速比平时的快 10 倍会怎样？这些属性的改变并不改变游戏

1　将军和将死是象棋中的专用术语，将军是指在对局中，一方的棋子要再下一招棋把对方的将或帅（中国象棋中）或国王（国际象棋中）吃掉，称为“将军”或“照将”，简称“将”。“被将军”指将帅或国王处于被对方棋子攻击状态，必须进行化解和调整（这叫“应将”）。将死则指在被将军的情况下无论如何都不能应将，只能投子认输的情况。——译者注

2　*Galaga* 是日本 Namco 推出的射击游戏，于 1981 年 9 月首度推出街机版。——译者注

规则，但却会对游戏玩法产生巨大影响。

罗列属性

对于一款非常简单的游戏来说，一个游戏对象可能只有一个甚至没有属性。例如，跳棋没有功能属性，因为所有棋子的行为方式完全相同。对于更复杂的游戏，游戏对象可能有几十个属性——有些是玩家能看到的，有些是隐藏的，还有一些是通过计算得出的。

为对象创建属性的第一步是非常仔细地查看要定义的对象。这甚至可以在你拥有机制之前完成，并可以让你明白想要什么机制。你需要考虑对象的所有方面，这些方面可能因实例的不同而不同。

让我们看一个为对象创建属性的例子——本例是图 9.1 所示的非常普遍的“人”。

图 9.1　一个普遍的人类角色

最初的头脑风暴

制定属性列表的第一步是快速写下想到的内容。人的哪些属性会在不同的人中发生变化？以下是一些你可能脱口而出的非常明显的属性：

- 身高
- 体重

- 腰围
- 臂展
- 鞋码
- 头围
- 血压
- 心率
- 年龄
- 体脂率
- 力量
- 敏捷
- 速度
- 智力
- 财富
- 舞蹈水平

蓝天头脑风暴

列出了非常明显的属性之后——这些属性会很快浮现在你的脑海里——你就进入了属性头脑风暴的“蓝天”阶段。在这个阶段，你应该对所有能想到的选项都持开放的态度，即使是那些看上去蠢得不行的内容。在这个阶段，可以添加以下属性到列表中：

- 魔法能量
- 人格魅力
- 幽默感
- 臭味
- 笨拙度
- 运气

在创建属性的这个阶段，你需要想出尽可能多的属性。数量比质量更重要。过一会儿，你就可以剔除那些不想要或不合适你的游戏的属性。随着定义对象的过程不断进行，人们往往会越来越保守和聚焦。因此，很关键的一点在于充分利用这个早期的蓝天阶段，尽可能提出有创造性和开放的新点子。在属性开发阶段，你可以使用第 8 章“想出点子”中介绍的技术。

研究属性

一旦你拥有了一个包含基本属性和更多创造性属性的大列表，便可以进入下一个创造阶段，即研究。我强烈建议你在创意阶段之后再进行这一阶段的研究，因为研究将在你的头脑中形成一个框架，即基于其他人的观察，这些对象“应该是”什么样子。对自己正在考虑的对象而言，虽然立足于现实、对其事先有一个可行的全面了解是件好事，但预期往往会扼杀创造力。所以你应该只有在耗尽了自己内在的创造力之后再去做研究。

对于一个普通的人类对象，你可能会想研究两件事情：基于现实世界来定义人的属性，以及其他开发者在现有游戏中定义人的属性。

研究现实世界人的属性

互联网是这类研究的宝贵资源。例如，在研究人这个对象时，你可能会查看提供个人统计信息的网站，如锻炼和饮食网站、医疗参考网站、教育网站和人口统计研究网站。在这一点上，你不必关心从这些来源获得的结果，相反，你关心的是他们在研究什么属性。此外，你可能不需要像医学教科书中那样详细的属性，因此，可以对它们进行简化。

研究现实生活中人的属性时，可能会得出以下结果：

- 血氧水平
- 卧推重量
- 肱二头肌卷曲力量
- 深蹲重量
- 胰岛功能
- 肾功能
- 胃内 pH 值
- 大脑神经元
- 听力
- 百米冲刺时间
- 马拉松耗时
- 投掷棒球速度
- 踢球的距离
- 眼镜度数

这个列表可能会非常庞大。作为游戏系统设计师，你可以选择想要简化到什么程度以及想囊括多少内容。一个好的经验法则是，在这个列表中包含至少两倍于你认为你可能需要的东西。在决定列表的最终版时，这将为你提供大量的候选内容。

研究以前游戏中人的属性

接下来，可以研究以前的游戏，看看它们使用什么属性来定义一个人，当你发现任何你还没有列在清单上的东西时，把它们写下来。为了进行这项研究，应该从类似题材的游戏开始，其中包括与你所创造的对象相同或相似的对象。这一步之所以放在头脑风暴过程后，是因为这一步最有可能将你的创作焦点缩小。抄袭别人的东西是很容易的，而且很容易就止步于此。将这个过程放在最后，可以确保你在深入研究他人的做法之前，已经想出了新的、有创意的点子。

在研究游戏中人的属性时，你可能会列出一个普通人的以下属性：

- 体质
- 智慧
- 跳跃能力
- 深奥的知识
- 洞察力
- 威吓能力
- 精神
- 近战
- 远程精准度
- 领导力
- 移动速度
- 负重

引用至你自己的属性库

列出属性后的最后一步是将它们引用至你自己的“属性库”。当你在这方面是新手时，还没有这样一个库，但这个库会迅速变大。每个游戏系统设计师，无论是正式的还是非正式的，都会有一个属性库，他们在创建新对象时会参考这个属性库。这是设计师在许多游戏中对不同对象多次使用的属性列表。让哪些属性进入你的个人库没有特定的标准，因此，很可能大多数属性都不适用于你当前试图定义的新对象。然而，可能的确会有一些属性能用得上，那么引用属性库的确可以成为一个保底方法，以确保你没有忘记任何一个可能有用的属性。

请注意

属性库类似于点子自助餐，甚至可以包含在同一个文档中。然而，属性库只包含属性，而不是一般的点子。

定义一个属性

请注意，到目前为止本章的所有属性列表中，每个属性都是一个单词或非常简短的语句。这是你想出新点子时所需要的，因为在头脑风暴阶段试图定义每个属性会拖慢进程并扼杀创造力。然而，为了使属性变得有用，你必须进一步定义它们。

那么如何定义属性呢？例如，什么是力量？这似乎是一个非常简单的问题，通过观察不同的人，你往往可以猜出一个人是否比另一个人更有力量。然而，在游戏机制和属性设计领域必须做到精确。为了制作一款游戏，还必须抽象出这个概念，因为现实世界的属性很可能过于复杂，无法体现在一个单一数值上。

截至撰写本书时，由 Kirill Sarychev[1]创造的世界卧推纪录是 738.5 磅。显然，Sarychev 非常有力量。世界下蹲纪录是由 Jonas Rantanen[2]创造的，达 1268 磅。显然，Rantanen 也非常有力量。但哪一个更有力量呢？Sarychev 的下蹲重量不及 Rantanen，但 Rantanen 的卧推重量不及 Sarychev。所以没有一个简单的属性可以衡量力量。在游戏中，你需要准确定义力量到底意味着什么。

为了让游戏中“力量”属性的定义更为丰满，你需要厘清游戏中用到了哪些属性。让我们假设在你的游戏中，角色正在掷棒（见图 9.2）。掷棒者需要强壮的双腿，但更依赖于上半身的力量。定义力量属性时，你需要明确它与游戏的关系。在这个例子中，可以这样定义力量：

---

1 全名 Kirill Igorevich Sarychev，俄罗斯举重运动员。——译者注

2 芬兰举重运动员，世界深蹲纪录保持者。——译者注

玩家能够成功掷出的棒的最大重量。

这个定义相当简短，因为游戏非常简单，机制上的范围有限。对于包含更多交互的更复杂的游戏，你需要进一步定义属性及它如何与游戏机制进行交互。然而，在这个简单的游戏中，你希望属性的定义尽可能简单。

现在可以使用力量的定义来决定两个角色中哪个是最强的。例如，如果想用这个力量的定义来比较 Sarychev 和 Rantanen，你会认为虽然他们都很强壮，但上身更强壮的那个是 Sarychev，掷棒能掷得更远。考虑到这一点，你可能会给 Rantanen 在游戏中的力量评分为 99（满分 100），但会给 Sarychev 满分 100 分，因为他在这种游戏机制中是最强的。如果游戏改变为专注于用腿推重物，这些选手的属性得分可能会发生逆转。

图 9.2 掷棒

定义属性时考虑的事项

通过头脑风暴和研究，你可能会发现数十个甚至数百个可以分配给数据对象的属性。在列出属性的早期过程中，你会希望提出尽可能多的属性。当可能性列表逐渐充实后，就应该开始更有选择性地挑出将真正放入游戏中的属性。

- **每个属性都应该有用途**。每个选择的属性都应该在游戏中发挥作用。在第 7 章“把生活提炼进系统”中，我曾说过游戏是生活的抽象。属性也是对生活的抽象和简化。因此，对于正在制作的具体游戏来说，很多列给对象的属性其实都是不必要的。

  检查属性的一个简单测试方法是，考虑一个特定属性在你的游戏里被用来做什么。例如，如果你正在制作一款赛车游戏，可以为后备厢的容量分配一个属性，但这真的会被用到吗？极有可能用不上，所以它在游戏里是不必要的，也不应该囊括在游戏内。这是应用于所有游戏对象属性的第一个也是最重要的测试。对属性的预期使用方法也应该在属性的描述中正式列出来。

- **属性应该与机制紧密相关**。每个属性都应该有相关的机制。举个例子来说吧，如果有一个带有力量属性的角色，你便需要将这个属性与使用它的机制联系起来，可能是战斗、负重、耐力或抗伤害性。当你将可能的属性列表缩小到最终列表时，最好将每个提出的属性与游戏中用到了该属性的机制联系起来。事实上，可以通过思考需要哪些属性来驱动机制而创造出更多属性。

给属性分组

一旦完成了对属性的列出和定义，你可能会注意到许多定义和属性都是多余的，你的游戏对它们并非全盘需要。下一步并非是删除不需要的属性，而是对它们进行分组。通过这种方式，你可以更清楚地认清抽象属性的实际含义。

对于一款非常简单的动作游戏，你可能只想引入很少的属性，从而让玩家更容易理解。假设你决定只使用以下属性：

- 力量
- 敏捷
- 生命值
- 速度

现在，可以浏览之前的所有研究，并决定将哪些属性分组。你的清单可能是这样的：

- 力量

    - 卧推重量
    - 肱二头肌卷曲力量
    - 深蹲重量
    - 投掷棒球速度
    - 踢球的距离
    - 近战
    - 负重
- 敏捷
    - 听力
    - 眼镜度数
    - 跳跃能力
    - 远程精准度
- 生命值
    - 血压
    - 心率
    - 血氧水平
    - 胰岛功能
    - 肾功能
    - 胃内 pH 值
- 速度
    - 百米冲刺时间
    - 马拉松耗时
    - 移动速度
- 未使用的
    - 身高
    - 体重
    - 腰围
    - 臂展
    - 鞋码
    - 头围
    - 年龄

- 体脂率
- 智力
- 财富
- 魔法能量
- 人格魅力
- 幽默感
- 臭味
- 笨拙度
- 运气
- 大脑神经元
- 体质
- 智慧
- 深奥的知识
- 洞察力
- 威吓能力
- 精神
- 领导力

请注意，“未使用的”组下面列出的属性并非糟糕的属性，只是不适合当前的需求。最好将它们放在属性库中，以便以后在其他游戏中使用。

在最后的列表中还需要注意的是，属性“近战”（即执行近身战斗的能力）被列在力量类别中，而属性“跳跃能力”（即跳跃、翻转和移动的能力）则属于敏捷类别。在现实世界中，这两个属性实际上是密切相关的。许多近战动作需要类似杂技的能力，而且许多杂技动作与你在近身战斗中看到的动作非常相似。那么，为什么被分成两个不同的类型呢？在创建和组织对象属性时，经常会遇到这样的冲突。现实世界非常复杂，甚至简单的活动也可以以多种方式进行分类。作为一名游戏系统设计师，你经常需要对属性进行分类。在制作游戏时，你是在创造自己的规则小宇宙，而你就是这个宇宙的主宰者。如果试图非常精确地分配组织属性，你会走上一条对游戏毫无实际意义的死胡同。作为一名系统设计师，你必须决定如何将生活元素抽象到游戏中。

进一步要做的事

在完成本章之后，你应该花些时间在现实世界中实践这里介绍的概念。尝试以下练习来进一步探索为游戏创造属性的过程：

- 分析同类型游戏，如角色扮演游戏（RPG）或第一人称射击游戏（FPS）的属性。列出每个角色和物品的每个属性。哪些属性出现得最频繁？对那些只出现过一次的独特属性，你认为设计师为何觉得游戏需要它们？
- 进行头脑风暴练习，为一些游戏对象创建属性。可以是任何对象，这里有几个例子：一头牛、一根棍子、一艘宇宙飞船、一根香蕉。
- 用上一步练习中获得的属性填充你自己的属性库。编写每个属性的简短定义，以及游戏中不同机制如何运用这些属性。把这个库保存起来，以方便你随时可以访问，并在有了新点子的时候也能访问。

第10章

在电子表格中组织数据

在为游戏对象创建属性时，需要组织并最终分析它们。而做这些事的最佳场所是在电子表格中。一款非常小的桌游可能不需要用电子表格，但只要是稍微复杂一点的游戏，就可以从使用电子表格组织和分析数据中获益。在创建和使用新工作簿时遵循一些最佳实践，可以让你创建游戏数据的过程少很多痛苦。本章将讨论其中几个最佳实践。

创建一个供他人阅读的电子表格

新手设计师在创建新的电子表格工作簿时，所犯的最大错误之一就是“不管不顾一头栽入其中”，在不考虑他人（甚至是未来的自己）将如何阅读的情况下，在电子表格中制作大量角色、武器、交通工具或其他对象的列表。花点时间规划你想用电子表格做的内容，并决定具体的使用方法，可以帮你在未来节省很多时间，否则将会面临“整理已经成为一地鸡毛的大量数据”的情况。

在制作工作簿时，要知道你是否在正轨上，方法之一是从局外人的角度来考虑它。如果你为团队引入了新成员，他们将如何查看工作簿及其包含的数据？他们能理解当中的数据吗？他们能理解属性编号的意思吗？花点时间组织你的数据，可以减少别人在浏览电子表格时产生的困惑。当有人首次看到你的电子表格时，你不应该让他们看到一个没有标签的名称和编号列表，或者更糟糕的是，包含不同类型对象的多张表被拼凑在一个电子表格之上。

避免输入数字

如果可能，尽量在电子表格中使用引用，避免直接输入数字。例如，假设在当前游戏中有个重力设定。每当用到与角色跳跃、投掷物轨迹或车辆移动相关的任何动量时，它们都会受到重力设定的影响。即使重力变量是一个很简单的个位数，很容易记住，你也不应该在所有列出的计算式中都直接输入这个数字。取而代之的是，将变量放在某个被标记的单元格中，例如放在参考表中（参见本章后面相关内容）。然后，凡是需要该变量的地方，都通过名称引用该变量。这样做可以保证：如果与变量相关的数字发生变化，所有使用它的地方都将自动更新。此外，不要自我欺骗式地认为这个数字永远不会改变。在测试和迭代的过程中，游戏中的任何数字都可能因为某些原因而发生改变。准备好改变总比需要改变却没有准备好改变，要好得多。

另外，要避免心算——即使是很简单的计算。例如，假设有一个力量为2的哥布林。另外还有一个兽人，他的力量应该是哥布林的 2 倍。你可能会有强烈的冲动想要直接输入 4 作为兽人的力量属性，但请不要这样做！相反地，你可以花几秒钟写一个哥布林力量属性的引用，以及一个将哥布林力量乘以 2 的公式。如果可能的话，还可以进一步创建一个包含值为 2 的“兽人对哥布林的力量乘法器”单元格。然后你可以将乘法器数值单元格的内容乘以哥布林的力量，得到兽人的力量。花额外的时间使用引用最终将使修改数据的过程大大加快，也更不容易出错。

你对数据的首次传递不太可能是最后一次。游戏系统设计师应该预料到会修改和迭代数据 5 次以上，而且修改迭代超过十几次也是很常见的。如果必须返回数据中查找每一个受最新更新影响的变量，你将会面对一连串数字，这些数字可能已经过时、分化，或者已经被破坏了。因此，使用上述引用和标记变量的额外步骤将会有一些初始时间投入，但会在后面的修改和迭代过程中节省大量时间。

标记数据

图 10.1 展示了调试问题时可能会遇到的困境。可以看到，这个公式是有问题的，但究竟是什么问题呢？这个公式想要做什么？它用于数据的哪一部分?这个公式实际能发挥作用吗？

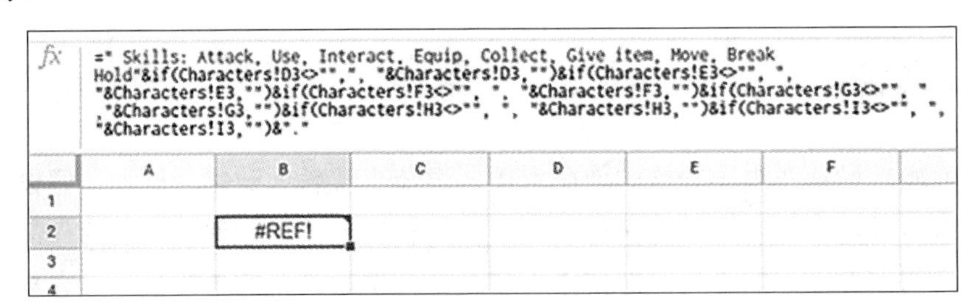

图 10.1　一个连写嵌套函数

这个公式有不少问题。首先，保存这个问题公式的单元格 B2 没有标记。标记可以写在 A2 或 C2 中，或者附带一个注释，甚至专门写一个评论。标记可以提供所需的上下文，有助于理解为什么返回了一个“#REF!”错误——或者至少能阐明该单元格本打算做的事情。

第二，同一个单元格里做的事情太多了。这个公式中的任何一部分都可能是罪魁祸首，但很难同时调试所有部分。电子表格只能告诉你公式或函数整体是否正确；它不能让你知道各单独部分的正误情况。要调试这样一个巨大的连写公式，你需要大量的试错，或者将其拆解成多个部分，分开测试。通过将公式拆解为多个部分并对它们标记，你可以更容易地调试各个单元格的问题。之后还可以从电子表格中获得更好的反馈，有助于确定问题所在。

> **请注意**
>
> 记住，如果有需要的话，你可以始终选择隐藏中间列或行，只显示最终的计算。

验证数据

尽你所能地验证数据。例如，如果有一列当中全是角色名，那么可以确保“单元格只允许输入文本”。而如果有一列当中全是力量属性，则可以确保“单元格只允许输入数字”。在理想情况下，你应该更进一步，确保力量列只接受强度属性取值范围内的数字。如果你为角色装备上有名字的武器，则可以用由武器名称构建的列表来验证该单元格。人们非常容易拼错单词，或者以看上去正确的方式稍微改变措辞，但这会让日后的数据分析不好做。验证电子表格中的数据可以帮你避开此类错误所导致的问题。

如果你是独立制作游戏的所有数据，验证是有必要的；而如果与团队一起制作游戏数据，那么验证就更加重要了。非常关键的一点是，所有输入数据的人都得清楚任何特定单元格中的期望值是什么，而且这些单元格中只能输入技术上可接受的数据。纵然这不能完全消除拼写错误和无效数据输入，但它有助于减少整个数据表需要重做的次数，或单个输入错误的属性导致游戏崩溃的次数。

属性用列，对象用行

图 10.2 显示了一组奇幻风怪物的属性列表。注意，列 A 放的是怪物列表，它们都是数据对象。从 B 开始的每一列都列出了一个单独的属性（为了便于组织，本表中进行了缩写处理）。

虽然也可以完全将数据对象放在列中，将属性放在行中，但不建议这样做。原因在于这是单纯的传统写法。早在 20 世纪 80 年代，游戏设计师便开始使用电子表格去追踪数据对象。目的是最终在纸上打印出这些数据表。那时候的大多数游戏都是数据对象更多，而不是单个数据对象所拥有的属性更多。让每个数据对象都有自己的行、可以向下延展至多个纵向页面，而让属性受页面宽度限制，这样来组织工作表是更合理的。从那时起，将数据对象放在行中，将属性放在列中就成了一种常见的做法，尽管现代计算机完全能够以任何一种方式工作。此外，当游戏引擎将数据对象导入到游戏中时，它们亦使用了现有约定，并将此传统作为“正确的方法”加以巩固。这意味着，虽然没有技术上绝对正确的方法来布局电子表格，但将数据对象放在行中，将属性放在列中，是现行阶段一个绝对不会错的实践。

	A	B	C	D	E	F	G	H
1	Character Type	PLR	STR	DEX	HP	AV	D	MV
14	Lizardman	y	3	7	7	2	4	7
15	Ogre	y	8	3	17	5	1	3
16	Ork	y	6	4	10	5	1	5
17	Rat Men	y	2	8	8	2	8	8
18	Wood Elf	y	3	8	8	1	6	6
19	Hellhound	n	5	4	12	3	3	6
20	Werewolf	n	7	5	7	1	1	5
21	Blob	n	7	3	20	7	2	2
22	Giant Ant	n	6	5	10	6	2	6
23	Warg	a	7	4	8	3	3	6
24	Clay Golem	m	7	5	12	6	3	4
25	Swamp Man	m	5	5	25	2	2	4
26	Mummy	u	10	4	20	6	2	2

图 10.2 游戏数据

颜色编码

电子表格没有官方的颜色编码方法或游戏行业标准。因为颜色编码并不能导出至游戏引擎中，所以它的作用只是帮你组织和可视化数据。也由于没有官方标准，你必须弄一套属于自己的颜色编码规则。

表格颜色编码最重要的因素是它的标记性和一致性。图 10.3 展示了颜色编码方案的一个示例，但请记住，这只是一个示例而已。很多颜色编码方案都是有效的。只要你在构建工作簿的早期阶段建立了一个颜色编码方案并坚持下去，就可以一直奏效。

	A	B
1		
2	White on Black	Headers
3	Tan	Input data here
4	Green	Formula, DO NOT input data
5	Blue	Sub-label
6	Black on White	Static Text
7		

图 10.3 颜色编码方案示例

图 10.3 展示了一种颜色编码方案，只用少数几种颜色便提供了大多数游戏所需的细节等级。来仔细看看：

- **黑底白字用于标题：**标题通常在第一行，是属性或类别的主要标签。黑底白字的视觉效果非常明显，而且用黑白打印机上打出来的效果也很好。
- **棕黄色用于输入数据：**数据输入单元格往往会为了调优而做更改。这些单元格中的数据总是数字或文本，不会是公式或函数。
- **绿色用于公式：**在此方案中，绿色单元格包含引用工作簿中其他位置数据的公式或函数，或者可以进行独立计算，例如 NOW()。在这些单元格中键入数据将会破坏计算功能。
- **蓝色用于子标签：**子标签用于小类别。列 A 中各数据对象的名称通常用蓝色编码，以帮助阅读者将名称与其他数据区分开来。
- **白底黑字用于静态文本：**静态数据经常会被引入，以供其他地方引用。不应为了调优或任何其他目的而更改它。例如，如果你需要世界各地的山脉高度列表，就可以引入静态数据。它不应是棕黄色，因为你不能改变它；也不应是绿色，因为它不是公式。

图 10.4 展示了此颜色编码方案的使用情况。在这个例子中，颜色编码使得阅读者一眼就能大致知道表中所发生的事情：

- 第 1 行被格式化为标题。头一个标题是角色类型，其余的则是管理游戏中所有角色的属性。
- 列 A 中的角色名用颜色编码为子标签。
- 接下来是一组可以为了平衡数据而做改动的属性，全都涂上棕黄色。
- 为了得到加权平衡，需要对每个角色进行大量的解析计算。由于这些公式是由属性驱动的，因此给它们涂上绿色。
- 最后，从另一个数据源复制“战利品卡”（Loot Cards）列。虽然它不是一个公式，但不应该被更改，因此被编码为静态文本。

1	Character Type	STR	DEX	HP	AV	D(	MV	LVL	XP	Loot Cards	DPT	APT	TTK	DPT VAL	TTK VAL	MV VAL	Total VAL
2	ROUS	3	3	3	1	5	3	0	1	0	0.90	0.5	0.32	1.80	0.39	1.35	21.27
3	Goblin	3	4	5	1	3	5	0	1	1	1.20	0.3	0.52	2.40	0.64	2.25	21.77
4	Zombie	4	2	6	0	0	2	0	1	1	0.80	0	0.60	1.60	0.75	0.90	24.50
5	Dark Wolf	4	4	7	2	3	6	0	2	0	1.60	0.6	0.74	3.20	0.93	2.70	40.99
6	Snapping Turtle	6	4	10	10	2	1	1	2	1	2.40	2	1.25	4.80	1.56	0.45	45.88
7	Barbarian	7	3	13	2	4	5	1	3	1	2.10	0.8	1.41	4.20	1.77	2.25	51.30
8	Dwarf	6	4	13	3	2	4	1	3	1	2.40	0.6	1.38	4.80	1.73	1.80	53.97
9	Gnoll	3	7	8	4	6	6	1	3	1	2.10	2.4	1.05	4.20	1.32	2.70	54.29
10	Halfing	3	7	6	1	8	5	1	3	1	2.10	0.8	0.65	4.20	0.82	2.25	53.59

图 10.4　颜色编码示例

避免添加不需要的列、行或空白单元格

另一个最佳实践是避免添加空白列、行或单元格以从视觉上划分表中的信息。在图 10.5 的例子中，设计师想要表现出玩家可操控怪物和 NPC 怪物之间有区别。为了进行区分，设计师添加了一个空白行并将其涂成黑色。出于以下几个原因，应该尽量避免这样做。

1	Character Type	STR	DEX	HP	AV	D(	MV	LVL	XP
14	Lizardman	3	7	7	2	4	7	1	3
15	Ogre	8	3	17	5	1	3	1	3
16	Ork	6	4	10	5	1	5	1	3
17	Rat Men	2	8	8	2	8	8	1	3
18	Wood Elf	3	8	8	1	6	6	1	3
19									
20	Hellhound	5	4	12	3	3	6	2	3
21	Werewolf	7	5	7	1	1	5	2	3
22	Blob	7	3	20	7	2	2	2	3
23	Giant Ant	6	5	10	6	2	5	2	3

图 10.5　不需要空行分离

本例中空行的第一个问题是：它破坏了电子表格的计算流。即使是空白的，这些单元格也会被电子表格识别。如果试图在这个电子表格中格式填充一列（如第 5 章“电子表格基础”所述），空行将使得操作停止。如果想过滤电子表格中的一列，那么这些行将被过滤掉，使得它们变得毫无意义。空行还会影响视觉计数。如果有 20 个数据对象，最后一个对象应该在头部的 20 行之后。而有了一堆空格之后，最后一个对象所在的行号将变得很随意。最后，空行不能转换为数据。如果这张表被导出到游戏中，这些空白对引擎来说毫无意义，甚至可能导致出错。

为了区分可操控怪物和 NPC 怪物，你应该单独另起一列使用另一个属性，如图 10.6 所示。

	A	B	C	D	E	F	G	H	I	J
1	Character Type	PLR	STR	DEX	HP	AV	D(	MV	LVL	XP
14	Lizardman	y	3	7	7	2	4	7	1	3
15	Ogre	y	8	3	17	5	1	3	1	3
16	Ork	y	6	4	10	5	1	5	1	3
17	Rat Men	y	2	8	8	2	8	8	1	3
18	Wood Elf	y	3	8	8	1	6	6	1	3
19	Hellhound	n	5	4	12	3	3	6	2	3
20	Werewolf	n	7	5	7	1	1	5	2	3
21	Blob	n	7	3	20	7	2	2	2	3
22	Giant Ant	n	6	5	10	6	2	5	2	3

图 10.6　为角色类型添加一列属性

现在，不仅人可以看到角色类型之间的差异，计算机也能区分可操控怪物和 NPC 怪物了。这个设计将让你能基于 PLR 属性进行过滤，也让你可以导出 PLR 属性，以便游戏引擎能够使用它。在图 10.6 中，可以看到标记为 PLR 的列被编码成白色。这意味着此列中的数据是静态的，不应出于调优目的而更改。

用表格分隔数据对象

人们倾向于将游戏的所有数据对象整合到一个巨大的表格中，这样可以同时看到和访问所有的数据。纵然这在技术上是可行的，但这样做将让使用数据变得更加困难。取而代之的是，我们应该按类型分隔数据对象。具有不同属性的数据对象应该放在不同的表中。一些不同的数据对象可能会共享一些属性（“道具消耗成本”是一个典型例子），但如果它们具有明显不同的属性集，则应该将数据对象类型分离到不同的表中。例如，武器和盔甲数据对象很可能在两个单独的表中。

你可以使用多种具体类型的表来分隔数据对象，接下来将详细讲述。

引用表

在大多数游戏中，相同的变量会在很多不同的计算过程中被反复使用。在游戏数据工作簿中存储这些变量的最佳方法，是将它们全部放入一个引用表中。引用表是一个计划在多个表中多次使用的输入库。还可以使用引用表来存储单个工作表所需的变量，以免让工作表变得混乱。

引用表可以包含如下变量：

- 属性权重
- 最小和最大属性值
- 转换数字，例如“一米转换成游戏引擎的单位长度是多少”
- 用于难度调整的整体伤害乘法器
- 每一关的最大和最小角色数

图 10.7 展示了一张引用表，它提供了注释，可帮助用户理解一些首字母缩略词的含义。该引用表包含各种乘法器、权重比值和其他全局使用的数字——以及对应的描述。

	A	B	C	D	E	F	G	H
1								
2	DPT Weight	2.00						
3	TTK Weight	1.25						
4	MV Weight	0.45	Move value weight for calculating character total value					
5	Total Val Weight	6	gets the numbers closer to 100pt scale					
6	Ave DPT	10	Average Damage per turn for doing total character value calculations. 2.4 was original value					
7	LVL Mult	10	Affects how spread out level advancement is					
8	LvL variance	40	normalizing level weights so the difference between levels is larger					

图 10.7　引用表

引用表在不同场合下的形式也是不同的。创建它的一个最好的方法，是在为游戏数据创建新工作簿时就创建一张空白的引用表。在制作游戏的过程中，你可能会注意到有时会重复输入相同的引用数字。当发现这种情况时，你就可以将这个数字从手动键入的内容转换为一个命名变量，并将其存储在引用表中。

介绍表

如果一个工作簿将由多人共享，或者虽然只有你自己使用，但你预计它后面会变得很复杂，那么可能得用上一张介绍表。介绍表是工作簿的最开始，上面标有“说明”或“开始”或“帮助”。在这张表上，你可以介绍颜色编码，解释每张表的用途，以及记录使用时所需的任何说明。

图 10.8 是来自《怒火橄榄球》（*Blood Bowl*）中用来创建和追踪团队工作簿的介绍表。

Worksheets:	Description and usage:
Roster	The main page of the workbook. It's the roster for your team and is set up to print all needed information for a game. You will need to make a copy of this workbook to make changes and create your own roster.
Log	Keep track of your games played. The results are also updated on the Roster sheet
Ledger	When you make purchases for your team, use the ledger to track what you are purchasing.
Inducements	If you are playing against a team with a higher rating, go to this page to get inducements (which help you)
Skill Descriptions	Skill descriptions from LRB5. The "improvement" column indicates if a player on your team has that skill, including star players or mercenaries. You can filter by this column and print all skills that are relevant to your team to have as reference during a game.
Passing	Chart that shows passing range
Color Code	Reference for how to color code your team positions so everyone knows who is who.
Hidden Sheets	Don't change anything on any of these sheets as it is imported from a source document and any changes will break this entire workbook.
Notes on usage	General note: Don't type in any cell that is not light tan, like this one. Many cells contain formulas that will break if you type in them. The tan indicates a field that it is expected you will fill out.
	Note 2: Many cells have a drop down arrow next to them. Use this! Lots of formulas are based on the exact text entered and all the values in the drop down are accurate. If you type in invalid values, many formulas will break!!!

图 10.8　介绍表

此介绍表提供了工作簿的整体使用说明，以及对各个选项卡的注释。它是专为新手创建的工作簿帮助表，因此它比专业团队使用的工作簿帮助表更全面。

请注意

图 10.8 中的介绍表提供了关于“新用户应该更改哪些内容”以及“应该保留哪些内容”的明确指示。破坏电子表格是相对很容易的，因此给到新用户明确的指示是非常重要的。

输出/可视化表

一旦创建了大量的数据对象，你几乎一定希望使用函数和公式来分析数据，或者使用图表来可视化数据。一般来说，在单独的表上创建图表要比在和数据本身同一张表的不同行或列上创建更好。

图 10.9 所示的例子相当复杂，当中使用角色属性和战斗规则计算了《怒火橄榄球》的战斗结果概率。此图表说明了数据分析图表可以变得多么庞大和烦琐。将这类表格与游戏数据放在同一张表中会让两个方面的内容都更难以使用，也更容易被破坏。第 15 章“分析游戏数据”提供了关于如何处理这种分析的更多信息。就目前而言，最重要的是将数据与分析分离。

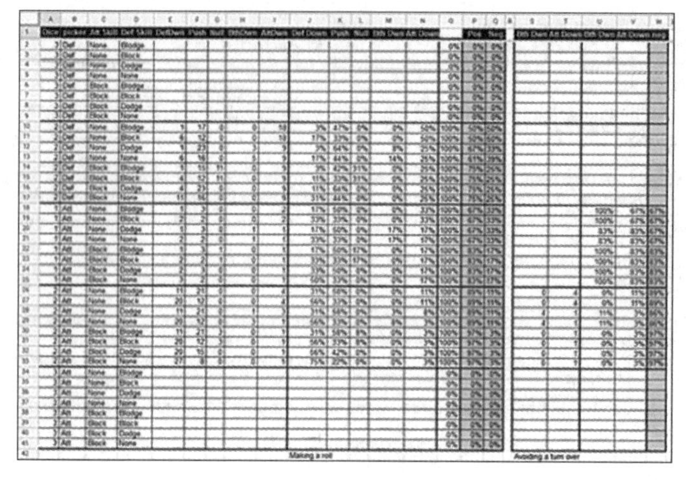

图 10.9 复杂分析

草稿表

通常情况下，在布局数据对象或操作电子表格时，你往往需要非常频繁地进行快速的一次性计算。为了让工作簿整洁有序，最好把所有乱七八糟的东西都放在一个地方。你可以在远离其他表的最右边创建一个草稿表。删除或覆盖草稿表上的任何内容都是可以的。如果你发现自己经常使用草稿表中的计算，那么应该将它“转正”到引用表中，或者创建一个新的表，作为该信息的永久容器。

电子表格示例

如果你遵循本章描述的最佳实践，创建一个新的工作簿时，要确保它从一开始就包含几个表：帮助、引用、数据、分析和草稿表。图 10.10 展示了一个示例。从一个坚实的结构框架开始，你可以以更清晰、更有条理的方式构建从想法到现实的数据流。

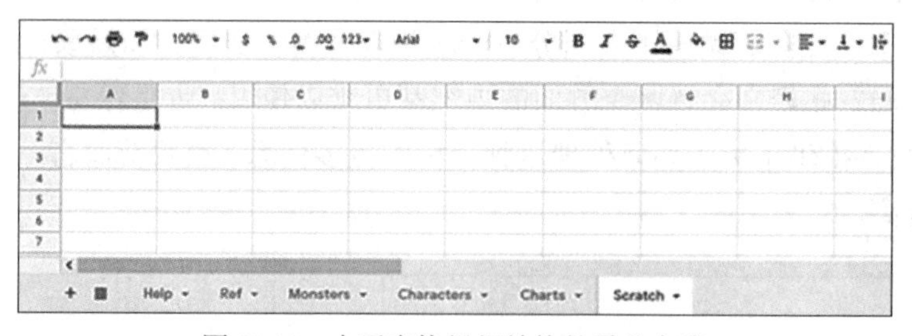

图 10.10 电子表格组织结构的最佳实践

进一步要做的事

在读完本章之后，你应该花一些时间在现实世界中使用这里介绍过的概念进行练习。可以通过尝试以下练习来进一步探索数据组织：

- 对于许多现代游戏，你可以在网上获取到大量数据。花点时间查找你最喜欢的游戏的数据，看看它们是如何组织的。游戏系统设计师使用了哪些属性？对象是按什么顺序列出的？如何区分其数据对象类型？回顾其他游戏中的做法，能让你更好地理解自己该如何做到这一切。
- 为自己创建一个电子表格模板。创建一个颜色编码系统，并记录在介绍表中。一旦创建了该模板且确保了其工作良好，就可以使用它创建新的工作簿，并确保从一开始就正确地进行了格式化。

第 11 章

属性数值

到目前为止，本书已经带你创建了对象及其属性。同时也创建了一个电子表格来组织所有的数据。将你的游戏理念变成现实的下一步，便是开始为所有这些属性添加数值。

了解属性

在尝试为属性分配数值之前，你应该先对“想从这些属性中获得什么”有一个概念。举个例子来说吧，如果你正在创作一款赛车游戏，并想为三种不同的车辆创造速度和加速度属性，可以从描述速度和加速度的感觉开始：

- 跑车：良好的加速度和最高速度。
- 肌肉车：最高速度最快，但加速度低于跑车。
- 摩托车：加速度最快但最高速度最低。

虽然你目前还没有为这些属性分配数值，但现在已经有了一个向导，可以帮助你确定适合你想要的感觉的数值。

确定数值的粒度

确定游戏对象的属性后，接下来需要为属性分配数值。因为创造属性和数值的对象是游戏，所以从技术角度来说你可以使用任何你想要的数值。而你用的数值的粒度会对玩家如何看待游戏产生巨大的影响。接下来的内容将帮助你确定数值的粒度。

数值应该与概率有关

数值应该对游戏产生可见的影响。一个随机事件可能产生的结果越大，对应的数值必然越大。例如，如果一个角色有 10 点 HP，那么这个角色是受到 11 点伤害还是 5000 点伤害并不重要，反正都是一击毙命。假设一个角色通过掷 1D6（一个六面骰子）来确定受到的伤害，而你总是希望这个角色至少能挨过三次攻击。在这种情况下，最小生命值将是 111。

以双陆棋为例（如果你需要熟悉一下它，可以搜索“官方双陆棋规则”）。在双陆棋中，棋子一次最多可以走 24 步。因为将最大值设为 24 可以让掷骰子的最大结果也有用处，不会被浪费。另外，24 还刚好是一个棋盘上的空间数（见图 11.1）。所需移动空间的数量与掷骰子的潜在结果之间，有一个相互交织的关系。如果想扩展棋盘，你可能需要更大的潜在掷骰子结果数来让游戏能向前推进。相反，如果要缩小棋盘，你就应该减少可能的移动步数。

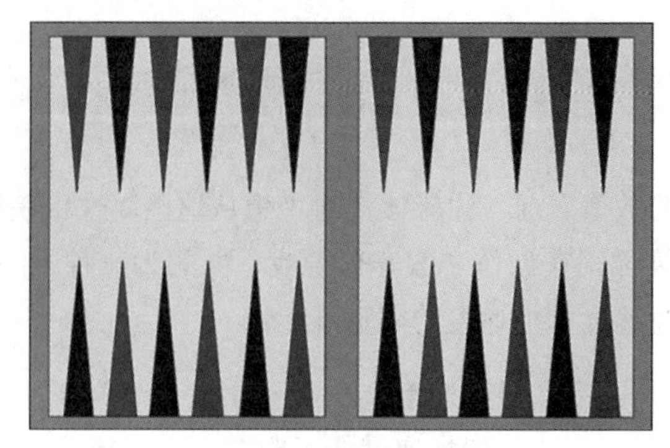

图 11.1 双陆棋的棋盘

有些数值需要与真实世界的测量相关联

有些数值，例如身高、体重和速度，是真实世界的类比。这些数值的尺度已经事先为你决定好了。即使用三位数的数值比用更小的数值更适合你的游戏，你也不能让游戏中的每个人动不动就得用数百英尺（或米）的量级来测量。玩家对这些领域已经具有相关知识，会期望游戏能够与现实世界保持一致。所以，如果在你的游戏中越高越好，那么就需要调整你的尺度量级。有几种方法可以做到这一点：

- 使用较小的测量单位，这样可以得到较大的数值。
- 调整你的数值尺度，以适应一个固定的属性。
- 将现实世界的尺度转换为游戏尺度。

例如，你可以列出一个篮球运动员的属性，如下：

例 1

力量：150

身高：6（英尺）

速度：220

灵活性：180

这看起来就很奇怪，因为身高属性是一位数，而其他属性是三位数。除了看着怪，这样做还会催生对分数或小数的使用需求。下面是篮球运动员属性的另一个例子：

例 2

力量：150

身高：182（厘米）

速度：220

灵活性：180

这个尺度要好得多。所有的属性数值都是三位数，并且在相似的范围内。

下面再举一个篮球运动员属性的例子：

例 3

力量：50

身高：72（英寸）

速度：73

灵活性：60

这个尺度也比第一个好。改为更细粒度的英寸测量，并将所有属性转换为两位数，可以让它们排列得很和谐。

现在考虑篮球运动员的最后一个属性示例：

例 4

力量：150

身高：165（游戏单位）

速度：220

灵活性：180

这个尺度也可以用，因为你已经抛弃了现实并创建了自己的尺度标准，使得属性都是相似范围内的三位数。创建自己的单位可能会让玩家感到困惑，因为玩家最初并不知道“165 游戏单位的身高”是什么概念，但你可以通过美术克服这一困难。

更小的数值更容易计算

玩家需要清晰的数值来进行计算和重复计算。如果你要求玩家在游戏中做到心算，那么就需要限制数值的复杂度。此外，如果你要求玩家进行大量计算或高频次重复计算，就需要进一步限制这些计算的复杂度。玩家最容易处理简单的数值——也就是小整数。

在那些非常古老的游戏中，属性数值都非常小。玩家所拥有的棋子数量、骰子的面，以及游戏的总分都不会超过两位数。通常是个位数的。老游戏使用小整数，让玩家更容易记忆和心算。玩家被要求计算的频率越高，计算就越简单，所涉及的数值就越小。

我们再次以双陆棋为例。玩家需要能在头脑中计算骰子点数和结果，而复杂的乘法或加法系统将导致不必要的混乱。在双陆棋的每个回合中，玩家投掷 2D6（同时投掷 2 个六面骰子）来决定棋子在该回合中的步数。如果玩家掷到对子了，则会双倍移动（例如，掷到一对 6 能让玩家总共移动 24 步）。每回合玩家都会独立投掷骰子，或将两个六面骰子相加，一回合在几秒钟内就会完成。幸运的是，将两个六面骰子的结果相加是一种非常简单的计算，并且不会减缓游戏的节奏。此外，得出的结果也都是较小的数值。且结果也与游戏的物理空间相关联。棋盘只有 24 个空间，所以任何超过 24 个空间的移动都是无用的。

现在我们来思考一下游戏《黑桃》（Spades）中的得分。《黑桃》有一个相当复杂的得分系统，玩家在游戏开始时猜测自己的得分，然后在游戏结束时将最终结果与最初的猜测进行比较。接下来，玩家用一个得分系统来解释其结果，并计算出最终得分。这个计算过程有点复杂，玩家通常会用纸或计算器来进行——但在一局游戏中只做一次。数值结果也比双陆棋的大得多，分数往往是数百甚至超过 1000。由于这种计算在一局游戏中只发生一次，它相当于一个事件，甚至可以在计算过程中产生一些紧张感。但如果每回合都这样做，它就会彻底阻碍游戏的推进。

早期甚至许多现代桌游和纸笔 RPG 仍然沿用个位数或较小两位数的属性值。例如，《龙与地下城》第五版的角色可能从以下属性分数开始：

力量 10 敏捷 13 体质 14 智力 19 魅力 14

请注意，所有这些数值都在较小两位数范围内。此外，虽然这是一款现代且相当复杂的游戏，但它也受到与双陆棋相同的限制，即玩家需要在脑中计算。在双陆棋中，玩家每隔几秒计算一次，而在 RPG 中，他们每隔几分钟计算一次。

从这些例子中可以看出，计算的频率越低，它们就可能越复杂，所涉及的数值也可能越大。在为属性分配数值时，你应该考虑的是：你希望玩家在脑中进行多少计算。计算越多，属性的数量级应该越小。计算越频繁，计算和数值就必须越小越简单。

使用更大的数值可以获得更多粒度

如果小数值更容易让玩家理解，为什么不一律用个位数数值呢？小数值不允许太多的粒度或变化。假设你正在给五种奇幻风角色分配力量。下面列出了这五种角色，以及你想通过各角色的强壮属性传达出的感受：

- **人类**：平均。
- **食人魔**：比其他角色都强壮。
- **兽人**：比人类强壮，但明显比食人魔弱。
- **哥布林**：到目前为止最弱，但还没有弱到可以被忽略的程度。
- **矮人**：比人类强壮，但明显比兽人弱。

如果想将这些数值限制在 10 及以下，以下是将这些感觉转化为数值的方法：

- **人类**：平均的感觉会让你选择中间点，也就是 5。
- **食人魔**：鉴于最强壮的感觉，给它分配 10。注意尺度上不再有能容纳更强壮角色的空间，例如龙或巨人。虽然这在你的游戏范围内是可行的，但它确实也限制了你扩展游戏的能力。
- **兽人**：可以将兽人的强壮值设定为 7，因为兽人比食人魔弱得多，但并不比人类强壮多少。
- **哥布林**：哥布林是最弱的角色，所以将它的数值分配为 2，但 2 可能有点弱过头了。
- **矮人**：你现在难办了。如果你为矮人分配数值为 6，那么这个角色确实比人类更强壮，但同时也并不明显比兽人弱。

如你所见，即使只有 5 个角色和少量标准，你也开始没有足够空间将你对角色强壮的感受转换成数值了。当添加更多角色和更多标准时，游戏的尺度将变得更加拥挤，角色也将变得过于相似。要解决这个问题，就很容易将所有值都设置得更大，以便处理更细的粒度。

过大的数值会令人困惑

鉴于上面讨论了有关较小数值的问题，在计算机游戏中走另一个极端似乎是个好主意。如果要使用四位数或五位数，你将有足够的空间来创造各种各样的变化性，同时不会挤爆你的范围。此外，考虑到所有的计算都由计算机来完成，你不需要担心玩家还像在桌游中需要做的那样，在大数值上做大量数学运算。但计算并不局限于玩家为推动游戏进程所必须做的事情：它们还与玩家对游戏中所发生事情的理解程度有关。通常来说，我们人类天生就不擅长用大脑计算大数值。例如，试着在你的头脑中计算以下每种场景的最终生命值：

- 5 点生命值，受到 2 点伤害。
- 100 点生命值，承受 27 点伤害。
- 34863298 点生命值，承受 456321 点伤害。

很明显，数值越小，计算就越容易。

所以，你需要为你的游戏找到适当的粒度。一般来说，你会希望使用的数值刚好足够容纳所有所需的变化，但不要超过绝对必要的数量级。

人类讨厌小数和分数，但计算机并不介意

除教育类数学游戏外，很少有游戏会向玩家展示小数或分数。这并非说它们不是有效的数值，只是人们不喜欢看到或计算（这种更糟糕）它们。游戏通常只向玩家呈现整数。

然而，在幕后，计算机计算小数是没有任何问题的。这意味着你可以随意使用任意数量的小数来进行计算机运算，只要之后能以一种不会让玩家感到困惑的方式呈现（四舍五入）整数数值就行了。

分配数值示例

图 11.2 提供了一个示例，当中每一列表示一对值：一个用于属性 A，一个用于属性 B。每一对数值 A 与 B 的比率都是相同的：94%。由于比例相同，对于计算机来说，它们的计算方式完全相同。然而，玩家可以很容易地理解其中的一些数值，而另一些则很难理解。如果玩家会看到具体的数字，你应该只使用两位数（如果可能的话）或者三位数。

属性 A	1.230769231	16	160	4592
属性 B	1.307692308	17	170	4879
比率	94%	94%	94%	94%

图 11.2　数值粒度示例

紧张度技巧

系统设计师可以使用这样一个技巧：通过操纵一些有关联的数字，在游戏中产生广泛的紧张度变化。紧张度的基本规律如下：

- 使用不容易计算的数字会给玩家营造出不和谐。
- 不和谐会产生紧张、恐惧和其他加剧的负面情绪。
- 如果使用得当，这些情绪可以增强体验。
- 使用容易计算的数字会给玩家营造平静氛围。
- 使用易于计算的数字以给玩家一种冷静、轻松的体验，使用难以计算的数字来激发更加强烈的情绪。

例如，假设玩家角色（Player Character，PC）拥有 20HP，敌人角色应该在 4 次攻击中杀死玩家角色。你可以以紧张度最低的方式来分配数值：

> 敌人每次攻击造成 5 点伤害，所以 PC 在受到 3 次攻击后还剩 5HP，受 4 次攻击后 HP 归零。

还可以以紧张度最高的方式来分配：

> 敌人每次攻击造成 6 点伤害，所以 PC 在受到 3 次攻击后还剩 2HP，受 4 次攻击后 HP 归零。

在这两种情况下，PC 在受到 3 次攻击后均仍然存活，而在受到第 4 次攻击时便会死亡，所以从功能角度来说上它们是一样的。但对于玩家来说，它们造成的感觉却截然不同。这是为什么？

让我们以图像的形式来看看，然后再做进一步分解。假设 PC 已经遭受了 3 次攻击。图 11.3 显示了此时 PC 的 HP 条的两种情况。

图 11.3　低紧张度以及高紧张度 HP 条

在两种情况下，PC 都会在下一次攻击中被杀死，但哪一个看起来更可怕？玩家清楚，血条上的红色更多通常意味着情况更糟。事实上，在这两个血条中，下面的血条向玩家发出了更多红色信号，意味着更多危险，尽管从数值角度来看两种情况下的危险程度是完全一样的。

让我们看另一个例子。比如，在一款农场游戏中，玩家以 1 平方米为单位种植一块 20 平方米的土地，所以总共有 20 个种植空间。玩家拥有以下资源：

5 份玉米

10 份大豆

5 份小麦

10 份大米

在这个例子中，玩家很容易计算待种植的作物的划分情况。所有的数值都很容易掌握，可以很容易地放到 20 之中，这个数值同时也是总的平方米数。

年轻或缺乏经验的玩家应该也能快速想出在这种情况下该怎么做，而不会有什么压力。

为了在同样的农场游戏中增加紧张感，你可以将单位改成更难掌握的东西，也可以将数量改成更难计算的数值。这一次，假设玩家有 2.5 英亩的土地可以种植，种植单位为 100 平方码。仅这一点就让那些不熟悉将平方码换算成英亩的人的计算变得更加困难。在这种前提下，玩家拥有 121 份东西待种植，如下：

37 份玉米

63 份大豆

58 份小麦

29 份大米

在这个修改后的例子中，玩家很难在脑海中计算种植情况。这种困难会引起一种压力和紧张感。在动作游戏中，这可以提高玩家的体验，但在农场游戏中，这可能会给本应放松的行为带来压力。

用数值在游戏中引发紧张感并没有统一的对错答案，但基于你希望玩家在特定时刻获得的感觉不同，是存在情境对错的。

寻找正确的数值

一旦决定了将要使用的数值的粒度，接下来就可以开始插入实际的数值了。如果你已经描述了你想要的数值的感觉，并确定了想要使用的数值尺度和比例，那么就可以立即开始粗略的传递过程。

在进行第一次数据传递时，请记住，它们几乎肯定不是你的最终数据。这是完全可以接受的，也在意料之中。在测试游戏之前，我们不可能知道确切的数值会对游戏产生什么影响。不要认为这是失败。相反你要意识到，从第一次传递开始你的压力就减小了很多。而如果你清楚第一次测试时的数值极有可能是错的，也就不会有形如“上天保佑让我一次就猜对”的压力。而能轻松并愉快地随便输入一些数值。为各对象运用目标数值量级和粗略比例，然后将数值插入。

让我们回到本章开头的赛车游戏例子。假设你想要创作一款非常简单且面向新用户的游戏，所以你想坚持使用一位数的数值。下面列出了之前提出的速度和加速度情况：

- **跑车：**良好的加速度和最高速度。
- **肌肉车：**最高速度最快，但加速度低于跑车。
- **摩托车：**加速度最快但最高速度最低。

根据这个情况以及你希望使用一位数的事实，可以分配表 11.1 中所示的数值。这些数值正确吗？几乎可以肯定：它们不正确。但这只是一个开始。

表 11.1　基础数据表

车　辆	加 速 度	最高速度
跑车	8	8
肌肉车	6	10
摩托车	10	6

在测试数值时，跑到合理的预期数值之外是一个不错的方法。要找到范围的限度，必须在测试期间超过这些范围。你应该尝试着创造一些形如“加速度极高”或“最高速度极低”的情况。例如，可以使用表 11.2 所示的数值进行试验。

表 11.2 试验数据表

车　　辆	加 速 度	最高速度
跑车	8	8
肌肉车	1	15
摩托车	200	10

这些数值无疑是错误的——但同样，这既可以接受也在意料之中。此时此刻，你并非在尝试得到正确的数值。相反地，你正在尝试理解你的游戏和引擎。引擎能承受 200 的加速度吗？这个数值会导致游戏崩溃吗？碰撞还好使吗？通过测试不合理的数值，你可以更好地理解游戏和引擎，这将使你更有可能发现一些有趣、令人兴奋的新结果。

一个好消息是，对于游戏数据，你在测试中所做的一切都是可以挽回的。可以利用游戏制作的这一特征来进行狂野而不失有趣的测试。一旦以有趣的方式打破了游戏，并更好地理解了运作机制，此时你就该专注于真正想要的平衡了。

接下来就是测试、测试、测试，然后再次调整、测试——以及更多的调整和测试。在第一轮测试中，目标是让数值模拟你在原始列表中所写的内容：即想从数值中得到什么感觉。摩托车加速够劲吗？是否觉得跑车加速度较慢，但最终可以达到最高速度？最终你会在数值上找到正确的平衡。

进一步要做的事

在完成本章之后，你应该花一些时间在现实世界中使用这里介绍的概念进行练习。可以通过尝试以下练习来进一步探索游戏数据中的数值：

- 在网上寻找你最喜欢的游戏的数据——最好涉及多种游戏类型——然后分析这些游戏中使用的尺度。注意每款游戏所使用的数值类型，以及游戏之间的在数值方面的比较。
- 将前面的练习更进一步，通过按比例更改各游戏的值来重做数值。试着将数据翻倍，或乘以 10，或乘以 0.1。描述一下，改变数据数值的比例时，游戏的感觉会发生怎样的变化。

第 12 章

系统设计基础

确定了想要量化的属性和想要使用的数值量级之后，就该为创建大量数据对象考虑更多因素了。在接下来的步骤中，你将了解不同质量的属性获取不同数值的方法，以及如何正确命名所创建的数据对象。

在为各属性都分配了数值之后，最好将它们全部相加，以便可以在不同的数据对象之间比较。通过获取总值的方式，你可以了解到各数据对象之间的平衡状况。

属性权重

本节将展示如何为第 11 章“属性数值”中的赛车示例找到属性权重。表 12.1 展示了如何根据各车的属性计算总值。

表 12.1 添加各车属性

车辆	加速度	最高速度	总值
跑车	8	8	16
肌肉车	6	10	16
摩托车	10	6	16

现在，你需要在游戏中测试这些数值。对于本例，你会让这三辆车进行多次比赛，并找出哪辆车最常获胜以及以多大的优势获胜。假设在这次测试中，肌肉车以显著优势赢得了每一场比赛。现在你似乎陷入了僵局：如果每次都是同一辆车获胜，那么数据显然不平衡。但降低肌肉车的任何一个属性值，都会导致其总值低于其他两辆车，因此你将无法在电子表格中比较它们。

这种情况在游戏数据中经常发生。事实上，在被平衡后的游戏对象之中，属性相加值相同的情况相当罕见。很多时候，某项属性在游戏环境中会比其他属性更重要。在我们的赛车例子中，更重要的属性似乎是最高速度。

如果在汽车上再添加一项属性，我们会对“原始属性值可以被带偏得多严重”能有更好的认识。表 12.2 展示了一项附加属性——喇叭声，以及另外一辆汽车。

表 12.2 一辆额外的车和一项额外属性

车辆	加速度	最高速度	喇叭声	总值
跑车	8	8	4	20
肌肉车	6	10	4	20
摩托车	10	6	4	20
旧车	1	1	30	32

如果单看原始总值，似乎毫无疑问，这辆旧车才是最好的车。然而，当将这些属性与它们在游戏中的作用联系起来时，你会看到截然不同的景象。这是一款赛车游戏，所以喇叭声有多大对游戏来说并不重要，即使它是你可以控制的属性。问题在于，该属性值让各车的总值变得毫无意义。

这个问题的解决方案是运用属性权重。属性权重是应用于各属性的倍数，用来对某些比其他属性更重要的属性进行补偿。在设置初始数据时，使用 1.0 是一个很好的中性起点。它表明所有属性都同样重要，并可以让你更快完成数据输入过程。开始测试后，你可能会发现属性的价值彼此并不一样，需要使用权重来修改它们。在赛车的例子中，测试表明最高速度比加速度更重要，而喇叭的响度则不是很重要。你可以使用这些观察结果来训练你的第一次权重，它可能看起来像这样：

- 加速度：1.0（中性。不是很重要，但也不是不重要。）
- 最高速度：1.5（这样最高速度的重要性变成了加速度的 150%）。
- 喇叭声：0.0（这基本上将喇叭声从总价值方程中移除了，因为它并非游戏的重要因素）。

现在可以重新计算各辆车的加权总值，如表 12.3 所示。

表 12.3　加权属性

车　辆	加 速 度	最高速度	喇 叭 声	加 速 度	最高速度	喇 叭 声	总　值
权重	1.0	1.5	0.0	加权	加权	加权	
跑车	8	8	4	8	12	0	20
肌肉车	6	10	4	6	15	0	21
摩托车	10	6	4	10	9	0	19
旧车	1	1	30	1	1.5	0	1.5

应用新权重之后，总值看起来更像你在实际游戏中看到的测试结果。肌肉车总是赢，因为它在游戏中有更好的实际总值。权重的目标应该是尽可能真实地代表游戏中各属性能带来的效果。

下一步是回到数据并对其进行调整，使每辆车都具有相同的加权总值，同时保留其自身的独特特征。有了这样的目标，你可以调整其他车辆的属性（如表 12.4 所示），让它们感觉彼此不同，达到你游戏感觉的预期目标，并将平衡属性权重加以运用。

表 12.4　修改后的属性

车　辆	加 速 度	最高速度	喇 叭 声	加 速 度	最高速度	喇 叭 声	总　值
权重	1.0	1.5	0.0	加权	加权	加权	
跑车	8	8	4	8	12	0	20
肌肉车	5	10	4	5	15	0	20

续表

车　辆	加 速 度	最高速度	喇 叭 声	加 速 度	最高速度	喇 叭 声	总　值
摩托车	11	6	4	11	9	0	20
旧车	1	1	30	1	1.5	0	1.5

有了这些新数字，你似乎已经达成了所有目标——但要证明这一点只有一种方法。在完成加权平衡之后，你需要回头测试游戏的感觉。如果游戏更平衡了，你可以进行一些特定的测试，看看各车赢了多少次以及以多大优势赢。有了这些信息，你对游戏是否更平衡也就更自信了，而且也能够轻松在电子表格中添加新对象，并在真正将它们放到游戏中之前快速地让它们的数值平衡。

我们需要考虑的另一个因素是，旧车仍然严重失衡。这种类型的不平衡并不总是坏事，也不总是需要解决的问题。这可能是游戏中的一辆恶搞性质的车，也可能是对经常破坏汽车的玩家的惩罚——会让玩家几乎必跑倒数第一。它甚至可以是一辆高级玩家可能会选择的用来挑战的车，即使用这辆在游戏中最烂的车，他们仍然可以获胜。这些只是导致数据对象严重失衡的一些合理原因。同样重要的是，你要知道它们失衡了，以及失衡了多少。

重要的是要注意，调整权重可能需要一些违反直觉的想法。在表 12.4 中，你可以看到最高速度的权重是 1.5，加速度的权重是 1.0，这意味着在这个游戏中最高速度比加速度更重要。这也意味着最高速度的原始数据总体上可能比加速度的原始数据要小。

让我们考虑一个更极端的例子。假设你正在制作一款射箭游戏，其中每个弓箭手都拥有力量和精度属性。由于射偏了不会造成伤害，所以决定将精度的价值设为力量的两倍。在这种情况下，属性将获得以下权重：

- 精度：2.0
- 力量：1.0

这意味着两个弓箭手若价值相同，大多数情况下力量的原始数值将高于精度。只有将权重应用到原始数值上后，你才能看清哪个弓箭手更好。例如，请看表 12.5。

表 12.5　弓箭手属性

弓 箭 手	力　量	精　度
弓箭手1	10	10
弓箭手2	20	5

乍一看，如果你不知道权重，属性总和更高的弓箭手 2 似乎更优秀。但把权重应用上去之后，你会发现两个弓箭手实际上是平衡的（见表 12.6）。

表 12.6 加权弓箭手属性

弓箭手	力　量	精　度	力　量	精　度	总　值
权重	1.0	2.0	加权	加权	
弓箭手1	10	10	10	20	30
弓箭手2	20	5	20	10	30

在寻找合适的权重时要有耐心。这可能需要数十次乃至更多的测试——在多种不同的情况下，与多个测试人员一起，来确定应用于属性的最终正确权重。虽然这个过程应该在数据对象制作的早期就开始，但它很可能会在整个制作过程中一直持续，直到最后。

DPS 和交织属性

通常情况下，单个属性只能体现游戏内交互情况的一部分。最常见的例子便是每秒伤害（Damage Per Second，DPS），即一系列角色同时拥有伤害属性和攻速属性，每一项属性都有自己的尺度，有最小值和最大值。然而，只看这对组合的其中一方，即只看伤害或攻速，并不能准确地解释角色有多强大。

例如，假设你有两把武器——一把匕首和一把战斧——它们的伤害值如表 12.7 所示。

表 12.7 武器伤害值

武　器	伤害值
匕首	6
战斧	14

哪一种武器能造成更多伤害？在没有其他上下文环境的情况下，答案显然是战斧。但我们更深入看一下。表 12.8 展示了每种武器在一分钟内的攻击次数。

表 12.8 每分钟武器伤害值

武　器	伤害值	每分钟攻击次数
匕首	6	17
战斧	14	7

现在你觉得哪种武器能造成更多伤害？虽然单次命中的伤害值没有改变，但伤害输

出的总累积已经发生了相当大的变化。与其看每种武器的伤害值，不如考虑每种武器在一分钟内的伤害值。当你同时考虑伤害值和造成伤害的频率时，可以更清楚地知道在游戏实际环境中哪种武器造成的伤害更大。由于电子游戏的战斗速度很快——通常以秒为单位，而不是以分钟为单位——我们通常将这个值表示为每秒伤害（DPS）。

但如何确定两种不能在一秒内攻击的武器的 DPS 呢？要做到这一点，你需要采取中间步骤，使用两种武器都可以造成多次伤害的尺度进行计算。对于本例，我们可以使用分钟，但其实任何时间段都可以，只要能令这两个数据对象都足以进行多次攻击。为了得到这个值，需要将每次攻击的伤害值乘以频率：

武器伤害值×每分钟攻击次数=每分钟伤害值

表 12.9 展示了匕首和战斧示例的结果。

表 12.9　每分钟伤害值计算

武　　器	伤 害 值	每分钟攻击次数	每分钟伤害值
匕首	6	17	102
战斧	14	7	98

你现在可以清楚看到，随着时间的推移，匕首造成的伤害要更多一些。为了将每分钟伤害转换为 DPS，可以使用以下公式将每分钟的伤害值除以 60：

（武器伤害值×每分钟攻击次数=每分钟伤害值）/60

表 12.10 展示了匕首和战斧示例的结果。

表 12.10　DPS 值

武　　器	伤 害 值	每分钟攻击次数	DPS值
匕首	6	17	1.7
战斧	14	7	1.6

通过这样的计算，你现在可以更有意义地比较两种武器了。在表 12.10 中，可以看到随着时间的推移，匕首的伤害会比战斧的略高。请注意，最终的 DPS 值有小数部分，因此它可能只会用于内部计算。如果想要将其呈现给玩家，最好将其转成每分钟伤害，或以条形图形式呈现出来。

与每单位时间内攻击次数相比，如果以延迟为单位来测量频率，计算就会稍微复杂一些。还是用匕首和战斧来举例，可能在攻击间隙有一个冷却延迟。要将冷却时间转换为单位时间度量，你可以用 60 秒除以冷却时间来确定冷却时间在一分钟内可以触发多少次。例如，3 秒冷却时间是（60/3 =20）每分钟 20 次攻击。

虽然 DPS 是游戏中最常见的交织属性集，但它并不是唯一的。好消息是，为了便于比较，任何给定交织属性集都可以用和 DPS 相同的方式处理。让我们再看一个例子，乍一看似乎很不一样。假设咱们的游戏是关于可以搬运托盘的叉车的。在这个游戏中，移动托盘越快越有利，所以你想要一个可以携带大量托盘的叉车。而等式的另一部分，是叉车一分钟可以走几趟，趟数越多越好。表 12.11 总结了两种叉车的性能。

表 12.11　叉车

叉　　车	托盘容量	单趟所需时间（以秒为单位）
迅捷	5	20
大布鲁图	9	30

就游戏机制而言，哪种叉车更好？要比较两者，首先需要计算每分钟各自可以跑多少趟：

迅捷：60/20 = 3

大布鲁图：60/30 = 2

这是每分钟趟数的值。接下来，需要将托盘容量乘以每分钟的趟数，以获得每分钟能运送的托盘总值。最终的比较结果如表 12.12 所示。

表 12.12　比较属性

叉　　车	托盘容量	单趟所需时间（以秒为单位）	每分钟托盘数
迅捷	5	20	15
大布鲁图	9	30	18

这种情况下，从长远来看大布鲁图要更好一些。

在使用交织属性时，通常使用最终的 DPS 得分来评估数据对象总体比较中的权重，而不是单个属性。

二分查找

二分查找是一种数学查找方法，它让人们可以用最少的猜测次数找到一个确切的未知数字。这对身为游戏系统设计师的你来说为何重要？因为你将会频繁试图为数据对象获取正确的数值。使用二分查找，你可以更快地锁定所需的数值，从而在创建大量数据时节省宝贵时间。

二分查找的工作原理

二分查找的工作方式有点不直观，但一旦理解了原理，使用起来就变得简单而快速。要执行二分查找，你只需要少量信息：

- 可行数字的范围：对于严格的二分查找，你需要知道最大和最小的可能正确的数字。对此有一些变通方法，如本章后面讨论那样，但它们不符合二分查找的严格定义。
- 反馈响应：这会让你清楚你当前的数字是大了还是小了。如果不知道这一点，那你真的就是在瞎蒙。但只要能得到哪怕就这一条线索，二分查找就可以工作。

让我们来考虑一个猜大小的游戏。这个游戏开始时，有人会说："我目前正想着 1 到 100 之间的一个数字。你来猜一个数字，我会告诉你实际数字是大了还是小了。"这个游戏便是所有二分查找的基础，这个问题有一个"正确"答案：在这里所举的例子中为 50。为什么选它为正确答案？这就是这种方法有点不直观的地方。猜测的目的实际上并非找到正确答案。第一次猜，猜中的概率是 1%，如果将其作为一种猜中答案的方法，那么这种方法的正确率也太低了。相反，我们的目标是消除尽可能多的错误答案。为了弄清楚为什么会有正确答案，让我们看看同一个猜数字游戏的两个场景：

- 场景 1：你正在尝试猜一个正确的数字，所以猜了一个最喜欢的数字（也可能是随机选的）：88。对这个猜测的反馈响应是"大了"。由此，可以推断出 88~100 范围内的数字都不是正确答案。所以你已经排除了 100 个选项中的 13 个，还剩 87 个。使用随机猜测的方法，你不知道接下来会消除多少选项、会留下多少选项。游戏的目标是将选项列表减少到 1——或者尽可能少，这样你就能完全猜对。列表中剩下的选项越少，下一次猜对的概率就越高。
- 场景 2：不是猜测一个随机或任意的数字，而是将待选池除以 2，这意味着你猜的是 50。这样，如果答案是"小了"，你就排除了 50 个选项。如果答案是"大了"，那么也排除了 50 个选项。通过始终在剩余选项的中点进行猜测，你可以保证总能消除掉 50%的不正确选项。当然在这个过程中你也可能很幸运地直接猜对，这样无疑将节省更多的时间，但这并非目标。

通过使用场景 2 中描述的方法，你甚至可以用很少的猜测次数来处理大量的选项。让我们把上面的例子跑完：

范围：1~100
第 1 次猜测：50
响应：大了
新范围：1~49
第 2 次猜测：25
响应：小了
新范围：26~49（中间点是 36.5，并非整数）
第 3 次猜测：36（37 也可以）
响应：大了
新范围：26~35
第 4 次猜测：31
响应：小了
新范围：32~35（中间点是 33.5，并非整数）
第 5 次猜测：33（34 也可以)
响应：小了
新范围：34 和 35
第 6 次猜测：35（此时你可以猜其中任何一个，反正总共只有俩了）
响应：大了
第 7 次猜测：34

在这个例子里，可能性总共有 100 种，且每次猜测都很不幸地落空了，这种情况下猜测 7 次能找到正确答案。这是使用二分查找在这个范围内可能的最大猜测次数。平均而言，使用这种方法比在范围内随意猜测数字要快得多，可以节省 90%以上的猜测时间。在一款游戏中如果尽可能多地使用二分查找，你很可能只需要用猜出正确答案的十分之一时间，就可以查找到需要的答案。

表 12.13 显示了使用二分查找时可能的猜测范围以及该范围所需的最大猜测次数。

表 12.13 不同范围的二分查找

选　　项	最大猜测数
1	1
2	2
4	3
8	4
16	5
32	6
64	7
128	8
256	9
512	10
1024	11

从表 12.13 中可以看到，让选项范围扩大一倍，只会使得所需的猜测次数增加 1 次。可供猜测的选项越多，二分搜索方法就显得越强大。

二分查找如何应用于游戏系统设计师？调优数据数值，本质上就是玩猜大小游戏，你会持续猜测给数据对象分配的各属性值是否正确。你所获得的大/小反馈来自你在测试中所感受到的变化。

二分查找示例：BOSS 战

假设你正在为游戏中的一场苦战设计一个 BOSS 角色。你知道玩家角色的生命值以及能造成的伤害值。这为你提供了一个关于 BOSS 角色难度设计的参考框架。你也知道你希望玩家在战斗中失败的频率。这又为你的猜测是过高还是过低提供了一个参考框架。这样，你可以猜测你希望 BOSS 拥有的总生命值范围，从认为过弱的最小值，到认为过强的最大值。然后应用二分查找进行猜测和测试。如果玩家打败 BOSS 的频率过高，这就等同于“猜少了”的反馈。而如果玩家的失败次数超过了你的预期，那么你就得到了“猜多了”的反馈。

二分查找示例：跳跃距离

平台跳跃游戏中最经典的机制之一，就是让玩家角色跳过一个坑到达另一边。如果玩家的每次尝试都能轻松跳过，那么坑就失去了挑战性，变成了乏味的任务；另一方面，如果玩家怎么都跳不过去，游戏就不可能通关，测试也会中断。在这种情况下，难度同时也体现了距离的取值范围。最小值是“一个像素都不能有误”，而最大值是“玩家随便跳跳就能过去，以至于看不到任何挑战性”。有了这个范围，你可以再次应用二分查找，找到让玩家在跳过坑时感到挑战而不会感到沮丧的准确跳跃距离。

缺少可用范围

对于真正的二分查找，你要有精确的最小值、精确的最大值以及精确的高/低反馈。然而，在尝试为数据找到正确的数值时，你并不总是能获得所有这些因素，但在信息较少的情况下你是仍旧可以应用二分查找原则的。如果不知道范围的最小值或最大值，你仍然可以测试过大或过小的感觉。在这种情况下可以使用“翻倍或减半”规则。

例如，假设你正在处理一些全新的游戏数据，而且还没有做任何调整，因而目前没有参考点来确定一个范围是太低还是太高。有一个弓箭手，你想让他能够从很远的地方射击目标，但是“很远”究竟是多远？你不知道如何开始，但此时有一个被称为射击动量的属性变量，它可以告诉物理引擎当发射弓箭时，应该给箭施加多少动量。此时你希望挖掘任何可能的线索，用来确定一个好的范围可能是什么样的。关卡规模有多大？敌人的目标有多远？你可能知道、也可能不知道这些问题的答案。但是为了更具有挑战性，假设你完全不知道这些信息。

为了解决这个挑战满满的问题，可以先在游戏引擎中创造一个配有一个弓箭手和一个目标的快速测试关卡。花点时间让角色走到目标，然后再远离。多少距离才让人实际感觉遥远？所有现代游戏引擎都有测量游戏距离的方法，你可以摸索出可能的距离并记录下来。在某些情况下，目标会由于太远而无法在屏幕上渲染出来，这可能就是一个过远的距离。花点额外的时间算出相关的变量因素，以找到某种可行范围。当你知道了这个范围——或者至少有一个猜测——就可以继续测试射击目标了。

在这种情况下，由于你不知道你的“射击动量”单位对游戏引擎意味着什么，所以一开始只能胡乱猜测。假设你猜的是 100，且知道弓箭手肯定离目标比较远，然后试试会发生什么。在本例中，假设你输入 100 并射击，但箭头几乎没移动。现在，你有了一些可以处理的信息，将射击动量加倍到 200，然后再次测试。这一次箭头飞得远了，但看起来还是太近。再翻倍到 400。这次箭飞出了游戏世界。恭喜！你已经找到了范围，现在可以在已知的过低值 200 和已知的过高值 400 之间使用二分查找。

以本例中的另一个可能的分支为例，你输入100。箭飞出了游戏世界，飞向远方。在这种情况下，下一次猜测将值减半至50，再试一次。这次箭仍旧飞出了游戏世界。接下来，再次将值减半至25，重复此操作。反复执行这个过程，你完全有可能发现射击动量是一个小数，实际范围可能最终是0.01到0.2。

这两个非常模糊的场景都展示了在不知道上下边界的情况下如何使用二分查找来快速锁定适当的取值范围。只要可以测试一个值是否过大或过小，就可以使用二分查找快速确定哪些数字适合属性的范围。

命名规范

即使是制作复杂度中等的游戏，你也会生成大量的游戏对象——这些对象很容易达到数百甚至数千个。任何游戏对象最基本的要求之一就是名称。如果没有标准化的规范，仅仅为对象命名数百或数千个可能就会极其乏味。更复杂的是追踪并处理你之前创建的隐藏在茫茫对象中的特定对象。更具挑战性的是找到团队中其他人制作的特定对象并与之合作。试想一下，你要从数百个编号或命名杂乱的对象中筛选出你正在处理的那一个。这不光听起来很糟糕，而且事实上也确实很糟糕。现在再想象一下，每天这样做几十次，坚持几个月甚至几年。如果没有一个良好的命名规范，这个任务会变成一场灾难，并极大地减缓游戏的开发进度。

你知道问题所在，但解决办法是什么呢？关于命名最后、也最重要的事情，是团队有一个命名规范——而且只有一个。命名游戏对象有很多种方式，很多规范也的确很好使。重要的事实在于，整个团队都需要同意所使用的命名规范。

我们来看看以数据设计师为中心的命名规范。它用于帮助数据设计师（通常是最常修改数据对象的人）快速找到他们需要的内容，并让整个对象群体组织化。为了理解这个系统，首先让我们来谈一下英语这门语言。英语在描述对象的方式方面天生模棱两可。以英语中的一个句子为例：

> 我的游戏对象是一头大的……

这是描述的开始，但还不足以让人知道这个对象是什么。再加一个修饰：

> 我的游戏对象是一头大的、快的……

这仍不足以让人知道对象是什么；它可以是数百万种不同事物中的任何一种。再加一个修饰：

我的游戏对象是一头大的、快的、蓝色的……

现在我们已经动用了三个词来描述游戏对象。尽管我们正在缩小可能性范围，但仍然不可能知道对象究竟是什么。最后一个词才把一切都说清楚了：

我的游戏对象是一头大的、快的、蓝色的独角鲸（见图 12.1）。

啊哈！描述里有四个词，我们最后终于知道了：说的是一头独角鲸。英文描述“big, fast, blue narwhal”确实可以让人想象出这个对象是什么，但在数据设计中，它并不适合作为一个名称。由于文件在计算机上会自动按字母顺序排序，并且大多数数据库默认也按字母顺序排序，那么这个名称将按第一个形容词排序，而不是按对象是什么排序。因此，像这样的英文描述并不适合作为游戏名称。

在一个非常大的游戏对象集合中，你通常应该以父类别开始名称。例如，可以从海洋哺乳动物类别开始，或者如果你在游戏中实际扮演独角鲸的话，那就从角色类别开始。为了简洁和易于阅读，通常将类别名称缩短为少量字母。例如，如果所有类别名称都是三个字母长，那么每个人都知道对象名称从第四个字符开始。在这个例子中，假设你将扮演一只独角鲸，想使用类别前缀 Cha（代表角色 Character）。

图 12.1　一头独角鲸

以下是游戏中常用的一些对象类别：

- Cha：角色，指玩家可操作的角色。
- Npc：非玩家的友好角色。
- Bad：敌人角色。
- Pow：升级道具或能使用的提升道具。
- Wep：武器。

- Amr：装甲（注意这个类别的名称是 Amr，而不是 Arm，因为 Arm 已经是一个有意义的真实单词了）。
- Vhc：车辆载具。

游戏系统设计师创建游戏对象的首要工作之一，是创建和维护对象类别的名称和定义。在理论上任何长度或约定都可行，但为了便于阅读，尽量保持名称短且易于理解。在创建命名系统时，你应该在非常具体（包含过多类别）和非常模糊（包含过多对象）之间取得平衡。

如果你的命名规范是针对一款拥有数千个对象的大型游戏，可以在类别之后加上子类别。在本例中我们假设游戏规模没那么大，因此在类别缩写后面加上一个描述游戏对象的名词。如果这个对象是一头独角鲸，那么它的名字可能是这样的：

　　ChaNarwhal

或

　　Cha_Narwhal

这两种命名方法——驼峰法和下画线法——都是有效的。驼峰法往往更短一些，但下画线法可能更容易阅读。对于小型游戏，你不需要担心游戏对象名称的长度会失控，所以可以使用下画线。驼峰法和下画线法都很好使，所以可以选择其中任何一个：重要的是坚持你所选择的规范。

请注意

为什么不在对象名称中使用空格呢？纵然很多游戏引擎可以处理名称中的空格，但确实有一些引擎对这种情况无能为力。在代码中引用游戏对象时，空格实际上会破坏许多编码语言，编译器会解释空格以指向一个新对象。因此，你应该避免在任何名称中使用空格，这是一个具有普适性的好习惯。

如果你正在制作的是一款很简单的游戏，对象名称 Cha_Narwhal 可能就足够了。例如，如果只有一头独角鲸，你就不需要再进一步折腾了。然而，假设你正在创作一款有多头独角鲸对象供选择的游戏。在这种情况下，你需要更多的信息来区分它们。在这个阶段，你得确定需要多大的粒度来描述你的数据集。在这个例子中假设有十几头独角鲸，因而需要一个非常详细的名字。在这种情况下，名称的下一部分应该是一个描述对象最重要属性的单词。重要的一点在于，它是一个描述，而不是一个值，因为属性值很可能会多次更改。你不会希望每次属性值更改时都把所有对象重命名一遍。相反，你应该以相对的方式描述对象。在这个例子中，假设你有两个关于尺寸的独角鲸类型：大的和小的。对于较大类中的对象，名称现在可能是这样的：

Cha_Narwhal_Big

现在你可以在游戏中添加下一个最重要的属性。在本例中，你可能会确定速度是下一个最重要的属性，因此将集合分为两类：快和慢。对于快组中的一个大独角鲸角色，名称现在看起来是这样的：

Cha_Narwhal_Big_Fast

请注意

你怎么知道哪些属性是最重要的呢？这完全由作为游戏系统设计师的你来决定。在许多游戏中，最重要的属性是显而易见的。例如，在赛车游戏中，速度可能是最重要的属性。然而除此之外也有很多方法都可行。重要的是做出决策，然后坚持下去。

现在这个名称已经非常接近完整描述，但在这款游戏中，角色还可以有各种颜色，所以应该添加一个最终的描述符，使得每个名称都是唯一的。对于具有上述所有特征的蓝色独角鲸来说，它的名字看起来是这样的：

Cha_Narwhal_Big_Fast_Blue

此名称很可能不会反映与此对象相关的全部属性。对于这种命名规范，你不需要把每项属性都塞进去。相反地，你需要选择足够重要的属性来区分具体的游戏对象。Cha_Narwhal_Big_Fast_Blue 是一个与最初描述“我的游戏对象是一头大的、快的、蓝色的独角鲸”完全不同的名称，但它包含了相同的信息，以一种更易于计算机和数据设计师处理的方式呈现。当你查看一组更大的对象且所有名称都使用这种命名规范时，各对象的名称顺序会变得非常明显：

Cha_Narwhal_Big_Fast_Blue
Cha_Narwhal_Big_Fast_Green
Cha_Narwhal_Big_Fast_Red

Cha_Narwhal_Big_Slow_Blue
Cha_Narwhal_Big_Slow_Green
Cha_Narwhal_Big_Slow_Red
Cha_Narwhal_Small_Fast_Blue
Cha_Narwhal_Small_Fast_Green
Cha_Narwhal_Small_Fast_Red
Cha_Narwhal_Small_Slow_Blue
Cha_Narwhal_Small_Slow_Green
Cha_Narwhal_Small_Slow_Red
Cha_Whale_Small_Fast_Red
Cha_Whale_Big_Fast_Blue
Cha_Whale_Big_Slow_Green
Cha_Whale_Small_Slow_Red

这种命名规范将所有独角鲸角色组合在一起，这样它们就与鲸（Whale）分开了。快的和慢的分开，大的和小的分开，等等。拥有这样严格的命名规范可以极大地提高查找所需信息的效率，然后传递给团队中可能需要这些信息的其他人。

请注意

虽然我们还没有讨论这个游戏中的角色实际上要做什么，但名字已经提供了相当大一部分线索。另外，这些名字给了你足够的信息，让你可以开始思考这款目前还停留在理论阶段的游戏是如何玩的。你可以猜到这可能不是一款赛车游戏，因为速度并不是最重要的属性；可以猜到这不是一款配色益智游戏，因为颜色是所有属性中最不重要的。光看名字，你可能会猜这是一款关于海洋生存或包含某种形式战斗的游戏。这两种情况下，尺寸都是非常重要的，速度紧随其后。

这只是形成良好命名规范的众多方法中的一例，是为自己的游戏创建正确命名规范的坚实起点。最后，最重要的事情是整个团队共享同一个命名规范，且所有成员都严格遵守它。

命名对象迭代

静态的、一次性使用的名称并不是游戏中仅存的名称类型。很多对象在修改时需要有新的名称。为了正确地组织这些名称，你需要囊括一个具体命名对象的迭代系统进去。给一个新对象贴上新版标签可能很诱人，但这样做是很有问题的。好消息是，有更好的方法可以达到预期的效果。

关于“新”的问题

当设计师重做一个对象时，很容易将新对象命名为 new（例如 New_Cha_Narwhal_Big_Fast_Blue 或 Cha_Narwhal_Big_Fast_Blue_New）。问题是，这种改动很有可能会重复发生，甚至多次重复发生。那当你重做一个名字已经被改为包含单词 new 的对象时，会怎么弄？把它命名为 New_new、new2，还是别的什么？这些选项都不够清晰明了，所以最好避免在名字中使用 new 这个词。取而代之的是，如果有需要，最好使用迭代符号系统。

请注意

许多源码控制软件包会帮你处理迭代命名。例如，Perforce 通过时间戳来跟踪具有相同名称的对象的多次迭代。

请注意

正如应该避免在命名迭代时使用 new 一样，你也应该避免形如“返工”“修改”“更新”“更改”等任何其他模糊的描述。

迭代命名方法一：版本号

很多程序不会追踪时间戳，也不保存对象或文件的旧迭代版本。如果想保留一个较旧的对象或文件，同时使用较新的版本，该怎么办？在这种情况下，迭代对象或文件的最简单方法是添加一个数字后缀，表示对象的版本。例如，如果要重做快速蓝色独角鲸角色三次，可能会得到以下游戏对象：

Cha_Narwhal_Big_Fast_Blue_01
Cha_Narwhal_Big_Fast_Blue_02
Cha_Narwhal_Big_Fast_Blue_03

通过这种方式，你可以保留旧版本作为参考，同时使用最新版本。还可以用对象的编号向团队中的任何人清楚地解释你所引用的对象的版本。如果你计划的在项目过程中修改的版本数量不多，则此方法非常有效。

迭代命名方法二：版本字母和数字

如果一个项目很大，且有问题的对象或文件可能会被重做很多次，那么你可以使用比刚才描述的版本号方法更详细的版本控制方法。在此方法中，你使用一个字母表示重大改动，使用一个数字表示次要改动。重大改动是需要对具体项目具体定义的一个主观术语，但它通常意味着一目了然的、可能存在问题的重要变更。如果你变更了一个角色的制作思路，或者从武器中删除了某项机制，或者完全重新平衡了一辆载具，这些都可以被认为是需要新的字母的大改动。小的数值调整或表面变化则使用新的数字。用这个方法，你可以得到这样的迭代列表：

Cha_Narwhal_Big_Fast_Blue_a01
Cha_Narwhal_Big_Fast_Blue_a02
Cha_Narwhal_Big_Fast_Blue_a03
Cha_Narwhal_Big_Fast_Blue_a04
Cha_Narwhal_Big_Fast_Blue_b01
Cha_Narwhal_Big_Fast_Blue_b02
Cha_Narwhal_Big_Fast_Blue_c01
Cha_Narwhal_Big_Fast_Blue_c02
Cha_Narwhal_Big_Fast_Blue_c03
Cha_Narwhal_Big_Fast_Blue_c04

在本例中，你很容易便能发现发生了重大改动的位置。这对于跟踪对对象所做的更改很有帮助，如果在重大改动中出现问题，也很有助于着手解决。你不需要对版本进行排序，而是应该回顾最近的主要版本，例如 c01，以便揪出罪魁祸首。

特殊情况术语

特殊情况术语用于测试或开发期间的临时对象或文件。下面列出了一些特殊情况术语，描述了关键字的用途。

deleteme

你可能已经猜到了特殊情况术语 deleteme 的意思。你可能经常需要制作游戏对象或文件，以便进行测试或勾画出自己的想法。你不希望这些对象永远杵在那里，这样会占据空间或引起混乱。所以用一种清楚说明它们临时特征的方式来命名，是个不错的主意。许多游戏设计师为此使用了 deleteme。例如在独角鲸游戏中，如果想要测试关于一个大型角色的想法，可以这样命名：

Cha_Narwhal_Gaint_Fast_Blue_deleteme_a01

deleteme 可以和其他许多关键字一样工作，但同时它相当于内置了完备的“使用说明”，因而也出色地做到了简短而清晰。

Deprecated

像 deleteme 一样，特殊情况术语 Deprecated 也表示它字面上的意思。然而，deleteme 表示该对象或文件是一个应该删除的临时玩意，而 Deprecated 表示该文件或对象已被新版本替换，同时你希望保留它（可能作为备份）。例如，如果你完全更新了你的独角鲸，可以取消所有其他部分的命名约定，并使用这个：

Cha_Narwhal_Deprecated

Test

可以在对象名称中使用的另一个特殊情况术语是 Test，它的作用也如字面所言。Test 的工作方式与 deleteme 类似，但它并不意味着应该被删除。当你在对象名称中看到术语 Test 时，就知道应该保留该对象，但不应该引用它来获取任何最终信息。

日期或时间

在某些情况下，你可能需要向对象添加日期，以展示具体时间的迭代情况。此时可以在名称的末尾添加日期。日期的具体程度取决于你需要多确切地知道对象的创建时间。无论选择哪种具体方案，你都应该按照降序展现日期，从年开始，到越来越小的时间单位（如月、日、小时、分钟）。这样做可以确保日期在排序时始终正确。对于创建于 2020

年 10 月 2 日的测试用独角鲸对象，可以使用下述名称：

Cha_Narwhal_Test_2020_10_02

使用握手公式

在开始创建游戏对象之后，你需要一种比较它们的方法。对于对象较少的简单游戏而言，这很容易：将对象的所有变体挨个互相比较。例如，如果你在制作一款格斗游戏，会让角色相互对打，以确保所有角色都能以公平的方式保持平衡；若正在制作一款赛车游戏，会让每一辆车与其他所有车进行比赛；若正在制作一款动作游戏，会将每种敌人的 AI 类型与其他敌人进行比较。这种“蛮力”测试和平衡方法适用于变体数量较少的小型游戏。然而，当你创建的游戏对象数量很大时，问题就出现了。在两个对象之间进行完整的测试和平衡，即使是简单的配对，也可能需要一个小时或更长时间——这还只是一轮测试。制作一款完整的游戏通常涉及数十轮测试、调整、平衡和再平衡。

了解如何处理测试、调整、平衡和再平衡，第一步是认清问题规模有多大。这里就是握手公式的用武之地。握手公式这个名称，是基于一个古老的数学谜题，像这样：“一群医生在一个房间里。打招呼时每个医生都需要和其他医生握手。对于任何给定数量的医生，需要多少次握手才能满足所有人的需要？”

你可能很好奇，这个谜题与平衡游戏对象有什么关系。如果你将谜题中的握手看作测试和平衡对象的隐喻，那这个公式对游戏设计师来说就有意义了。我们可以用更贴近游戏系统设计师的语言来诠释这个谜题：“格斗游戏中有一群角色。每个角色必须在游戏中与其他所有角色战斗，以确定谁最强”，或者“一组车需要互相竞速来决定哪一辆车是最好的，那么所有车辆要进行多少场比赛才能实现两两比试过”。虽然握手法则的结果从表面上看，似乎只是有关一些琐事或好奇心，但却是游戏系统设计师经常做的事情。

握手公式可以扩展到更大规模的例子（三方竞赛、团队战斗等），但现在我们只关注两方。你需要考虑如何使用这个公式，不是专为一个特定数字服务，而是可以应用于任何数字。

当你比较一个组中的多个对象时，需要先清楚组的大小。对目前的例子而言我们将其确定为 4。要比较当中的任意两个，需要多少种组合？获取答案的最简单的方法是将这 4 个当中的每一个都与所有 4 个相结合。这在数学上意味着该数字的平方。你还可以在电子表格中以图形方式完成此操作，如图 12.2 所示：这叫作可能性网格（Possibility Grid）。

	A	B	C	D	E
1		1	2	3	4
2	1	X	X	X	X
3	2	X	X	X	X
4	3	X	X	X	X
5	4	X	X	X	X

图 12.2　可能性网格

可以看到，如果在一行以及一列中列出所有对象，那么可以直观检查出有多少组合：这和用一个数乘以它本身是一样的，就是求平方。在这种情况下 4 的平方是 16，所以有 16 种组合。对于仅 4 个对象的比较来说，组合数似乎多了点。事实也确实如此。在简单的数字平方视图中，有一些冗余可以立即消掉。第一个是对象与其自身的比较。你不需要让两辆相同的车比赛以证明它们相同。将对象与其自身进行比较的每个点标记出来，就会发现图 12.3 所示的清晰模式。

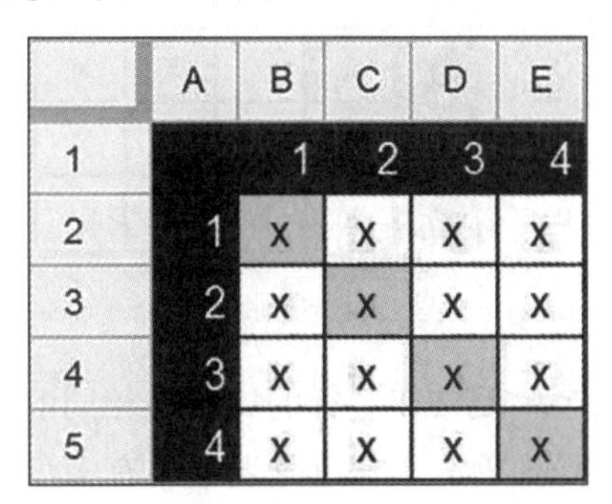

	A	B	C	D	E
1		1	2	3	4
2	1	X	X	X	X
3	2	X	X	X	X
4	3	X	X	X	X
5	4	X	X	X	X

图 12.3　不需要的组合

对象 1 在单元格 B2 中与自身进行比较，对象 2 在单元格 C3 中与自身进行比较，以此类推，一条对角线贯穿图表。在格斗游戏中，你知道角色 1 和角色 1 是等价的，不需要测试这种组合。因此可以把自己与自己比较的组合全去掉。图 12.3 所示的情况中总共有 4 种这样的组合。事实上，无论对于哪种情况，可去掉的数量是等于正在比较的对象的数量的。如果要比较 6 个物体，那就可以去掉 6 种组合；如果要比较 1000 个物体，那就可以消除 1000 种组合。考虑到这一点，你需要更新公式，以便摆脱那些不需要的组合。更新公式如下：

$$(\text{游戏对象数量})^2-(\text{游戏对象数量})=\text{有意义的比较数量}$$

或者：

$$G^2-G=\text{有意义的比较数量}$$

在这个例子中：

$4^2-4=16-4=12$，即 12 个有意义的比较

虽然这个公式消除了对象与其自身比较的冗余项，但想让比较完全有效率还差一个步骤。在格斗游戏中，如果比较了角色 1 和角色 2，是否还需要比较角色 2 和角色 1？答案明显是不需要。这个比较你已经做了，虽然顺序相反。由于顺序在比较中不重要，你可以消去任何已经按相反顺序做过比较的组合。图 12.4 在电子表格中以图形形式展示了这一点。

	A	B	C	D	E
1		1	2	3	4
2	1		X	X	X
3	2	X		X	X
4	3	X	X		X
5	4	X	X	X	

图 12.4　冗余组合

图 12.4 中高亮显示的两个单元格在进行的比较是相同的，都是关于对象 1 和对象 2，而你只需要其中一个。你需要从数学上知道图表中还有多少多余的比较。由于你正在将每个对象与其他对象进行比较，并且所有对象都在图表的两个维度中列出，因此得到的数是所需各对象比较数的两倍。当对象 1 与对象 2 进行比较时，对象 2 也将与对象 1 进行比较。这同样适用于其他组合。这意味着你可以消除一半的组合，因为它们比较的对象相同，但顺序相反。图 12.5 展示了可以消除的冗余比较。

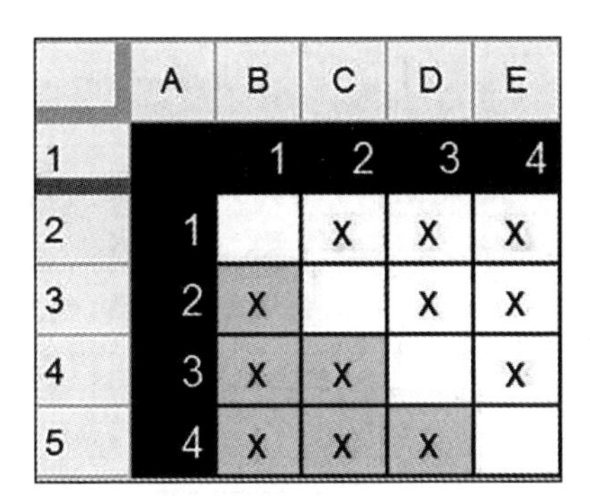

	A	B	C	D	E
1		1	2	3	4
2	1		X	X	X
3	2	X		X	X
4	3	X	X		X
5	4	X	X	X	

图 12.5　消除掉冗余

图 12.5 中所有高亮显示的单元格都是冗余的，可以将它们从需要测试和平衡的组合统计中删除。从数学上讲，这意味着你可以把所有的组合除以 2。这就得到了最终公式：

$(G^2 - G)/2$ =待测组合总数

本例即：

$(4^2 - 4)/2 = 6$

要验证公式是否有效，可以在消除所有冗余组合后计算图表中×的数量（参见图 12.6）。

	A	B	C	D	E
1		1	2	3	4
2	1		X	X	X
3	2			X	X
4	3				X
5	4				

图 12.6　剩余有效组合

如你所见，6 确实是剩余有效组合的数量。现在你已经有了所需的公式，可以向其中输入任何数字，并找出需要比较整个对象集的组合的确切数量。作为另一个示例，图 12.7 显示了 20 个对象和需要测试的组合。

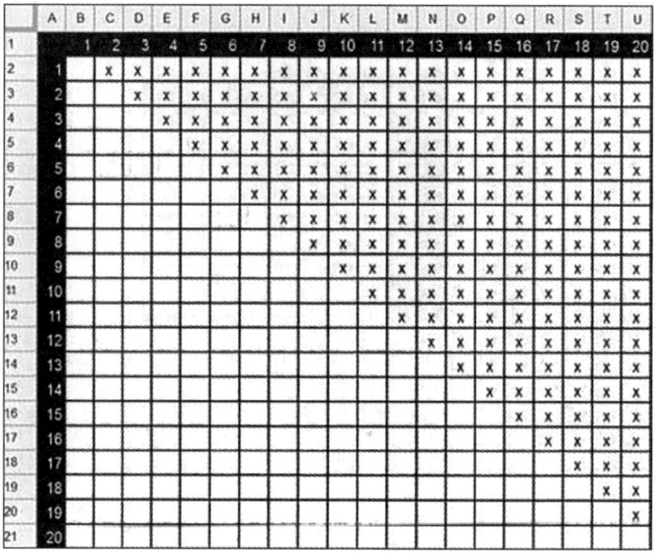

	A	B	C	D	E	F	G	H	I	J	K	L	M	N	O	P	Q	R	S	T	U
1		1	2	3	4	5	6	7	8	9	10	11	12	13	14	15	16	17	18	19	20
2	1		x	x	x	x	x	x	x	x	x	x	x	x	x	x	x	x	x	x	x
3	2			x	x	x	x	x	x	x	x	x	x	x	x	x	x	x	x	x	x
4	3				x	x	x	x	x	x	x	x	x	x	x	x	x	x	x	x	x
5	4					x	x	x	x	x	x	x	x	x	x	x	x	x	x	x	x
6	5						x	x	x	x	x	x	x	x	x	x	x	x	x	x	x
7	6							x	x	x	x	x	x	x	x	x	x	x	x	x	x
8	7								x	x	x	x	x	x	x	x	x	x	x	x	x
9	8									x	x	x	x	x	x	x	x	x	x	x	x
10	9										x	x	x	x	x	x	x	x	x	x	x
11	10											x	x	x	x	x	x	x	x	x	x
12	11												x	x	x	x	x	x	x	x	x
13	12													x	x	x	x	x	x	x	x
14	13														x	x	x	x	x	x	x
15	14															x	x	x	x	x	x
16	15																x	x	x	x	x
17	16																	x	x	x	x
18	17																		x	x	x
19	18																			x	x
20	19																				x
21	20																				

图 12.7　大规模的组合数据集

可以看到，无论对象数量多大多小，模式都是重复的。把新的数字代入公式会得到以下结果：

$$(20^2 - 20)/2 = 190$$

如果有时间，你可以计算图表中×的数量，并得到相同的答案，但这样做显然比使用组合公式花费更多的时间。还有另一种方法来做这个公式，花的时间会长一点，但它显示了一个非常有趣的模式。为了说明这一点，让我们来将数字 1 到 20 的情况分别算出来（见表 12.14）。

表 12.14　可能性组合

对 象 数	组 合 数
2	1
3	3
4	6
5	10
6	15
7	21
8	28
9	36

续表

对 象 数	组 合 数
10	45
11	55
12	66
13	78
14	91
15	105
16	120
17	136
18	153
19	171
20	190

请注意，如果将对象的数量与组合的数量相加，会得到下一个更大数量的对象的组合数量。这意味着，如果你知道对应特定数字的公式，可以通过将对象数量与组合数量相加，快速计算出下一个更大数字的结果。因此，如果想将此表扩展到 21，则需要将 20 加上 190，得上 210 个组合的结果。

当你知道正在处理的组合数量时，可以使用此信息更准确地计算出，检查和平衡这些组合所需的工作量。例如，如果你知道正确地测试和调整单个组合需要一个小时，那么就可以计算出总共需要占用多少小时。

除使用组合公式来测试和平衡之外，还有如下用法：

- 进行循环赛，其中每个玩家都要和其他所有玩家进行比赛。
- 格斗游戏中，为每对组合创作一个特殊的胜利动画。
- 赛车游戏中，在开始比赛之前，画外音播音员会为每组赛车解说一条独特的路线。
- 超级英雄游戏中，两个英雄将自己的能力组合，形成一种特殊的能力，每组英雄的组合能力均是唯一的。
- 奇幻 RPG 中，在团队合作时，每组角色职业组合都有各自独特的奖励。
- 战役类游戏中，为每对攻防组合创作一个特殊的动画。

除了使用组合公式来手动计算需要测试的组合数量，还可以使用电子表格快捷函数来计算。COMBIN 这个函数有两个参数：数据集中的对象数量和组合中的对象数量。对于本节中的所有示例，第二个参数都是 2，因为我们一次只组合两个对象。然而你也可以将两个以上的对象组合，让总组合的数量大幅增加。使用电子表格公式可以很容易地计算出这些较大数量的组合。

进一步要做的事

在完成本章之后，你应该花一些时间在现实世界中使用这里介绍的概念进行练习。可以通过尝试以下练习来进一步探索本章所覆盖的概念：

- 对于一些现实世界中的游戏对象，列出它们的属性，并尝试为这些属性分配权重。尝试对各种不同的对象进行上述步骤，并使用你在前几章中创建的对象。
- 为游戏对象创建一个命名规范，可以是你自己制作的对象，也可以是已经存在的游戏对象。花点时间弄清一个名称中需要包含多少个属性，以及它们应该以什么顺序出现。
- 使用握手公式来确定几个实际场景中的组合数量（例如，你最喜欢的即将到来的运动或你关注的游戏锦标赛）。

第 13 章

范围平衡、数据支点和层次设计

本章涵盖了三个非常重要的数据概念：范围平衡、数据支点和层次设计。

有了这些概念，你可以开始创建大量平衡的数据对象，并将它们添加到游戏中。学习了这些基本原则，你将能够避开新手数据设计师在构建自己头一批数据时会遇到的很多常见陷阱。

范围平衡

用于数据对象属性的很多数字都有着或物理或虚拟的限制。例如，每小时几英里和重量磅（或千克）往往是我们的受众所熟知的测量单位。你应该让玩家能轻松理解游戏中的属性度量，所以在显示数据对象的属性时，应该使用这些已知的度量系统，而不是用抽象的度量方法。

另一方面，使用与系统和电子表格相匹配的尺度可以帮助游戏系统设计师更快、更有效地完成工作。例如，如果你想表达一个 MMA（Mixted Martial Arts，综合格斗）战斗员的重量，可以采用以下两种方法中的任何一种：

MMA 战斗员：105~265 磅

或者：

MMA 战斗员：0~100 游戏内“单位重量”

对于玩家来说，磅比“单位重量”更容易掌握，因为玩家习惯于在现实世界模拟运动中的“重量级”。然而，用磅在重量尺度上进行计算要更加麻烦一些。中间在哪里？你不知道。什么是中高值？你也不知道。可以使用电子表格来计算这些值，但对于我们来说，将从最小到最大的尺度进行可视化，以及查看各数据对象间数值的比较，并不是十分容易的事。

如果你用的是 0 到 100 的标准单位，则可以更容易地进行计算。中间在哪里？50。中高值呢？75。中低值呢？25。你可以很快地在脑袋中找到这些值。如前所述，使用游戏单位的问题在于，它们对玩家没有任何意义。如果一个人是 25 游戏内“单位重量”，他的实际体重是多少？这对玩家来说有意义吗？

一个理想的系统应该能让你用一个标准化的范围（如 0~100）进行内部计算和比较，同时为玩家提供一个不同的、更接近真实世界模拟的范围——这两者将会很好地结合。幸运的是，这种理想的系统是存在的，它被称为范围平衡。范围平衡在两种取值方法之间搭了一座桥梁，它还有其他几个好处：

- 将数字标准化，以便更容易在电子表格中使用。
- 针对难以处理的怪异测量单位（如弧度和力）工作。

- 消除“连锁反应”平衡。
- 解耦系统设计师和数据设计师的工作。
- 在更大规模的尺度下让平衡更容易。

范围平衡的工作原理

范围平衡首先要在面向玩家的尺度中找到数据范围。这个范围可以有任意最小值和最大值，且范围可能在某个时候发生变化。首先，你所需要的只是对范围的一个有根据的猜测。例如，如果你正在制作一款赛车游戏，想要找出赛车的最高速度，则可以简单地估计最慢的赛车可能达到每小时 110 英里，最快的赛车可能达到每小时 190 英里。这个时候不要担心是否准确，因为范围平衡的好处之一是你可以在以后轻松地更改它。

在估计出最小值和最大值之后，用最大值减去最小值，就可以得到数据范围。现在可以将每个属性值都表示为该范围的百分比。让我们深入研究一下，以便更好地理解范围平衡所涉及的所有概念。

为了更好地理解数据属性范围，我们来看一个关于食人魔身高的非常简单的例子。假设你想让游戏中出现各种各样的食人魔，希望它们有不同的身高，这样看起来更有活力，也更自然。然而，对于这款游戏来说，太小的食人魔是没有意义的，同时关卡能容纳的食人魔身高也有上限。对于玩家直面的部分，你可以用一个真实的单位——英尺，作为测量单位。在与团队讨论之后，你已经估计出：足以给人“食人魔”感觉的最小的食人魔应该有 6 英尺高。6 英尺是真的小，但已经足以让其以食人魔的身份在游戏世界中存在。纵然游戏引擎和关卡在技术上可以处理更小的食人魔，但你根本不想要它们，因为任何小于 6 英尺的怪物都会让你觉得出戏、不合适。所以你选择的食人魔最小身高是 6 英尺。

而在另一方面，你需要时刻意识到一些技术限制。例如，关卡设计师将门洞的最低高度设置为 8 英尺。你希望食人魔能够在没有任何特殊蹲伏动画的情况下通过门，所以这可以指导你的最大高度。这也适用于你对大型食人魔的想象，所以没有必要在制作中增加进一步的复杂性。最后，如果你着眼于现有的假设层级结构，会发现在这款构思中的具体游戏里，关卡几何结构的优先级是要高于次级怪物 AI 的。这就决定了：如果食人魔的身高可能会与关卡的几何结构相冲突，你就应该限制食人魔，而不是要求改变几何结构。

一旦确定食人魔的最小和最大身高分别为 6 英尺和 8 英尺，你就可以用最大值减去最小值来得到食人魔的总身高范围——在本例中是 2 英尺。所以你清楚游戏中的所有食人魔都会落在这个 2 英尺的范围内。可以在图 13.1 中看到这一点。

图 13.1 可接受数值范围

下一步是将这个范围转换为标准化的、更容易在幕后处理的数字。最常用的范围是 0%到 100%，你可以默认使用这个范围，除非有其他很好的理由不这样做（参见图 13.2）。

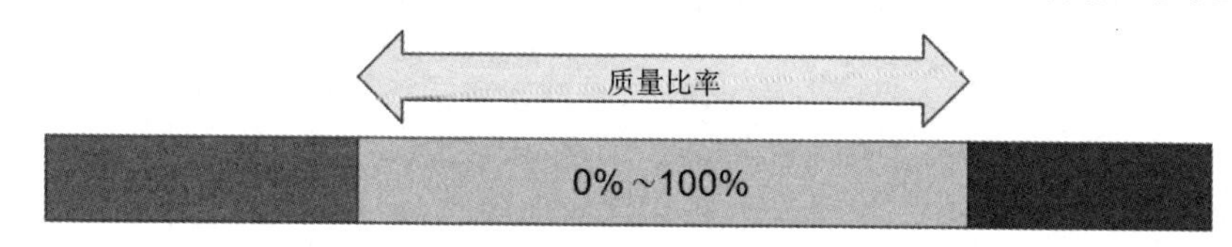

图 13.2 将范围描述为百分比

知道了最大值、最小值、范围和尺度，目前就拥有了制作符合你目标的各种食人魔所需的所有信息。要正确运用这些信息，需要一个公式，之后可以多次重复使用这些数据。开发者尺度与用户尺度的换算公式如下：

((最大值–最小值)× %) +最小值=实际数值

这个代数公式可能看起来很复杂，但实际上很简单。用食人魔的例子来分析一下。假设某食人魔的比率是 50%。那么已经知道了剩下的值：

百分比= 50%
范围= 2(英尺)
最大值 = 8(英尺)
最小值 = 6(英尺)
实际值= ((8–6)×0.5) + 6

或

实际值= 7(英尺)

直观思考这个问题有助于弄清原理。如果有一个 6 英尺到 8 英尺的食人魔线性范围，那么在中间的食人魔是 7 英尺高，如图 13.3 所示。当你在头脑中做这个直观的计算时，实际上就是运用范围平衡公式。在生活中你可能已经无数次使用这个公式，但从来没有真正把它拆解出来研究其工作原理。

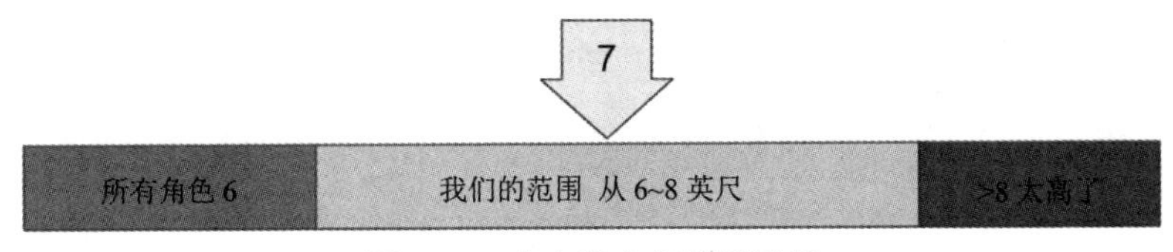

图 13.3　食人魔身高范围示例

为了更深入了解范围平衡公式，我们来看一个更大、更复杂的例子。这个例子展示了如何平衡几种不同类型角色的奔跑速度属性。在本例中，我们从没有字面数值的描述开始，如图 13.4 所示。

图 13.4　角色类型示例

接下来，需要量化它们。在继续之前，先花点时间阅读每个角色的描述，想想各个角色能跑多快。写下从 0%到 100%的百分比，表明你认为他们之间比较起来的情况怎样。重要的是，虽然可以从每小时几英里的角度来考虑这个问题，但你不应该写下实际的每小时英里数：现在只考虑角色的相对百分比。写好数字后，请查看图 13.5，其中展示了我所分配的百分比。

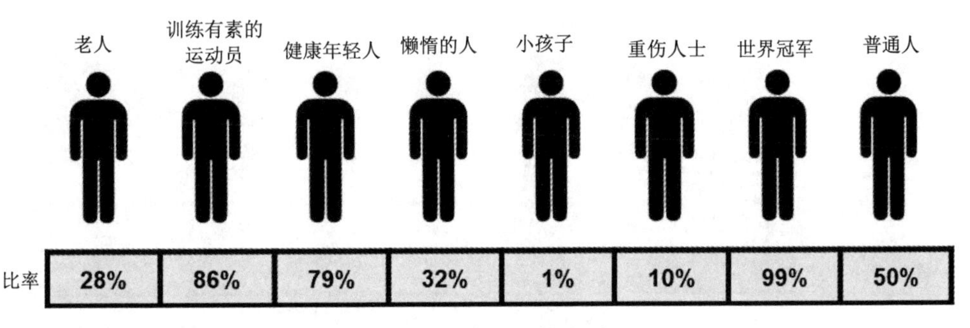

图 13.5　带比率的角色类型

你同意这些数字吗？它们和你所想的匹配吗？更重要的是，从最慢到最快，你的排序情况是否和图中的一样？如果不一样，也不用担心：你没做错什么。实际上，这里只有一个可能是“绝对正确”的答案：普通人——50%。

在做这个练习的时候，你可能会有类似下面这样的问题：

- “重伤情况怎样？”“腿上还是胳膊上受伤？”
- “懒人有多懒？”
- “什么样的老人？”

如果你确实在想类似问题，那么恭喜你：你正在像游戏系统设计师一样思考！将模糊的概念转化为数字是一件困难的事情，它总是模棱两可。一群系统设计师在工作日共进午餐时，经常会争论这些很具体的话题，这是他们做好工作不可或缺的一部分。

在某些情况下，提出后续问题正是你应该做的事情。如果关卡设计师让你为“懒人”设计角色，你可能会问“怎么个懒法？身材走样？不愿意动？还是别的什么？”其他时候，你很可能会直接收到这样一份模糊的清单，并希望你自己填补空白。幸运的是，这个系统是灵活的，你可以稍后回过头来调整它。

经过仔细思考和充分讨论，你为角色记录了一组百分比，现在可以将范围平衡公式应用于这些百分比，看看它们转化为什么。要做到这一点，你需要一个最小值、一个最大值。猜一下，你可以说一个非常慢的人可能以每小时 3 英里的速度移动。这个值真的很慢了。接下来，我们可以估计一个非常快的人能跑到每小时 20 英里。在现实世界中，很少有人跑得比这快。把前者赋给最小值（min = 3），把后者赋给最大值（max = 20），就有了应用这个公式所需的所有数据。你的电子表格可以根据最小值、最大值和百分比轻松快速地计算所有其他角色的速度（以英里/小时为单位）。在本例中，你将得到如图 13.6 所示的一组数字。得出这些数字之后，就是时候测试它们了。

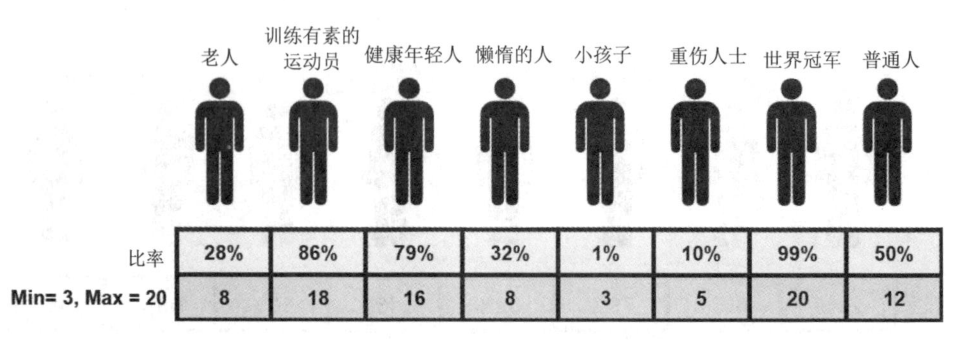

	老人	训练有素的运动员	健康年轻人	懒惰的人	小孩子	重伤人士	世界冠军	普通人
比率	28%	86%	79%	32%	1%	10%	99%	50%
Min= 3, Max = 20	8	18	16	8	3	5	20	12

图 13.6　带比率和实际值的角色示例

谁调整什么

一旦数据对象进入测试阶段，就可以将数据调整分解为两个独立的任务：

- 系统平衡：系统平衡控制整个数据对象集的感觉和功能，而不会让你陷入个体的细枝末节之中。
- 个体平衡：个体平衡负责使各数据对象感觉起来恰到好处，同时保持在整个系统的范围内。

在小型项目中，一个人往往就可以处理个体平衡，但对于大型游戏来说，一个人不可能完成平衡所有数据对象的全部工作。例如，一款 MMO 游戏可能有数百个不同的角色和数千个对象。在这种情况下，范围平衡可以发挥巨大的作用。当从个体数据中分离出最小值和最大值时，可以独立于任何单个数据对象之外来调整它们。这可能会对游戏和团队的实际制作周期产生巨大影响。

假设你正在设计人类的奔跑速度，测试显示所有角色都感觉很慢。事实证明（在电子游戏中也是如此）为了让游戏感觉良好，很多实际的物理特征需要被提升至不现实的水平。即使是在以拟真为卖点的游戏中，角色也完全可能跑得更快，跳得更高，屏住呼吸的时间更长，受到的伤害更大，并经常做出许多其他超人的壮举——这就是玩家“感觉对”的地方。实际上，这意味着需要有一个人专门负责最小值和最大值，因为这两个值驱动着游戏中所有对象的感觉。这通常是首席系统设计师，他们的工作是确保游戏整体的平衡性。假设你的测试小组发现数值太小了。通过更多的游戏测试，你会发现最小值和最大值的最佳数值分别是 min = 5 和 max = 40。使用范围平衡公式，你可以调整最小值和最大值，所有玩家的奔跑速度也都会立即更新为新的数字（见图 13.7）。

	老人	训练有素的运动员	健康年轻人	懒惰的人	小孩子	重伤人士	世界冠军	普通人
比率	28%	86%	79%	32%	1%	10%	99%	50%
Min= 3, Max = 20	8	18	16	8	3	5	20	12
Min = 5, Max = 40	15	35	33	16	5	9	40	23

图 13.7　修改比率后的角色示例

在图 13.7 中，你可以看到原始的百分比、第一次传递的数字，以及通过测试得到的最新更新的值。在这个例子中需要注意几点：

- 范围底部的数字没有范围顶部的数字变化那么大。这个结果很不错，准确地反映了区间底部没有太大变化。
- 范围顶部的数字变化很大。显然，这里也是测试人员觉得有问题的地方。他们可能会接受一个年迈的 NPC 蹒跚而行，或者角色由于特殊情况（如重伤）而行动迟缓。但当玩家听说某个角色是一名训练有素的运动员时，他们会觉得这个角色的速度绝对是名列前茅的。
- 世界冠军的比率为 99%，但却拥有 100%的最大值速度。这种差异是由于所有显示给玩家的数字都是四舍五入的。正如在第 9 章“属性：创造和量化生活”中提到的，你应该避免向玩家展示小数或分数。你可能也需要重新考虑世界冠军角色的比率。他是一名世界冠军，但是否可能存在更优秀的人？如果直接给他一个满分，那也意味着你没有留下任何提高的空间。

当团队对系统的限制都感到满意后，数据设计师便可以进一步调整和修改单独个体。在游戏中，最小值和最大值总是优先于个体角色，个体需要调整以适应尺度。好消息是，这当中大部分内容都是自动完成的，因为无论最小值最大值有什么变化，角色之间还保留着彼此的相对比较情况。请注意，这种调整可以独立于整个数据范围进行。大型数据设计师团队可以协同工作，主系统设计师可以创建大量自然而然属于所需系统范围的数据。举个例子，关卡设计师需要一个老年人，他可能会找到数据设计师，并解释说他们希望她非常年长、且几乎不能动。有了这个要求，数据设计师可以轻松地将一个百分比变量从 28%降至 0%。这仍然可以在指定的范围内工作，不需要调整最小值或最大值，而且也满足关卡设计师的要求。

我想再举一个例子来阐述这个概念：在早期的大型电子游戏中，每个数据对象属性都必须手动输入，当时还没有所谓的范围平衡系统。想象一下，你是一款拥有数千个角色的游戏的数据设计师，并被要求把所有角色的速度都提升一下。这将让你在数据库中捣鼓多天，进行个体的计算或猜测，以让角色们的速度快那么一点点。如果有人认为你调整得太过了，想让你再让他们慢一些，你就不得不将这项乏味的工作再重新来一遍。这是游戏产业多年来的现实：时至今日，仍有一些公司在这样做。

数据支点

古希腊数学家欧几里得说过："与同一事物相等的事物，彼此也相等。"同样的思维方法也可以应用于大型数据对象组。如果我们将数据对象与单个固定的示例进行比较，那么从某种程度上来说，我们实际上相当于将所有对象彼此进行比较，而无须手动进行。

在第 12 章"系统设计基础"中，你学习了握手公式，并看到添加新对象会创建更多的组合。创建更多的组合需要更多的工作量。更重要的点可能在于，拥有更多的组合意味着每次迭代都需要更多的测试和平衡时间。那么，游戏设计师是如何制作大型对象集的呢？RPG 是如何包含 100 多个角色职业的？赛车游戏如何设计出几十辆车？使用蛮力创建和测试的方法需要大量的系统设计师才能跟上。这种类型的创作工作即使对于最大规模的团队来说也是不切实际的，更别说较小的团队了。然而，许多中小型团队都在自己的游戏中创作出了丰富多样的对象。他们是怎么做到的？同样，有很多种方法，但大多数都可以归结为单个哲学思想的变体：支点的运用。

什么是支点

字典上对支点的定义是"在某个活动、事件或情况中起核心或基本作用的事物"。在游戏设计中，支点或数据支点是你用作单个比较点的东西，这样就可以避免使用握手公式来创建大量不同种类的对象。无论什么时候，只要游戏对象数量超过了用简单的蛮力测试所能平衡的范围，那么你就有机会加入一个支点。支点是一种游戏对象，它将成为同类型所有其他对象的比较中心点。通常情况下，这个对象甚至不会真正出现在游戏中，而是作为设计师在幕后的平衡工具。

关于支点对象最重要的一点是：它扮演平衡中心的角色。它不应该最好或者最坏。它不应该有任何特殊之处。事实上，这就是支点对象的全部意义：它是创作（或对象、项目）的一个最基本示例，你可以将该组中的所有其他对象与之进行比较。

例如，如果你正在制作各种各样的剑，那么支点会是一把最基本的剑。它不会是最好的或最差的，而是你能创造的最中间、最普通的剑。有些剑可能巨大、威力强，但速度很慢。有些剑又可能比大多数更小、更快。支点剑就在正中间。有些剑可能被施了魔法，又或者受了诅咒。但支点剑两者都不是——同样，它在正中间。

另一个例子是，在赛车游戏中，你可能会设计速度很快但操控性很差的汽车。有些汽车的操控性可能很好，但最高速度又低于平均水平。有些车速度又快操控性又好，但价格昂贵。还有一些车可能很便宜，但速度很慢，而且操控性很差。支点车正好处于所有这些因素的中间：适中的速度、操控性和成本。如果你对所有这些因素——速度、操控性和成本——都有一个 0 到 100 的加权评分，那么支点车将是 50，50，50。

请注意

大多数游戏都有不止一个支点。在奇幻 RPG 中，可能存在专为剑、盾、盔甲、角色、魔法咒语等设立的支点。

创建一个支点

一旦你确定了需要数据支点的是什么，制作一个支点就相当简单了。无论什么属性，你都以预期范围的中间作为起点。例如，如果你正在制作的游戏中，所有角色都拥有力量、敏捷和智力属性，并且期望范围是 0~100，那么支点角色将拥有以下属性值：

- 力量：50
- 敏捷：50
- 智力：50

但请记住，这只是一个起点。对于你的游戏来说，所有属性均为 50%可能并不平衡，也可能并不有趣。这只是你的开始，而不是结束。

测试支点

一旦有了支点的初始数值，下面就该展开测试了。你应该考虑该对象被使用时的最常见情况并对其展开测试。当然，这些情况会因不同类型的游戏而异，但可以通过一个例子来加以说明。

对于以战斗场景中的角色为中心的游戏，例如 RPG 或动作射击游戏，战斗场景本身便是展开测试的最佳地点。将支点角色放入各种各样的战斗场景中。如果游戏是多人游戏，让支点角色自己和自己打。假设你制作了一款只有一个测试关卡的 8 人死亡竞赛射击游戏。你需要一个支点角色和一把支点枪。然后将使用该角色和枪 8 次——每个玩家一次，总共进行 8 次游戏会话。这个会话可能不是游戏最有趣的版本，但它应该是跑得通的，同时也应该展示一些稍微有趣的玩法。在第一次测试中这个支点角色甚至可能完全不好使。然而，重新设计单个支点角色并再次测试是很容易的。

你需要不断迭代这个支点角色，直到实现了这样的目标：游戏可行且战斗稍微有趣。支点需要十几次或更多的迭代才能达到好使的状态，这并不罕见。假设你有一个拥有以下属性的角色：

- 力量：50
- 敏捷：50
- 智力：50

在测试过程中，你可能会发现 50 的敏捷对任何人来说都太低了：角色的攻击不断落空，导致战斗非常艰难；可能会发现标准可用范围的实际尺度是 70~100，低于 70 的是特殊情况，比如受伤。在这种情况下，可以将支点角色的敏捷值改为 85，因为这是 70~100 范围内的中点。这可能是也可能不是你的最终数字，但这是猜测的一个很好的起点。

调整好支点后，需要再次测试。注意哪些发生了变化，哪些保持不变。建议一次只更改一个属性，这样可以更容易地看到更改该属性的效果。你可能需要重复这个过程很多次。让支点有支点的感觉是非常重要的，因为它是所有其他数据对象的基础。如果确定支点所花费的时间比平衡单个对象所花费的时间长了很多，不要担心：要找到正确的支点，所花的时间完全可能比敲定其他对象长得多。

在尽可能不同的条件下测试支点也很重要。例如，你可能想看看支点在一对一战斗中、三人混战、四人混战中分别表现如何，如此等等。如果可能的话，还应该检查不同的环境。最小的场景是多大？最大的呢？支点在这些区域同样有效吗？最开放的区域怎样？最狭窄的呢？试着在尽可能多的不同情况下单独测试支点。这种测试不仅能帮你解决数据对象的平衡问题，还能帮你解决游戏环境的平衡问题。测试经常会发现游戏系统中的局限性。

锁定一个支点

经过几天、几周甚至几个月的测试后，你应该开始对游戏以及游戏对象的运作方式有了一个清晰的轮廓。这是一项相当累人、乏味的工作，但这样做最终是会有回报的。一旦团队觉得支点对象已经完全稳固，同时你也已经理解了游戏的基本机制，那么锁定支点就非常重要了，这意味着不要再对其进行任何改动。除非对项目有灾难性的 bug 或重大变故，否则支点需要在创建其他任何东西之前就锁定好。

一个锁定的支点有几个非常关键的目的。首先也最重要的是，它是衡量其他同类型对象的标尺。所以，如果你正在制作一款赛车游戏，就会将每辆新车与支点进行比较。如果这是一款格斗游戏，那么每个新角色都将与支点过过招。如果是武器，那么每把新武器也都会与武器支点比划一番，以此类推。

锁定的支点还可以作为游戏其他方面的参考。例如，如果你有一款允许玩家将角色与武器混合搭配的游戏，那么可以使用支点角色来平衡武器测试的环境。相反地，还可以使用支点武器来测试每个角色使用武器的情况。你还有了“拿支点武器的支点角色”这样一套标准——一个中间位置的基准。

最后，需要一个锁定的支点来测试它周围的一切。以竞技场射击游戏为例，你可以在关卡设计师的每个新关卡设计中赋予一个完全稳固的角色。这样可以让关卡设计师们确信自己正在创作能与游戏角色类型相匹配的关卡。作为系统设计师，你也可以确信关卡设计团队清楚你所创作的角色会带来的预期效果，他们也会创造出符合系统需求的关卡。这个步骤在你完成所有游戏数据很久之前就可以完成，意味着关卡设计团队有一个非常棒的开端。同时，这也是和团队讨论预期的时机。现在就让所有人都在同一频道上，比起等到创建了大量数据对象和关卡之后再做这一步，要好得多。

使用支点创建数据

锁定支点对象后，就可以开始处理其他数据了。再次看看竞技场射击游戏的例子。经过大量调整后，假设你有一个具有如下属性的支点角色：

- 力量：40
- 敏捷：85
- 智力：50

对于这个设计，假设还有 19 个角色要制作。已经完成了第 11 章“属性数值”中描述的过程，并决定了要使用什么样的形容词：

- 拳击手：最强壮，速度很慢，智力很低
- 狙击手：虚弱，敏捷很棒，智力高
- 医生：虚弱，敏捷差，智力最高

要开始构建这些角色，你已经确定拳击手的优先级最高，我们将给他一个属性分数值作为开始。以下是你在第一次数值传递时的情况：

- 拳击手
  - 力量：40
  - 敏捷：85
  - 智力：50

第一次传递情况与支点完全相同，是不是很让人意外？但这就是最好的启动方式：从支点复制粘贴相同的属性到其他数据对象。现在拳击手有了属性，就可以开始测试和调整了。但首先，需要先用复制过来的数值来测试拳击手。你得确保他的行为和支点完全一样。完全有可能因为一些意想不到的因素改变了对象的行为。在这个阶段，模型网格、动画、材质、一些代码错误或任何其他因素都可能导致 bug。先使用支点数值的好处是，这样做可以让你更快地隔离问题，因为你很清楚你分配给角色的属性数值的意图。一旦用支点数值测试了拳击手并检查完毕，你就可以着手偏离数值了。这些可能是接下来要测试的数字：

> **请注意**
>
> 在此时，确保让拳击手的初始属性引用来自支点，其重要性也变得越来越大。

- 拳击手
  - 力量：90
  - 敏捷：73
  - 智力：20

如果你正在制作一个 8 人制的死亡竞赛，应该使用 7 个支点角色和 1 个拳击手来测试第一组偏离数值。拳击手的表现会如何？

再测试一遍，确保结果一致。如果拳击手与支点角色的水平相当，那证明调整的偏离数值有效，没有造成不平衡。测试完成后，可以将角色混起来进行更多的测试，如 2 个拳击手和 6 个支点角色，或两种角色各 4 个，又或者 7 个拳击手和 1 个支点角色。做这样的测试很重要，它能确保小的偏差不会累积起来，造成更大范围内的重大失衡。

当拳击手的测试周期完成后，就该对属性进行更多的调整，并仅针对支点再次进行测试。这可能需要多次迭代，但此过程应该比支点的初始调整快得多。

需要记住的是，这些步骤的目标只有一个：拳击手和支点之间的战斗是公平的。他们应该有平等的获胜机会。如果拳击手占主导地位，那么他需要被削弱；相反如果他一直在输，那就需要增强。但切记，一旦锁定了支点，就绝对不要再调整它。

当拳击手的数值在所有测试情形下相对于支点都能发挥出色的平衡时，你就可以暂时把他放在一边了。接下来，需要用狙击手重复这个过程。重要的点在于，我们一开始并没有将他与拳击手进行比较。这就是支点角色真正开始节省时间的地方。因为你知道拳击手相对于支点是平衡的，可以做出一个合理假设：如果基于支点平衡了狙击手，那么狙击手与拳击手之间也会保持平衡。

狙击手完成之后你又可以如法炮制：将其放在一边，转而开始处理医生。同样，只需要用支点来测试，而不是用拳击手或狙击手。对所有剩余的角色继续此过程。你的测试和调整阶段将从不断扩大的苦行转变为简单的线性测试。每添加一个角色，你不需要将他与其他角色测试——只需要将他和支点彻底较量一下。

不可避免的交叉测试

在完成所有 20 个角色并针对支点进行测试后，有一项非做不可的事情：在大量组合中进行测试。在这种情况下完全可能存在大量组合。要知道具体有多少，你可以使用第 12 章介绍的电子表格函数 COMBIN。假设要确定在 8 人游戏中 20 个角色有多少个组合，可以使用以下公式：

= COMBIN(20,8)

这个公式给出了 125,970 种可能组合的结果。在工作室内部测试这么多组合是不现实的。但好消息是你不需要测试所有组合：在大多数情况下，因为你对照支点测试了所有角色，所以所有内容都应该在第一次测试时保持平衡。

由于你做了额外的准备工作——制作和锁定支点，并使用它来平衡所有角色，因此这些角色自然已经接近平衡。因此，不需要测试所有角色之间的对比，只需要根据人类直觉测试一些组合。系统设计师和优秀的 QA 团队应该尝试他们认为可能存在问题的组合。这是找到最终平衡的必要步骤。（在第 17 章“微调平衡、测试和解决问题”中，我们将进一步讨论如何在游戏数据中找到合适的平衡。）

请注意

在大型团队中，开发人员可以使用自动测试 AI 或其他算法来代替蛮力测试。

支点序列

到目前为止，我们一直在讨论游戏对象的单个切片，但在更复杂的游戏中这可能还不够。如果游戏有升级的概念或数据对象之间的另一种形式的序列，那么开发单一的支点是不够的。例如，玩家可能从 1 级开始与 1 级兽人战斗，然后提升到 2 级，与更大更强的 2 级兽人战斗，然后提升到 3 级，等等。在这种情况下，需要为所有版本或等级创建支点角色，然后才能构建其余数据对象并在等级间进行分层。

应该先创建哪个等级的支点？从最低的、最高的或中间开始似乎都可以。如果有疑问，从中间开始是最安全的选择。例如，如果你的游戏有从第 1 级到第 9 级的对象，你可能首先在第 5 级创建支点。支点如果在第 5 级时单独看感觉良好，就可以从对象身上削弱能力，直到弱到被认为是第 1 级。在那之后，可以增加支点角色的能力，直到它达到最大 9 级。（关于增加能力的更多细节，请参见第 14 章“指数增长与收益递减”。）

一旦确定了边界和中心点，就可以在这些对象间进行交互测试了。第 5 级是否比第 1 级更好，好到玩家能够切实感受到了能力提升？同样地，支点角色在最高级时也应该能让人感受到大量的能力提升。

在最低点、最高点和中点创建了支点之后，鉴于你清楚它们将与中心支点保持平衡，之后就可以在相同的中间序列中创建其他所有对象。计算出支点的所有等级并建立所有其他数据对象的中心点之后，就可以使用为支点构建的相同梯度对其余数据对象应用更改。到最后，你将拥有一系列数据对象，它们应该从最低到最高彼此平行运作，如图 13.8 所示。

如图 13.8 所示，数据的中心是位于中间的支点对象。在序列的中心点（本例中是第 5 级），创建和平衡了所有其他数据对象。然后，每个额外的数据对象都有自己的序列线，随着支点的等级提升，这些序列线与支点同步运作。

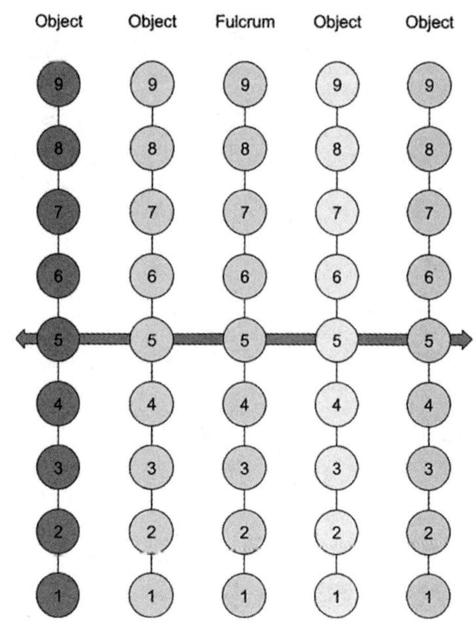

图 13.8 支点序列

层次设计

这里有一个普遍的问题，不仅出现在游戏中，也出现在任何包含多个变量的复杂系统中。你要调整哪个变量？例如，如果你正在制作一款玩家角色与怪物战斗的游戏，而你认为怪物太难对付了，该如何做来让怪物更容易对付？假设有标准的 RPG 战斗属性，你可以让怪物造成更少的伤害、攻击频率更低，或者初始生命值更低。与之相对地，可以让玩家角色创造更多伤害、初始生命值更高，或者更频繁攻击。也可以使用这些调整的任意组合。但是你应该改变哪一个呢？哪些应该保持不变？正如前面所讨论的，数据支点应该在平衡角色时锁定，因而不应该改变。还有什么决定要更改什么具体的值？每个游戏的答案都略有不同，但有一种方法可以让你更容易做出决定：层次设计。

层次设计的基本方法非常简单：编写游戏元素的线性列表，从顶部到底部按照“最重要的”到“最不重要的”排布。然后，如果两个特征相互冲突，检查它们在列表中的位置。更改列表中位置更低的那个特性。如果有疑问，可以把最具有全局影响的特性先放在顶部，然后把局部的、影响范围最小的特性放在底部。作为一般规则，应该调整局部特性以适应全局设计，而不是反其道而行之。

开始层次结构

在游戏制作过程的一开始，你就可以开始着手构建层次结构了。从以下这些非常宽泛的概念开始：

- 核心游戏愿景
- 游戏引擎
- 主机平台
- 游戏控制
  - 游戏相机
  - 控制输入按钮
- 游戏用户界面
- 玩家角色
  - 属性
  - 网格
  - 动画
- 关卡设计约束条件
  - 支点关卡，拥有最大天花板高度、门宽度等限制
- 支点敌人角色
  - 所有其他敌人角色
- NPC 支点角色
  - 所有其他 NPC 角色
- 能力提升物品
- 个体等级
  - 几何流
  - 交互设置
  - 系统奖励宏
- 声音
  - 音乐
  - 音效

有了这个层次结构的基本例子，你实际上已经回答了之前的部分问题：玩家角色不应该改变，但怪物应该改变。想象一下，改变玩家角色的属性，让与这个怪物之间的战

斗变得更容易。这对游戏的其余部分会产生什么影响？它很可能会破坏与其他许多、甚至所有怪物战斗的平衡。这将需要其他设计师重新调整，他们甚至可能想要再次改变玩家角色。这将导致“重新平衡玩家角色以适应多种情况”的无休止循环。另一方面，如果你改动怪物，玩家角色和其他怪物之间的其他所有战斗将保持不变。改动将尽可能保持在局部范围，这是保持返工时间准确和快速的关键。

为了确定要改变怪物的哪些属性，你可以使用支点怪物作为指导，因为它在层次结构中比个体怪物高。在此之后，还可以有一个按顺序排列的属性子列表，或者在较低层级能给到设计师判断空间的个体。

层次设计的优势

团队或个人开发者构建游戏层级结构有以下几个原因：

- 它有助于解决争端。一个明确的清单会让你更容易做出决定并坚持下去。
- 它让交流更加顺畅。如果整个团队都可以访问层次结构，且知道什么是最重要的，团队成员就可以更好地协同工作，而不会互相拖后腿。
- 它让制作优先级更加清晰。在你刚刚看到的层次例子中，游戏摄像机在列表中排名非常高。这意味着游戏摄像机的工作应该比列表中较低的项目（如关卡几何）更早开始甚至结束。在开发过程中，这两方面通常是不一致的，所以在早期锁定两者中较高层级的部分可以减少返工时间。
- 它可以是一份灵活的文档。注意上面的示例相当模糊，只列出了游戏功能的类别。随着游戏的开发，层次结构也应该相应变大、变复杂。如果需要，甚至可以列出每个怪物或升级物品。
- 它的范围很灵活。虽然你可以列出游戏中的每个功能和数据对象，但通常不需要这么细的粒度。贯穿整个项目，从高层次的概述开始，并在需要时添加更多细节，团队可以有机地找到最适合项目的粒度等级。在拥有数百名开发人员和数千个数据对象的大型项目中，层次结构可能需要变得非常巨大和详细。相反，在一个独立项目或小团队中，本节前面展示的高级示例对于整个项目来说可能已经足够了。

一旦创建了初始层次结构，就应该在团队中进行讨论。每个人都需要知道他们所致力于的功能在列表中的位置。开发人员之间可能会就他们所负责的功能的“重要性”产生一些摩擦。最好尽早开展这些对话，而不是等到真正的问题出现时才说出来。

进一步要做的事

在完成本章之后，你应该花一些时间在现实世界中使用这里介绍的概念进行练习。可以通过尝试以下练习来进一步探索层次设计和范围平衡：

- 用你自己的游戏或你最喜欢的游戏中的角色创建一个电子表格。引入它们的属性值并计算最小值和最大值。然后将这些数字作为一个范围，并对角色进行范围平衡。
- 为你正在开发的游戏或现有游戏创建一个新的支点角色。查看所有存在的角色，并尝试计算每个属性的准确中心值。
- 为你所从事的项目创建一个游戏层级。首先从最粗略的框架开始，添加关于项目的具体细节，然后看看随着项目的发展，你需要如何调整顺序。自己的项目以这种方式布局会让你大开眼界。

第 14 章

指数增长与收益递减

在指数增长系统中，一组线性的步骤要求输入或输出的数量不断增加。现实世界中一个很好的例子就是汽车的速度。一般来说，更快的车意味着更大的开销。但汽车的速度和成本绝不会以同样的速度增加。相反，你必须花老大一笔钱才能让车的速度快那么一丁点。所以如果你想每小时多跑一英里，代价就会变得越来越高。这种增长被称为指数增长。另一方面，你买的车的最高速度代价分摊在每一美元中变得更小。当某个生产要素逐渐增加、其他生产要素保持不变时，这种生产过程的边际（增量）产量的减少，被称为收益递减。这两个概念会相互作用。

简单的游戏——如国际象棋、双陆棋和西洋跳棋——不需要使用指数增长或收益递减系统。除非你开始创作战斗导向的机制，此时才真正需要成长系统。在游戏系统中，指数增长是指消耗不断增加的资源，却只获得线性变化的增量回馈。收益递减是同一枚硬币的反面。一个简单且常见的例子便是赚取经验值来升级角色。在指数增长系统中，随着等级增加，玩家提升角色等级所需的经验值也比线性系统所需的更多。

游戏系统设计师制作指数增长系统的原因如下：

- 它可以通过提供早期奖励循环来“勾引”玩家进入游戏。
- 它可以吸引玩家更长时间玩游戏，并在游戏的后期阶段与游戏形成更深的联系。
- 它让开发者能够快速引入新的、简单的机制来扩展赏玩可能性。
- 它让开发者可以设计出符合开发和机制目标的后续奖励间隙。

任何随着时间或空间而升级或变得更困难的内容都可以使用指数增长图表。以下是一些例子：

- 投币式街机游戏中递进关卡的难度。
- 武器的质量与成本之比。
- 车辆的速度与成本之比。
- 升级所需的经验值。
- 解锁成就花费的赏玩时间。
- 完成一个任务线要打败的敌人数量。
- 在运动训练过程中每天要做的俯卧撑个数。
- 要制作更好的装备需要收集的材料物品的数量。

线性增长

在理解指数增长之前，最好先比较一下线性增长。线性增长简单意味着随着迭代次数的增加，总量也会按照相同的速度增加。举个例子来说，如果在游戏的每个回合后，你将获得 2 个积分，那么 10 个回合后，将拥有 20 个积分，而在 100 个回合后，将拥有 200 个积分。图 14.1 中的图表说明了这类增长。

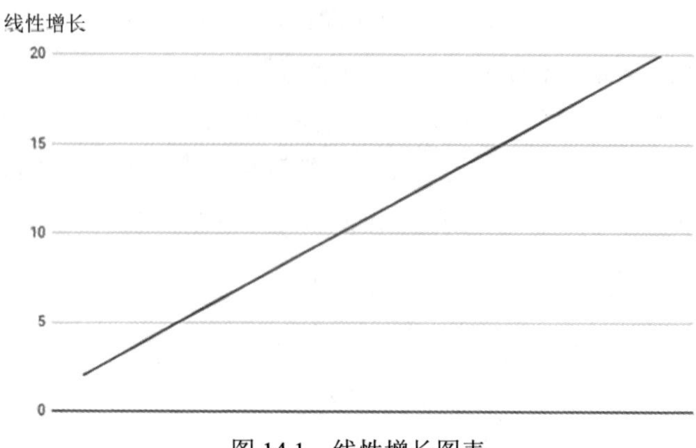

图 14.1 线性增长图表

在游戏中，若你想要一个简单而稳定的过程，那么就使用线性增长。在更复杂的游戏中，设计师往往会转而投向指数增长及收益递减的怀抱。这两个概念是同一枚硬币的正反面，游戏设计师经常配合使用这两个概念。

指数增长

正如本章前面提到的，指数增长是增长速度比增长的总量或总规模更迅速的增长。图 14.2 用曲线表示了基本指数增长。在游戏中创造指数增长的方法有无数种，每种方法都有优点和缺点。因为本书是一本介绍性的书，这里讨论的公式是一个很好的开端，在整本书中，我们把这个公式称为基本指数增长公式。从一个简单的公式开始，然后用你的游戏测试它，你就可能找到完全符合你需求的调整方法。

请注意

为了从这一章中得到最大的收获，请打开电子表格并在阅读过程中完成所有的例子。

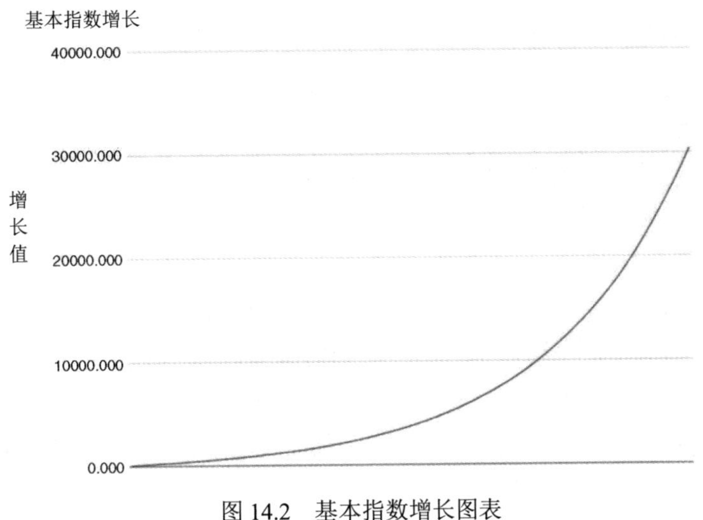

图 14.2　基本指数增长图表

基本指数增长公式

基本指数增长公式中只有少数可调整的部分，但即使对它们进行轻微的修改，也可以创造出丰富的增长变化性。这些是可调节的部分：

- 迭代次数。
- 最初的起始值。
- 迭代附加的值。
- 迭代中乘的值。

只需要这四个变量和一个公式，你就可以在电子表格中创建一条曲线。首先，打开一个空白的电子表格，并为所需的变量添加一些标签，如图 14.3 所示。

fx

	A	B	C	D	E	F	G
1	Itt					Init	
2						Add	
3						Mult	

图 14.3　基本的输入变量

在本例中，变量名被缩短以便更好地显示在页面上。Itt 代表“迭代次数”，它需要成为一列的标题，因为它将会有很多条目。Init（最初的起始值）、Add（迭代附加的值）和 Mult（迭代中乘的值）被用颜色编码为子标签，并在它们旁边放置了单独的变量单元格。

这个电子表格中的空白列为你以后添加结算列留下了空间。

> **请注意**
>
> 用游戏作为例子的话，你可以将“迭代次数”改为“玩家”等级，用来获取升级所需的经验值。

填写表格所需的第一个决策是需要确定迭代（或步骤）的次数。这可能是玩家能达到的极限等级，或者是玩家可以购买的不同剑的成本，或者宇宙飞船的能量等级，或者其他任何应该呈指数增长的内容。基本指数增长公式通用性足够强，可广泛应用。在本章的例子中，你将使用 100 次迭代来观察一个长曲线的增长情况。而在你自己的游戏中，选用的曲线可能会更小也可能会更大。

要增加迭代的话，首先在 A2 单元格中输入 1，然后向下填充（如第 5 章“电子表格基础”中所讨论的），直到构建了一个符合你需求的数字列表。接下来，需要为剩下的变量（Inti、Add 和 Mult）提供一些占位符数字，就现在而言你可以全填 1。电子表格现在应该如图 14.4 所示。

fx

	A	B	C	D	E	F	G
1	Itt					Init	1
2	1					Add	1
3	2					Mult	1
4	3						
5	4						
6	5						
7	6						
8	7						
9	8						
10	9						
11	10						
12	11						
13	12						

图 14.4　创建迭代

接下来，需要为每个步骤的结果添加一个计算值。可以从 B2 单元格开始。第一步将与 Init 的值相同，因此在本例中应该将单元格 B2 设置为引用单元格 G1。还应该将标题 Value 添加到 B 列，因为它将显示每个步骤的计算值。然后，在单元格 B3 中，你可以开始输入控制整个指数曲线的公式，如下所述。

指数增长公式的构件

基本指数增长公式的每一步都会将上一步的结果乘以迭代中乘的值，然后把迭代附加的值加上：

（上一步的结果×迭代中乘的值）+迭代附加的值=新一步的结果

根据需要的迭代次数重复使用这个公式。

图 14.5 显示了第一次应用这个公式的电子表格。

	A	B	C	D	E	F	G
1	Itt	Value				Init	1
2	1	=G1				Add	1
3	2	=(B2*$G$3)+$G$2				Mult	1
4	3						

图 14.5　应用基本指数增长公式

请注意，在图 14.5 中，对 B2 的引用是相对的，这意味着它将在每次迭代中更新，因为它将沿着列表进行表单填充。还请注意，对迭代附加的值和迭代中乘的值的引用是绝对的，正如单元格引用中的$所表示的那样。因为这些值的位置永远不会改变，所以引用也需要被锁定并保持不变。输入如图 14.5 所示的公式后，你可以对其进行格式化，为迭代创建值。由于你事先已填写了占位符数字，因此这个公式将给到一个非常无趣的列表，如图 14.6 所示。

fx　=(B3*$G$3)+$G$2

	A	B	C	D	E	F	G
1	Itt	Value				Init	1
2	1	1				Add	1
3	2	2				Mult	1
4	3	3					
5	4	4					
6	5	5					
7	6	6					
8	7	7					
9	8	8					
10	9	9					
11	10	10					
12	11	11					

图 14.6　迭代步骤计算

目前之所以不是指数增长，原因在于乘数填的是 1。因为任何数字乘以 1 都是它本身，使用 1 的乘数实际上给出的是线性增长图表而不是指数增长图表。要直观地看到这一点，请选择 B 列并插入折线图。你应该能看到一个显示基本线性增长的图表，如图 14.7 所示。

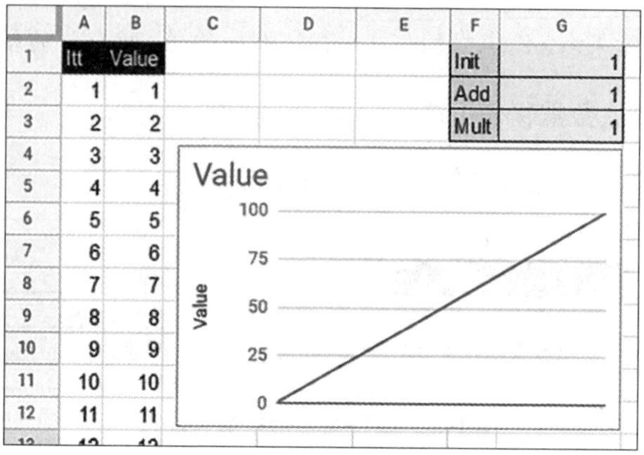

	A	B	F	G
1	Itt	Value	Init	1
2	1	1	Add	1
3	2	2	Mult	1
4	3	3		
5	4	4		
6	5	5		
7	6	6		
8	7	7		
9	8	8		
10	9	9		
11	10	10		
12	11	11		

图 14.7　一张显示线性增长的图表

在本例中这并非我们最终想要的结果，但是事实上目前所需的所有组件都已经准备就绪了。指数增长的关键是乘数。没有乘数，就没有指数增长。但是你应该为乘数输入什么数字呢？请记住，玩家可能永远不会看到这个变量，所以你不必担心它是一个整数或任何可以访问的东西。一个可能会让人吃惊的事实是，在这样一个长期迭代运行过程中，往往需要乘数是非常非常小的值。你可以通过输入 Mult 变量的值（G3 单元格中）并注意图表的变化来测试这一点。即使是一个适中的整数，比如 3，在后面的迭代中，图表也会迅速超出刻度，因为数字太大了，只有用工程符号才能正确显示（见图 14.8）。

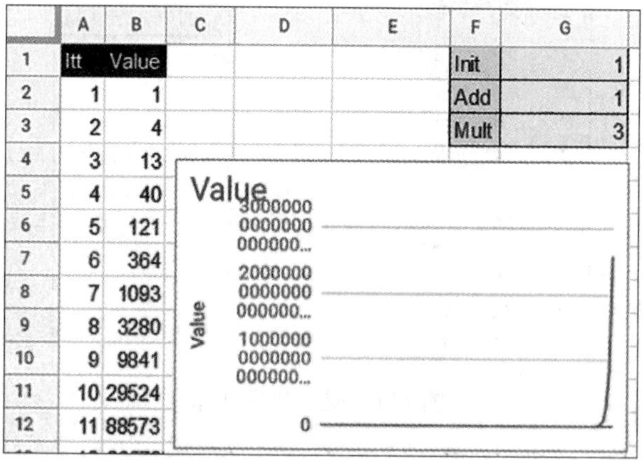

	A	B	F	G
1	Itt	Value	Init	1
2	1	1	Add	1
3	2	4	Mult	3
4	3	13		
5	4	40		
6	5	121		
7	6	364		
8	7	1093		
9	8	3280		
10	9	9841		
11	10	29524		
12	11	88573		

图 14.8　以 3 为乘数的破坏性增长

可以把乘数看成一个百分比——而且是一个很小的百分比。首先，2%的增长率是一个不错的中间地带，它不是很陡峭，但可以清楚显示出迭代过程中的增长。要将 2%作为 Mult 变量的值，可以使用 1.02；这个乘数产生的结果如图 14.9 所示。

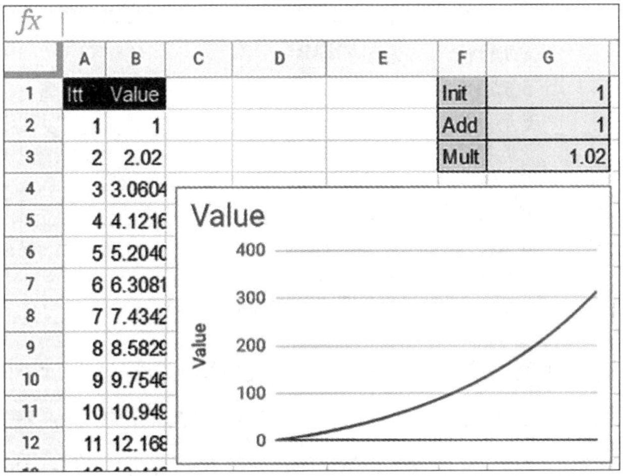

	A	B	F	G
1	Itt	Value	Init	1
2	1	1	Add	1
3	2	2.02	Mult	1.02
4	3	3.0604		
5	4	4.1216		
6	5	5.2040		
7	6	6.3081		
8	7	7.4342		
9	8	8.5829		
10	9	9.7546		
11	10	10.949		
12	11	12.168		

图 14.9　以 1.02 作为乘数的平稳增长

到目前为止，图表展示了指数增长：严格来说你已经可以就此打住了。然而，这样的增长存在一些实际问题。要认识到第一个问题，请观察 B 列中的数值，并把它们想象成游戏中达到下一等级所需的经验值。玩家从第 1 级开始，被告知获得 1 点 XP（经验值）才能升级。在第 2 级时，玩家被告知要获得 2.02 点 XP。第一个问题应运而生，你绝不想给玩家展示小数。解决小数问题的一个方法是创建一个派生值（或叫“显示”值），即利用函数将原值四舍五入，让其更易于玩家理解。图 14.10 显示了为显示值添加的列（C 列）。

显示值这一列现在呈现出玩家更容易处理的数字，但它暴露了列表的另一个问题。前期升级所需经验值的增长几乎是线性的——这可能导致玩家困惑，更糟糕的是，给系统设计师带来了一些困难的数学问题。

例如，在一个赛车游戏中，为了提高赛车的等级，你可能会在显示值这一栏中列出所需的 XP 数值。你可能会让玩家通过简单的比赛获得 1 点 XP，或者通过更艰难、失败率更高的竞赛获得 2 点 XP。如果数值像图 14.10 显示的那样，玩家就能快速升级，且不愿意去参加更难、失败率更高的比赛。因为每级的增长幅度太小，所以玩家可以很容易地反复“刷”简单的比赛。

fx =round(B2,0)

	A	B	C	D	E	F	G
1	Itt	Value	Display			Init	1
2	1	1	1			Add	1
3	2	2.02	2			Mult	1.02
4	3	3.0604	3				
5	4	4.1216	4				
6	5	5.2040	5				
7	6	6.3081	6				
8	7	7.4342	7				
9	8	8.5829	9				
10	9	9.7546	10				
11	10	10.949	11				
12	11	12.169	12				

图 14.10　为显示值添加一列

虽然可以通过提高乘数来解决这个问题，但这样做会导致与“列表末尾出现巨人数字”相同的问题。相反，你希望在开始时有稳定的、显著的增长，在末期有更大的、指数级的增长。要做到这一点，可以更改 Add 值。因为它是加性的，所以它不影响生长曲线的形状，但它改变了曲线开始处的增量。例如，将 Add 值更改为 10 会产生如图 14.11 所示的图形。

	A	B	C	D	E	F	G
1	Itt	Value	Display			Init	1
2	1	1	1			Add	10
3	2	11.02	11			Mult	1.02
4	3	21.240	21				
5	4	31.665	32				
6	5	42.298	42				
7	6	53.144	53				
8	7	64.207	64				
9	8	75.491	75				
10	9	87.001	87				
11	10	98.741	99				

图 14.11　取整后的数字

在这一点上，曲线仍然显示出一个令人满意的增长速度，但早期的等级在每次迭代中都显示出不同的增长。这种增长足以让玩家直观地注意到，也足以鼓励玩家积极参与比赛以获得更多所需的资源（在这个例子中就是 XP）。这里还隐藏着一个问题。为了更好地观察它，向下滚动到迭代的底部，并查看第 100 次迭代附近的增长情况（见图 14.12）；将其与前 10 级的增长情况进行比较。

	A	B	C
1	Itt	Value	Display
91	90	2419.127153	2419
92	91	2477.509696	2478
93	92	2537.05989	2537
94	93	2597.801088	2598
95	94	2659.75711	2660
96	95	2722.952252	2723
97	96	2787.411297	2787
98	97	2853.159523	2853
99	98	2920.222713	2920
100	99	2988.627168	2989
101	100	3058.399711	3058

图 14.12　迭代末期附近的增长

如果你没能看出问题，那也没关系。除非你把它看成一条曲线，或者把它放到游戏中去测试，否则它对你来说可能不明显。但你可以通过再做一次检查来暴露出这个问题：可以将迭代的增长设定为上一次迭代的某个百分比。也就是说，你可以决定每一级所需 XP 的跳变大小。它贯穿整个运行过程，还会有个跳变峰值。

为了可视化这一点，你可以取每个迭代之前的值并将其除以新的迭代值。这将以百分比的形式展示升级所需经验值的跳变情况。将迭代列表的顶部（如图 14.13 所示）与列表的底部（如图 14.14 所示）进行比较。

fx　=B3/B2

	A	B	C	D
1	Itt	Value	Display	
2	1	1	1	
3	2	11.02	11	1102.00%
4	3	21.2404	21	192.74%
5	4	31.665208	32	149.08%
6	5	42.29851216	42	133.58%
7	6	53.1444824	53	125.64%
8	7	64.20737205	64	120.82%
9	8	75.49151949	75	117.57%
10	9	87.00134988	87	115.25%

图 14.13　迭代列表的顶部

	A	B	C	D
1	Itt	Value	Display	
91	90	2419.127153	2419	102.42%
92	91	2477.509696	2478	102.41%
93	92	2537.05989	2537	102.40%
94	93	2597.801088	2598	102.39%
95	94	2659.75711	2660	102.38%
96	95	2722.952252	2723	102.38%
97	96	2787.411297	2787	102.37%
98	97	2853.159523	2853	102.36%
99	98	2920.222713	2920	102.35%
100	99	2988.627168	2989	102.34%
101	100	3058.399711	3058	102.33%

图 14.14　迭代列表的底部

从中可以看出，从等级 2 到等级 3，所需 XP 增加了 1102%！这样的提升比例是很吓人的！这是一个巨大的增长，可能会导致分配 XP 的问题，因为提升前几级需要的经验太多了。将此值与列表末尾的值进行比较，最后的迭代增加了 102.33%。请注意，这种增长非常接近增长乘数，这意味着附加值不再具有显著的影响。

为了解决这个问题，你需要让每次迭代增加的增长量占初始值的百分比更小一些。因为初始值仍然是默认的 1，而附加值是相对较大的值 10，所以增加的百分比会受很大影响。因为你已经改变了附加值使其达到你的预期，所以最后要做的调整是调整初始值，使其足够大，从而使附加值不会在曲线开始时产生戏剧性的百分比增长。对于本例，你可以把初始值改成 100，看看会发生什么（见图 14.15）。

	A	B	C	D	E	F	G
1	Itt	Value	Display			Init	100
2	1	100	100			Add	10
3	2	112	112	112.00%		Mult	1.02
4	3	124.24	124	110.93%			
5	4	136.7248	137	110.05%			
6	5	149.459296	149	109.31%			
7	6	162.4484819	162	108.69%			
8	7	175.6974516	176	108.16%			
9	8	189.2114006	189	107.69%			
10	9	202.9956286	203	107.29%			

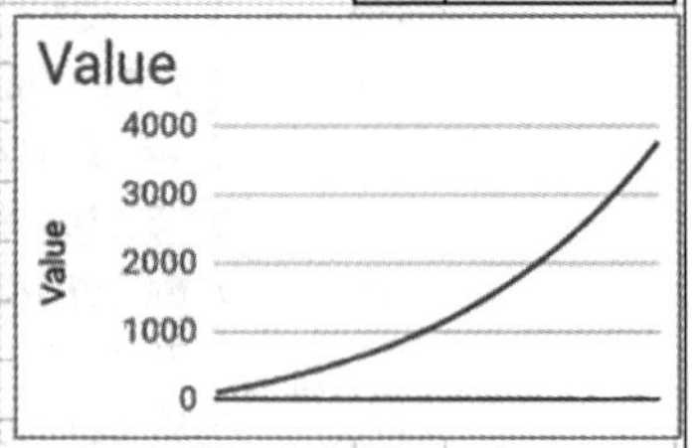

图 14.15　增长公式中每个变量的基础输入值

百分比增长现在已经下降到了最多 112%，在最后一次迭代中是 102.27%。这可能看起来还是有点大，但看看显示的数字。头几次迭代从 100 到 112 再到 124。玩家不会注意到数值有很大百分比的增加，因为实际数值相对较小，在第二步只多了 12 点。这最后一个变化已经解决了基本指数增长曲线的最后一个常见问题。有了这些数字，你就有了一个坚实的开始，任何指数增长曲线现在对你来说都不再遥不可及。

调整基本指数增长公式

通过调整这四个变量，你可以轻松地从你所学到的内容中派生出各种各样的效果。学习这一点的最好方法是在这个表格的副本中反复捣鼓这些数值。保留这里的所有值，并调整迭代、初始值、加值和乘数。也可以花点时间去尝试一些超出常识的事。为变量输入非常大的数字，看看会发生什么。输入小数，然后更进一步，加入负数、公式、指数幂，以及其他你能想到的东西。通过交互处理变量并观察结果，你可以快速了解如何获得你想要的效果并避免那些你不想要的结果。

关于迭代的说明

在本章的例子中，我们没有改变迭代次数，但这个变量很重要。对于迭代次数，你应该记住一个基本规则：图表中的迭代次数越多，乘数就必须越小。为了说明这一点，图 14.16 显示了图 14.15 中完全相同的迭代列表，但该图表只包括前 10 个迭代。

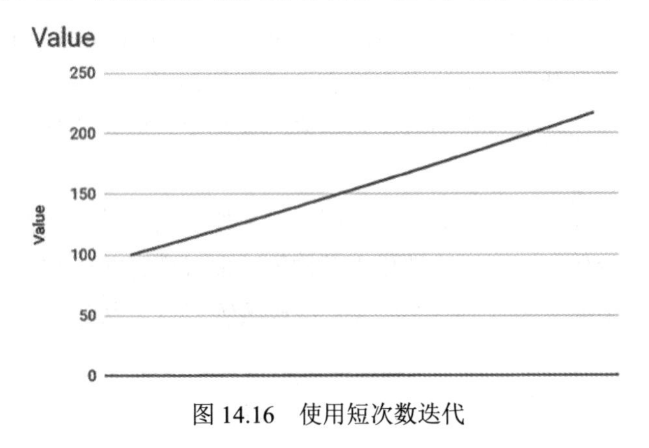

图 14.16 使用短次数迭代

注意，这条曲线看起来几乎是线性的。2%的增长没有足够的迭代次数来在图表的过程中产生足够影响。正如你所看到的，在建立这样的图表之前，知晓总增长所需的迭代次数是很重要的。幸运的是，迅速改变变量以考虑任何迭代的变化也很容易。

通过调整指数增长图表来完全改变游戏的特征可能是快速而简单的，但这样做也会对游戏的其余部分产生巨大的连锁反应。通过改变图表中的一个变量，我们便有可能彻底改变游戏中每个关卡和每次遭遇战的平衡性。因此，我们强烈建议将每个需要的增长图表放在游戏设计层次结构的高位（如第 13 章“范围平衡、数据支点和层次设计”中所述），并在游戏开发过程的早期锁定它们。

进一步要做的事

在完成本章后，你应该花一些时间在现实世界中练习这里所涵盖的概念。尝试以下练习，以进一步探索指数增长图表的所有变化：

- 创建一个电子表格并制作如图 14.15 所示的指数增长图表。确保使用图表功能来可视化你的数据。首先进行 200 次迭代，并使用 100 作为初始值，1.02 作为 Mult 值，10 作为 Add 值。这个图表将提供一个你可以用来开始试验的很好的起点。
- 创建上述练习中描述的图表后，在同一工作簿中复制该工作表，并将该副本标记为“Play”。在 Play 表中，更改输入的值，直到破坏图表（真的，这就是我们的目标）。试着输入非常大或非常小的数字。输入负数，或小数，甚至公式和函数。继续尝试你能想到的最奇怪和最有创意的事情，观察图表会发生什么。你能把它做成圆锥形吗？一个实心的条怎么样？能让它看起来有点像医疗设备上的心跳图吗？只有将系统推到超出其预期边界的地方，才能找到真正的边界。请注意，即使你有意破坏数据，实际上也没有造成任何损害。因为你做了一个副本，而不是在原件上工作，所以你的数据和结构是完全安全的。这是在数字世界工作的一大好处。
- 当你可以轻松地分解数据时，再复制一份原始表格，看看能否弄出一些你可能会喜欢的图表变体。在函数线性化之前你能让曲线变得多平缓？让它破坏之前，你能让它变得多陡？再次强调，适应这些极限练习可以帮你知道自己的极限在哪里。

第 15 章

分析游戏数据

到目前为止，我们一直聚焦于一次创建一个数据对象，然后根据其他数据对象分别对它们进行评估。从整体上理解游戏的下一个步骤是综合评估所有对象，无论是 10 个小对象还是数万个对象。你可以针对刚刚创建的数据或已经完全完成的现有游戏数据（或介于二者之间）执行。

查看和分析游戏数据的方法有很多，但本章主要介绍两种方法。第一种方法是概览分析，这涉及数据设置的线索和特征。第二种方法是比较分析，即比较两个不同的数据对象，并对其进行更深入的分析。

概览分析

概览分析涉及从高层次角度观察数据趋势，以获得当前情况的更大规模总览。获得高层次视图的标准方法是找到数值的平均值。然而，就其本身而言，平均值并不能提供太多的信息——实际上它完全可能提供错误的信息。让我们来看一个简单的例子，看看平均数是如何出错的。以下数列的平均值是多少？

10
10
10
10
10
10
10
10
10
999 910

平均值是 100 000。但是，100 000 真的能让我们洞悉这个数列的真实情况吗？不，它不能。观察数列，你会直观地看到大多数数字都很小（10），但当中藏了一个巨大的家伙，它会作为一个离群值使数据平均值偏离。最后，100 000 对于离群值来说太小了，而对于其他数据来说又太大了，所以它并不能真正让人洞察这些数据的真实情况。为了平衡这个问题，你可以同时找到平均值和中位数，然后比较这两个值。在这个例子中，中位数是 10。因我们目前知道：

平均值：100 000
中位数：10

观察这两个数字，你会了解到数据中存在奇怪的东西。一组数字如果均匀分布，那么它们的平均值和中位数应该很接近，但在这个例子中，它们有着数量级的不同。在分析数据时，这种差异需要更深入地进行研究，才能弄清真实情况。

表 15.1 展示了你在制作游戏时可能会遇到的一个场景：一个奇幻生物的列表，每种生物都有一组属性。

表 15.1　生物数据

	力　量	敏　捷	生命值	攻击值	闪避值	移动速度
哥布林	3	4	5	1	3	5
僵尸	4	2	6	0	0	2
黑暗之狼	4	4	7	2	3	6
拟鳄龟	6	4	10	10	2	1
野蛮人	7	3	13	2	4	5
矮人	6	4	13	3	2	4
豺狼人	3	7	8	4	6	6
半身人	3	7	6	1	8	5
布鲁斯	6	4	9	3	3	5
狗头人	3	8	5	3	5	6
军团士兵	4	6	10	1	5	5
蜥蜴人	3	7	7	2	4	7
食人魔	8	3	17	5	1	3
兽人	6	4	10	5	1	5
鼠人	2	8	8	2	8	8
木精灵	3	8	8	1	6	6
地狱犬	5	4	12	3	3	6
狼人	7	5	7	1	1	5
泥怪	7	3	20	7	2	2
巨型蚂蚁	6	5	10	6	2	5
座狼	7	4	8	3	3	6
黏土魔像	7	5	12	6	3	4
沼泽人	5	5	25	2	2	4
木乃伊	10	4	20	6	2	2
巨型圣甲虫	8	5	15	9	2	4
野猪	6	6	15	6	3	5

续表

	力 量	敏 捷	生命值	攻击值	闪避值	移动速度
大蛇	6	6	15	6	6	4
巨型蝎子	6	5	15	9	4	5
黑熊	7	6	15	6	4	6
鸟身女妖	6	8	15	6	5	7
石像鬼	7	5	15	6	5	6
石魔像	8	5	25	8	3	4
巨型螃蟹	8	5	15	12	5	6
歌利亚	9	7	15	3	3	4
钢铁巨像	9	5	30	10	3	4
山岭巨魔	12	4	20	5	1	4
大脚怪	9	6	15	4	6	
洞穴火鸡	10	8	3	1	1	4
剑齿虎	10	6	20	7	5	6
巨蜘蛛	8	7	15	6	5	6
戈耳工（希腊神话中的蛇发女妖）	6	9	20	4	6	4
牛头人	10	7	20	5	6	5
鳄鱼	10	7	20	8	3	4
灰熊	10	8	20	7	5	6
虎人	11	8	18	7	6	6
狮子人	11	8	15	7	6	6
犀牛人	13	7	20	9	3	4
穴熊	12	8	20	8	5	6
九头蛇	12	6	30	9	6	5
独眼巨人	11	8	30	9	7	5
树人	15	5	50	20	3	1
龙裔	11	7	40	10	7	10

让我们看看这个表中的某个属性——力量（STR）——并对其进行概览分析。获得概览的最简单方法是求出所有角色的力量平均值。之后，你可以找出中位数，并将其与平均值进行比较。图 15.1 展示了这两个计算结果。

	A	B
	Attribute	STR
	Average	7.42
	Median	7

图 15.1　找出角色列表力量属性的平均值和中位数

这样的比较让我们对数据的了解更近了一层。你可以看到，平均值和中位数之间的“距离”小于 1，因此该属性很可能在某种程度上是均匀分布的（尽管不能保证情况一定如此）。你也可以对列表可能包含的数字有个大概的印象。在本例中，力量值可能是中到大的个位数（即 5~9）。

理解数据的下一步是了解数据集的大小（即数据集中的项数）。为此，可以使用 COUNT 函数来统计数据集中包含力量（STR）属性值的数量（见图 15.2）。

	A	B
1	Attribute	STR
2	Count	52
3	Average	7.42
4	Median	7

图 15.2　统计数据集中的项数

现在你知道了数据集的大小，并且可以根据这些信息做出一些决策。数据集越小，离群值对数据的影响就越大。例如，如果你有一个只包含 10 个条目的列表，即使只有 1 个是离群值，也很容易影响结果，但如果有 10 000 个条目，那么数据集就很大，可能会忽略一些离群值。在这个例子中，项数为 52 意味着在平均值和中位数的比较中离群值有较大的偏移的话是能够被看到的，但较小的离群值可能就会被忽略了。

在这个比较中，你可以观察到的另一个现象是，平均值确实比中位数大一些。这意味着数据集中可能有几个较大的数字，或者可能有一个或多个极大的数字使结果产生偏差。仅仅通过三次检查，你已经收集到了相当多的信息。

为了更深入地挖掘，也有必要了解数据中出现频率最高的数字，即众数。你可以通过 MODE 函数找到它。众数也有一些局限性，所以在把它运用到 RPG 角色上之前，我们再来看一个小例子。在下面的数字列表中，众数是多少？

1	8	14
2	9	15
3	9	16
4	10	17
5	11	18
6	12	19
7	13	

这个例子非常简单，不需要电子表格就可以计算出来。在这个列表中，出现最频繁的数字是 9，但它也是唯一重复的数字。知道 9 是众数对理解这个列表很重要吗？可能并不是。这个列表能包含的数字并不多，而且几乎所有数字都是唯一的。众数可能很有用，但与平均值一样，你通常需要进行另一次检查，以确定众数值有多大作用。在这种情况下，你希望知道列表中有多少数字是众数。如果众数很少，那么众数就不是特别重要。如果众数的占比更高，那么众数就是一个更重要的观察因素。在这个简单的列表中，2/20 的数字是众数，占 10%。这个百分比很小，所以在评估这里的数据时，众数不是一个非常重要的因素。图 15.3 显示了许多应用于 RPG 游戏角色数据的公式。

	A	B
1	Attribute	STR
2	Count	52
3	Average	7.42
4	Median	7
5	Mode	6
6	CountMode	10
7	Mode %	19.2%

图 15.3 一些高层次分析中最典型的方法

在图 15.3 中，可以看到众数小于中位数和平均值。你还可以看到游戏中 19.2%的角色的力量（STR）值是 6。虽然 19.2%的比例并不高，但它确实提供了一些信息。在本例中，它显示相当一部分角色的力量（STR）值低于平均值或中位数，这表明数据中可能存在一些较高的离群值。

接下来，你需要得出数据中存在的离群值的范围。为此，可以找到该属性的最小值和最大值。更进一步，可以计算有多少个最小值，多少个最大值。图 15.4 显示了一组函数，可用于从角色数据中获取有用的数字，这些数据在另一张工作表中。

	A	B
1	Attribute	STR
2	Count	=counta(ChaData!B2:B)
3	Average	=AVERAGE(ChaData!B2:B)
4	Median	=MEDIAN(ChaData!B2:B)
5	Mode	=mode(ChaData!B2:B)
6	CountMode	=countif(ChaData!B2:B,B5)
7	Mode %	=B6/B2
8	Max	=max(ChaData!B2:B)
9	Max Count	=countif(ChaData!B2:B,B8)
10	Min	=min(ChaData!B2:B)
11	Min Count	=countif(ChaData!B2:B,B10)

图 15.4　用于这些计算的函数，以公式直接露出的形式呈现

图 15.5 显示了这些函数的结果。在这些数字中，你可以看出最极端的离群值的出现频率。

	A	B
1	Attribute	STR
2	Count	52
3	Average	7.42
4	Median	7
5	Mode	6
6	CountMode	10
7	Mode %	19.2%
8	Max	15
9	Max Count	1
10	Min	2
11	Min Count	1

图 15.5　添加最大值、最小值和数值计数以进行更深入的研究

基于图 15.5 中提供的信息，数据的实际情况就变得更清晰了。你可以像下面这样做一些常识性的观察：

- 这个属性有一个广泛的概率分布，但是大多数数字都在 7 附近。
- 众数是 6，有 10 个角色都是这样的属性值，拥有最大值和最小值的角色分别只有 1 个。这表明可能会出现一个钟形曲线，其中大多数值都落在中间，只有少数位于高位和低位。
- 考虑到平均值只比中位数大一点点，但都比最大值小得多，属性值高的角色非常少。

所有这些观察结果共同勾勒出了一幅相当标准的角色图谱，其中大多数角色都在平均水平附近，也有一些突出的高端和低端角色。

最后一步，也是最重要的一步，就是回到原始数据，观察它。随着你持续观察这些数据，你对力量（STR）属性的理解也越来越深入。即使你还不知道这个属性在游戏中的实际作用，这也并不重要。这也是开始将名称（可能还有描述）与数据配对的好时机。哪些角色名与较大的数字相关联，哪些角色名与较小的数字相关联？通过这种分析，你可以开始勾勒出每个角色在游戏中的样子。

鉴于对力量属性已经做了如此多的分析，你已经创建了一种格式，可以对其他属性进行同类型的分析。如果对所有其他属性进行如图 15.4 所示的相同函数运算，将得到如图 15.6 所示的结果。

	A	B	C	D	E	F	G
1	Attribute	STR	DEX	HP	AV	DG	MV
2	Count	52	52	52	52	52	52
3	Average	7.42	5.77	15.81	5.50	3.90	4.90
4	Median	7	6	15	6	3.5	5
5	Mode	6	5	15	6	3	6
6	CountMode	10	11	12	9	13	15
7	Mode %	19.2%	21.2%	23.1%	17.3%	25.0%	28.8%
8	Max	15	9	50	20	8	10
9	Max Count	1	1	1	1	2	1
10	Min	2	2	3	0	0	1
11	Min Count	1	1	1	1	1	2

图 15.6　将属性分析进一步扩展

从这个数据视图中，你可以进行更多的观察：

- 生命值（HP）比其他属性的数字范围更大。移动速度（MV）和闪避（DG）的范围较小。
- 所有属性都趋向于中等规模的一位数，也有一些离群值。
- 所有属性的平均值和中位数都很接近，表明这款游戏的角色数据分布是一致的。
- 某些属性的众数比其他属性能说明更多问题。可能有一些游戏内的原因让很多角色的移动速度（MV）属性是 6。如果游戏倾向于使用一位数或较小整数，众数很可能在数据对象中占据较高的比例，因为在这种规模下根本没有足够的数字来提供足够的多样性。

■ 最小值和最大值的数量都不大。这表明大多数角色属性都紧密地向中心聚集，少量属性相对极端，看着显眼一些。

作为一款游戏的基本高层次视图而言，这样的分析可能已经足够了。这种数据分析层次适用于批判性地赏玩一款游戏，或者对一款简单的游戏进行评估。在某些情况下，你需要进行进一步的分析，如下所述。

更深层次分析

对于更复杂或更大型的游戏，你可能需要更深入地挖掘。这项研究的下一步是找到每个属性所涉及的具体数字。此分析的目标是找出每个属性使用的数字，以及每个属性使用的频率。你可以用 SORT 函数搭配 UNIQUE 函数来得出这些信息。这个复合函数的功能是查找包含重复数字的列表，对每个数字仅提取一个实例，并将这些实例进行升序排列。图 15.7 显示了如何使用这个复合函数查找角色数据（ChaData）表 B 列中的力量（STR）属性分布。

```
fx  =sort(unique(ChaData!B2:B),unique(ChaData!B2:B),true)
```

	A	B	C	D	E	F	G	H	I	J
1	Attribute	STR	DEX	HP	AV	DG	MV		STR	STR #
2	Count	52	52	52	52	52	52		2	1
3	Average	7.42	5.77	15.81	5.50	3.90	4.90		3	6
4	Median	7	6	15	6	3.5	5		4	3
5	Mode	6	5	15	6	3	6		5	2
6	CountMode	10	11	12	9	13	15		6	10
7	Mode %	19.2%	21.2%	23.1%	17.3%	25.0%	28.8%		7	7
8	Max	15	9	50	20	8	10		8	5
9	Max Count	1	1	1	1	2	1		9	3
10	Min	2	2	3	0	0	1		10	6
11	Min Count	1	1	1	1	1	2		11	4
12									12	3
13									13	1
14									15	1

图 15.7　使用 SORT 和 UNIQUE 函数创建一个列表

你已经从前面的步骤中了解到最大值是 15，最小值是 2。用函数或程序生成的列表也可以得出相同的内容。还要注意，列表中没有 14，因为没有角色的属性是 14。在这个列表中，所有的事情都与第一次对 B 列属性进行分解时一样明显，但这次结果的粒度更细。在 J 列中，可以看到一个 COUNTIF 函数，它统计每个可能的值在整个数据列表中出现的次数。正如你所预料的那样，6是最常见的值，你已经从众数中了解到了这一点。有趣的是，你可以看到这并不是一个完全均匀的钟形曲线。5和4很少，3反而更多。在更高数值的一端，曲线的下降幅度更大，正如期望的那样，只有一些小的例外。图15.8显示了该数据的图表。

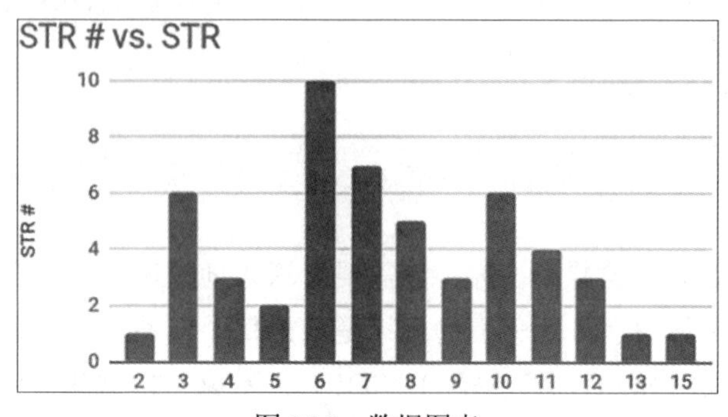

图15.8　数据图表

这张图表让你更深入地了解数据在游戏中是如何运作的。看起来有三个频率峰值，随后逐渐减弱，直到下一个波峰。这表明在角色中可能存在力量（STR）的“职业类别（Classes）”——可能是低、中、高或弱、平均和强——然后在这些大组中再设计得多样化。你可以对所有属性应用类似的分析，以获得每个属性值集分布的完整读数（见图15.9）。

fx　=countif(ChaData!B$2:B,I2)

	A	B	C	D	E	F	G	H
1	Attribute	STR	DEX	HP	AV	DG	MV	
2	Count	52	52	52	52	52	52	
3	Average	7.42	5.77	15.81	5.50	3.90	4.90	
4	Median	7	6	15	6	3.5	5	
5	Mode	6	5	15	6	3	6	
6	CountMode	10	11	12	9	13	15	
7	Mode %	19.2%	21.2%	23.1%	17.3%	25.0%	28.8%	
8	Max	15	9	50	20	8	10	
9	Max Count	1	1	1	1	2	1	
10	Min	2	2	3	0	0	1	
11	Min Count	1	1	1	1	1	2	
12								
13								
14								
15								
16								
17								
18								

	I	J	K	L	M	N	O	P	Q	R	S	T
1	STR	STR #	DEX	DEX#	HP	HP #	AV	AV #	DG	DG #	MV	MV #
2	2	1	2	1	3	1	0	1	0	1	1	2
3	3	6	3	3	5	2	1	6	1	5	2	3
4	4	3	4	10	6	2	2	5	2	7	3	1
5	5	2	5	11	7	3	3	6	3	13	4	13
6	6	10	6	7	8	4	4	3	4	4	5	14
7	7	7	7	9	9	1	5	4	5	9	6	15
8	8	5	8	10	10	4	6	9	6	9	7	2
9	9	3	9	1	12	2	7	5	7	2	8	1
10	10	6			13	2	8	3	8	2	10	1
11	11	4			15	12	9	5				
12	12	3			17	1	10	3				
13	13	1			18	1	12	1				
14	15	1			20	10	20	1				
15					25	2						
16					30	3						
17					40	1						
18					50	1						

图15.9　对属性分析进一步扩展

这张更全面的图中也浮现出了更多的模式：

- 你可以看到移动速度（MV）值高度集中在 5 附近。
- 3 看起来对游戏闪避（DG）值非常重要，因为它比其他值的出现频率要高得多。
- 攻击值（AV）在中间有一个传统峰值，然后慢慢减少，但在较高一侧有一个很高的离群值，在较低一侧又有一个很低的离群值。这些离群值很容易被忽略，因为从整体来看它们会相互抵消。
- 敏捷（DEX）属性的模式较其他属性更弱，且呈现线性分布。

你完全可以继续深入分析，但仅凭目前使用的工具，你已经有了更好的理解。此外，分析越深入，游戏、数据和属性就越个体化。到目前为止所讨论的方法可以应用于任何具有属性的数据对象列表的游戏上。

练习数据分析

如果你很难理解前面几节中的观察结果，请记住，这些观察结果是分析中最困难的部分。好消息是，进行这样的观察练习是相当容易的。

最好的练习方法之一就是在你已经熟知的游戏中尝试之前的分析方法。无论是官方网站还是粉丝网站，都充满了包含数据对象及其属性列表的数据表。你可能想要从一款你已经熟悉其游戏内感受的作品开始。然后你便可以通过分析了解到游戏中的什么模式能让作为玩家的你产生这种感受。游戏中的哪些机制和技术限制可能会驱动你在数据属性中获取的数字？对几款游戏进行这样的过程分析，可能会让你开始看清数据与游戏感受之间的联系。

比较分析

对于拥有大量数据对象的复杂游戏，聚焦于对两个独立对象进行比较有很大的用处。例如，在之前的 RPG 角色例子中，你可能希望同时查看两个角色并直接比较它们的属性。为此，你可以使用数据验证（如第 5 章“电子表格基础”中所述）来创建所有数据对象的下拉列表，然后使用 VLOOKUP 函数为这两个数据对象拉出每个属性值。图 15.10 显示了这样一个示例。

fx	=VLOOKUP($B2,ChaData!$A:$G,7,false)						
A	B	C	D	E	F	G	H
#	Character	STR	DEX	HP	AV	DG	MV
1	Zombie	4	2	6	0	0	2
2	Barbarian	7	3	13	2	4	5

图 15.10 用 VLOOKUP 函数比较数据对象

在这里你可以看到僵尸角色与野蛮人角色的直接对比。一旦建立了这种比较，就很容易更进一步、更仔细地检查数据。以下是一些你可能想看的例子：

- 对象之间属性的差异。
- 每个角色最大值和最小值的比较图。
- 进一步显示对象之间详细比较的图表。

在隔离少量数据对象进行分析时，可以进一步扩展对每个对象的分析深度。每个游戏都需要进行独特的分析，你需要花费必要的时间考虑在不同组合中进行哪种比较才最有用。

金丝雀[1]

在分析新的或陌生的数据时，有一个常见的问题：你并非每次都清楚犯错的时机。当不知道分析的预期结果时，你不能断定生成的答案是对还是错。这是一个很难完全避免的问题，但是有一个工具可以帮助你防范它：数据金丝雀。如果金丝雀发现你的数据有异常，那么你就知道可能藏了更大的问题在里面。

请注意

数据金丝雀的想法源于煤矿工人用金丝雀来确定煤矿部分区域的空气是否可以安全呼吸。

为了了解数据金丝雀是如何工作的，请考虑图 15.11 中的百分比列表。你凭直觉就知道大多数情况下所有百分比的总和是 100%。那么，图 15.11 中的列表正确吗？光看名单是很难判断的。这类问题可能出现在任何有数据分析的地方：所有的结果乍一看可能都

1 意思是指类似矿洞中的金丝雀的检查器。——译者注

是正确的，但又很难断定它们一定正确。

金丝雀是一个你已经知道结果的计算，要么是因为它很直观——比如百分比总和是 100%，要么因为你可以通过用两种不同的方法计算出相同结果来重复检查（例如，先使用 AVERAGE 函数，然后使用 SUM 和 COUNT 函数来两次得出平均值）。这样的冗余检查可以在很大程度上减少错误（尽管错误仍然可能发生）。在图 15.12 中的百分比列表中，你可以看到出现了某种错误，因为总数小于 100%。

	A	B
1	Things	Percent
2	Thing 1	11.00%
3	Thing 2	2.00%
4	Thing 3	15.80%
5	Thing 4	3.00%
6	Thing 5	4.00%
7	Thing 6	2.50%
8	Thing 7	2.00%
9	Thing 8	4.50%
10	Thing 9	3.10%
11	Thing 10	1.00%
12	Thing 11	0.04%
13	Thing 12	6.00%
14	Thing 13	3.00%
15	Thing 14	12.00%
16	Thing 15	4.00%
17	Thing 16	6.00%
18	Thing 17	7.00%
19	Thing 18	3.50%
20	Thing 19	1.00%
21	Thing 20	8.20%

图 15.11　这些百分比加起来是 100%吗

	A	B
1	Things	Percent
2	Thing 1	11.00%
3	Thing 2	2.00%
4	Thing 3	15.80%
5	Thing 4	3.00%
6	Thing 5	4.00%
7	Thing 6	2.50%
8	Thing 7	2.00%
9	Thing 8	4.50%
10	Thing 9	3.10%
11	Thing 10	1.00%
12	Thing 11	0.04%
13	Thing 12	6.00%
14	Thing 13	3.00%
15	Thing 14	12.00%
16	Thing 15	4.00%
17	Thing 16	6.00%
18	Thing 17	7.00%
19	Thing 18	3.50%
20	Thing 19	1.00%
21	Thing 20	8.20%
22		
23		
24	Sum	99.64%

图 15.12　发现错误

为了研究一个稍微复杂一点的例子，让我们回顾一下 RPG 角色列表。这一次，假设你想要再次检查属性值的分布。已经知道属性的计数是 52（共有 52 个角色），你可以对一列分布的属性计数进行快速求和，以保证它也显示为 52（见图 15.13）。

fx =sum(J2:J14)

	A	B	C	D	E	F	G	H
1	Attribute	STR	DEX	HP	AV	DG	MV	
2	Count	52	52	52	52	52	52	
3	Average	7.42	5.77	15.81	5.50	3.90	4.90	
4	Median	7	6	15	6	3.5	5	
5	Mode	6	5	15	6	3	6	
6	CountMode	10	11	12	9	13	15	
7	Mode %	19.2%	21.2%	23.1%	17.3%	25.0%	28.8%	
8	Max	15	9	50	20	8	10	
9	Max Count	1	1	1	1	2	1	
10	Min	2	2	3	0	0	1	
11	Min Count	1	1	1	1	1	2	

	I	J	K	L	M	N	O	P	Q	R	S	T
1	STR	STR#	DEX	DEX#	HP	HP#	AV	AV#	DG	DG#	MV	MV#
2	2	1	2	1	3	1	0	1	0	1	1	2
3	3	6	3	3	5	2	1	6	1	5	2	3
4	4	3	4	10	6	2	2	5	2	7	3	1
5	5	2	5	11	7	3	3	6	3	13	4	13
6	6	10	6	7	8	4	4	3	4	4	5	14
7	7	7	7	9	9	1	5	4	5	9	6	15
8	8	5	8	10	10	4	6	9	6	9	7	2
9	9	3	9	1	12	2	7	5	7	2	8	1
10	10	6			13	2	8	3	8	2	10	1
11	11	4			15	12	9	5				
12	12	3			17	1	10	3				
13	13	1			18	1	12	1				
14	15	1			20	10	20	1				
15					25	2						
16	canary	52			30	3						
17					40	1						
18					50	1						

图 15.13　用金丝雀检查结果的准确性

以这种方式运用金丝雀，你可以更有信心地认为大多数乃至所有数据都在发挥你所期望的作用。

进一步要做的事

在完成本章后，你应该花一些时间在现实世界中实践这里所涉及的概念。试着通过这些练习在高层次概述和更详细的回顾中进一步探索数据分析的概念。

- 创建一个电子表格，导入或复制粘贴你最喜欢的游戏中的数据。花一些时间清理数据，并确保以易于计算的方式安排数据（例如，确保每个属性有自己的列，每个数据对象有自己的行）。
- 当你把数据导入并整理好后，使用本章介绍的方法对数据进行分析。在使用本书所描述的所有基本方法后，看看你所选择的游戏是否适合任何其他形式的分析。哪一种分析方法最适合你的游戏——是对所有数据的广泛概览还是对个别对象的详细比较？
- 根据数据，对你所选择的游戏玩法做出结论。在游戏中做了这些练习后，你应该深刻地理解为什么游戏系统设计师会以这种方式制作游戏。同时，也要留意错误和漏洞。这种情况在现代游戏中并不常见，但偶尔也会发生。

第 16 章

宏观系统和玩家参与

可以使用几种不同类型的难度调整方式来让游戏整体变得更难或更简单，或者根据玩家的特殊需要进行调整。通常，特别是在大型游戏中，可以同时使用多种方法来获得更好的平衡。本章从很高的层次上讨论了平衡游戏的问题，涉及所有的综合系统。

宏观系统难度调整

难度调整在游戏中很容易实现，它往往被用来鼓励玩家间的高水平对抗。下面几节将讨论难度调整的主要类别：

- 绝对平衡（Flat balance）[1]
- 正反馈循环（Positive feedback loop）
- 负反馈循环（Negative feedback loop）
- 动态难度调整（Dynamic difficulty adjustment）
- 分层难度调整（Layered difficulty adjustment）
- 多重作用（Cross-feeding）[2]

绝对平衡

绝对平衡的游戏本身是公平的，并且不会针对任何一方进行调整。

请注意

绝对平衡是最古老的平衡形式，它被用于大多数体育游戏。它也被用于许多古老的游戏，如国际象棋和西洋双陆棋。下面是它的适用范围。

适合：严肃的竞技游戏。

不适合：有趣的、易上手的游戏。

在绝对平衡中，无论玩家在游戏中行为怎样、位置在哪以及表现是好是坏，游戏都会在无调整的情况下继续下去。

例如，如果两个棋手下棋，棋手 1 赢了，你可以假设棋手 1 玩得更好。你知道游戏并没有采取任何措施来提高或降低棋手 1 获胜的概率。这种方法的缺点是，如果棋手 1 比棋手 2 厉害很多，那么棋手 2 永远不会赢。棋手 1 总是会获胜，游戏很快就会让双方都感到无聊。当你知道自己总会输或总会赢时，玩游戏就不那么有趣了。玩游戏的部分

1 意思是对双方适用同样的规则和难度。——译者注

2 原指生物学上一种物种以另一物种的代谢物为食的现象。这种营养互相依赖的术语在微生物学中经常用来描述细菌之间的共生关系。此处应该被引申理解为“多种途径相互作用”。——译者注

乐趣就在于结果的不确定性，如果结果显而易见，那就没意思了。

绝对平衡很适合那些想要选出谁最优秀的游戏，比如体育运动。在专业级体育比赛中，你并不会希望每次都看到势均力敌，你想知道的是哪边更出色。另一方面，如果你希望游戏具有竞争性和趣味性（这通常是面向用户的游戏的目标），就不应使用绝对平衡法。

正反馈循环

除了绝对平衡，另一种常见的平衡类型是**正反馈循环**，它有时也被称为**“富人更富穷人更穷”**机制，或叫**发散曲线**。图 16.1 展示了正反馈循环的概念。

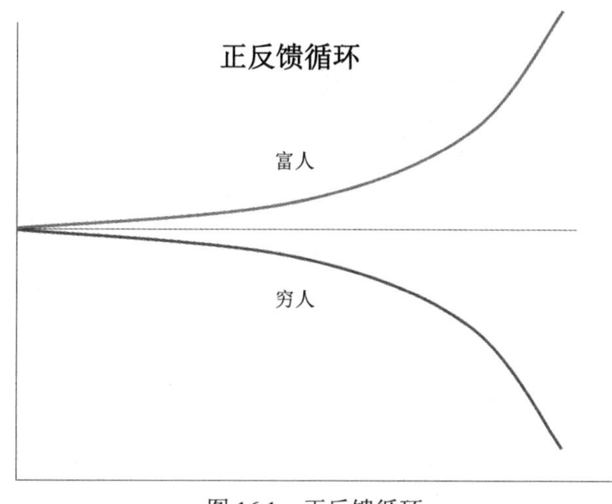

图 16.1　正反馈循环

请注意

扑克和保龄球中用到了正反馈循环。以下是它的适用范围：

适合：打破僵局（即分数一直很接近的情况）。

不适合：允许玩家你追我赶且能从中享受乐趣的、不那么严肃的严肃游戏。

正反馈循环的作用是让玩家分化，让表现好的玩家更有优势，让表现差的玩家更有劣势。在游戏中实现这种类型的平衡很容易。你要做的就是给那些表现好的玩家奖励，这些奖励能让他们玩得更轻松。如果玩家表现得好，获得了更好的奖励，那么他们就更有可能表现得更好。同样，你也可以用这种平衡类型来惩罚表现差的玩家。这两种方法都可以引起一个正反馈循环。

举例而言，假设在 FPS 游戏中，每当你成功命中目标，你就会得到一把更强力的枪，它的杀伤力更大，准确度也更高。相反地，每射偏一次，你的枪也会变得更差。这将很快让表现更好的玩家变得势不可当，而让表现差的玩家变得毫无竞争力。通常这似乎是一件坏事，因为你不会希望玩家彼此间完全分化。如果你发现对方越来越厉害，而你自己却越来越差劲，那么游戏的乐趣也就到头了。

然而，你可以利用这个机制来达到一些正面效果。选用正反馈循环的原因之一，是游戏正陷入僵局。如果游戏内双方一直势均力敌或形成拉锯战，你便可以通过正反馈循环去打破僵局。通过给予表现稍好的玩家奖励，你便可以让玩家拉开差距并最终结束游戏。

保龄球是个很好的例子，它很好地用到了正反馈循环。在保龄球[1]运动中，一个球最多击倒的球瓶数是 10。你击球的机会数为 10，所以能拿到的最高分似乎理应是 100 分。然而，一旦玩家逐渐熟练起来，他们就更可能在一次击球中击倒全部 10 个球瓶。如果最高分是 100 分，比赛的分数就会非常接近，而且经常打平。专业级选手每场比赛都会得到 96 到 98 分。这将使比赛过程缺乏悬念，无论是选手还是观众都没什么乐趣。为了保持保龄球比赛的趣味性，每当选手在首次尝试就击倒所有球瓶时，就被记为一次全中（Strike），这一计分格（Frame）得分为 10 分加上选手接下来两格中的分数之和。这让一个优秀选手可以最多在一个积分格中得到 30 分，总分最高则可达到 300 分。因为一次失误就会导致分数的大量减少，所以分数差距就比“看上去只有寥寥几次失误”要大得多——这样游戏也变得不那么容易预测了。

另一个例子是经典游戏《大富翁》[2]，你投资掷得越好，能拥有的地产就越多，能赚到的钱也越多，钱越多就越能购买更多地产，也就能赚更多的钱。这个循环一直持续到某个玩家大获全胜。如果玩家很难获得更多的钱和地产，游戏就没完没了。考虑到此时游戏已经进行了很长时间，进一步拉长游玩过程可能会引起玩家的严重厌烦情绪。

---

1 保龄球的积分规则复杂，文中提到的情况如下：每局比赛由 10 格组成，前 9 格中运动员每格有两次投球机会，如该格第一次投球击倒全部 10 个球瓶，则不需第二次投球，该格计为全中，该格全中所击倒的瓶数（10 分）加随后两次投球所击倒的瓶数为该格所得的分数。——译者注

2 又名地产大亨或强手棋，英文名为 Monopoly，是一种多人策略图版类桌游。参与者分得游戏金钱，凭运气（掷骰子）及交易策略，买地、建楼以赚取租金。——译者注

负反馈循环

负反馈循环有时被称为**橡皮筋**，因为表现更好的玩家会受到更多惩罚，获得更少奖励。反之，表现更差的玩家获得更多奖励和受到更少惩罚。这正像一根橡皮筋，把领先的玩家拉回来，把落后的玩家向前拖。图 16.2 说明了这个概念。

负反馈循环的理念是相当不直观的，因为人们会天然觉得应该奖励表现好的、惩罚表现差的，但实际上这取决于你所创造的游戏类型。如果你创造的是一款对抗性很强的游戏，那么负反馈循环就是有害的，因为它会让领先者和落后者之间的差距比本来的更加接近。但很多时候你会希望游戏对更多的玩家有更大的包容性。可能是制作合家欢类型游戏的风格使然，也可能是为了扩大游戏的受众范围。游戏环境的优化可以让更出色的玩家和更不擅长的玩家进行竞争，同时仍旧让游戏结果保持一定的神秘性。

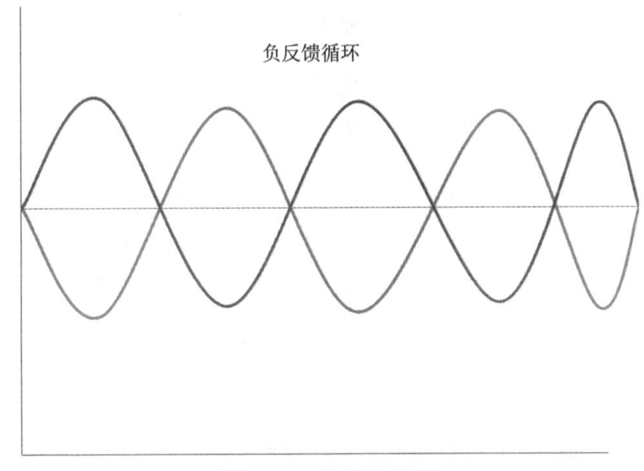

图 16.2　负反馈循环

请注意

赛车和聚会游戏通常会使用负反馈循环。以下是它们的适用范围：

适合：轻松、有趣的游戏。

不适合：强竞技的游戏。

这种平衡方法最有代表性的应用场景之一，是面向大众的卡丁车竞速类游戏——也就是说，玩家在游戏中驾车四处奔跑，并可以得到一些能力提升道具，它们会提供或强或弱的帮助。通常情况下，在这些游戏中，你越落后，获得的道具就越好，这样就可以迎头赶上。反之，你越是领先，得到的道具就越差，从而让你可能落后。这种平衡倾向于把每个人都拉向中间。这可能会让更有竞争力的玩家感到沮丧，因为这游戏看起来是在奖励表现差的，惩罚表现好的行为——而事实正是如此。负反馈循环经常被用在轻松的游戏中，以确保不同技能水平的玩家都觉得自己有机会获胜。

负反馈循环被广泛用于机会均等化比赛法（Handicapping）——就是说，给水平较低的选手额外的分数。在现实世界中，保龄球、高尔夫球和赛马都使用了机会均等化比赛法。我们来看一个用到了这个方法的保龄球游戏示例。在保龄球游戏中，回顾本章前面的内容，一个选手能得到的最高分为 300 分。假设两位选手的平均成绩如下：

选手 1：平均成绩 100 分
选手 2：平均成绩 200 分

每位选手会获得一个补偿分数，即可能的最大分数减去他们的平均成绩分数：

选手 1：满分 300 分–100 分平均成绩=200 分补偿分数
选手 2：满分 300 分–200 分平均成绩=100 分补偿分数

下局开球后，他们每人都可以把各自的补偿分加到最近一次比赛的分数上。技术较差的选手现在有 200 分的补偿分数，而技术较好的选手有 100 分的补偿分数。如果他们在没有补偿分数的情况下互相对抗，并且表现保持一致，那么第一个选手总是会输，第二个选手总是会赢。在绝对平衡的情况下，从一开始他们就对比赛不会抱有任何神秘感。在高水平的比赛中，这是很好的一件事，但对于友谊赛，你还是需要一些不确定性的。

现在我们假设这两名选手正面交锋，每人都拿到 150 分。为了更新每个选手的补偿分数，你要把各选手的最近得分和补偿分数加起来。给选手 1 的 150 分加上 200 分的补偿分数，所以选手 1 现在有 350 分——尽管这比正常的保龄球总分要高（在使用机会均等化比赛法时，你经常会看到分数高于自然总分的情况）。对于选手 2，你也是给他的 150 分加上补偿分数，也就是 100 分，所以现在选手 2 有 250 分。展示出来如下：

选手 1：补偿分 200 分+150 分=350 分的总分
选手 2：补偿分 100 分+150 分=250 分的总分

在这场比赛中选手 1 获胜，即使两个人打出相同的分数。这可能看起来不太公平，但机会均等化比赛法是把玩家与玩家自己的平均水平进行比较，而不是把玩家直接与对手进行比较，这样优化了比赛环境。积分系统仿佛在说：“选手 1 平时表现更差，但今天却发挥得很好。选手 2 平时表现更好，但今天却发挥得不怎么样。因此今天选手 1 赢了，因为他今天发挥得更好。”你可以通过这种方式，比较选手当天的情况，这为比赛结果创造了一些神秘感。

动态难度调整

动态难度调整（DDA）是一种交互式的调整方法，它依赖于人类或 AI 的决策，根据条件实时调整游戏中的难度。

请注意

动态难度调整的例子包括免费手机游戏和现代 3A 大作。以下是它们的适用范围：

适合：确保大量玩家体验一致。

不适合：给予玩家独特或个性化的控制范围。

DDA 在计算机时代之前就在被广泛运用——被所谓地运用。今天的游戏中仲裁者仍然在使用这种平衡方法。地下城主（Dungeon Master）或游戏管理者（Game Master）可以根据直觉动态地改变情境。游戏管理者监控玩家，引导他们完成情境。如果游戏管理者发现某个情境或遭遇对玩家来说太难了，他便可以在游戏中做出一些改变并调整难度，从而为整个团队带来更多乐趣。如果游戏管理者发现玩家表现得太聪明或非常擅长游戏，他也可以反其道而行之。在整体游戏过程中，游戏管理者可能会发现有些部分对团队来说太难了，而有些部分太简单了，那么他可以针对具体情境朝不同方向调整。这是动态难度调整的一种模拟形式。

运行电子游戏的计算机是游戏流程背后的大脑。我们已经很擅长制作游戏，可以给人工智能编程，让它做出与人类的游戏管理者相同的调整。在没有人为干预的情况下，计算机可以实时调整游戏难度，提供动态的难度调整。例如，对于游戏中的一个 boss，玩家多次尝试击败都没有成功，然而在下一次尝试时，感觉容易多了，这很可能是游戏在幕后改变了一些数字，以确保玩家不会感到沮丧并打算放弃。游戏的改变是以量化的方式进行的，比如减少 boss 的生命值或减少 boss 造成的伤害。

当你想为所有玩家提供一致的贯穿游戏的体验，使用 DDA 非常合适，创造面向大众市场游戏的一大问题便是玩家的能力存在很大差异。有些玩家手眼协调性不是很好，而有些玩家这方面的能力却惊人地优秀。有些玩家不是很擅长解谜，而有些玩家却擅长得令人难以置信。如何让所有这些玩家在同一款游戏中拥有相同的体验？你可以在幕后进行动态难度调整，监测玩家的进度并调整难度，使他们的体验感受相似。对于 boss 战的例子，假设一个玩家对游戏不是很擅长，手眼协调能力也不好，第二个玩家则是专业级游戏老鸟。作为设计师，你想让两个玩家都体验一下 boss 战，在输一两次后，在第三次或第四次尝试时通过战斗。你可以在编码游戏时输入所需的参数，例如 boss 相比玩家失去生命值的速度、玩家尝试 boss 战的次数以及玩家与 boss 战斗的时间。然后设置触发阈值。例如，在第一次尝试中，如果 boss 失去生命值的速度是玩家的三倍，就会导致难度的增加。相反地，如果这种情况发生在玩家第四次尝试时，便会导致难度下降。

有时候是不建议使用动态难度调整的。举个例子来说吧，当你希望各玩家都能拥有基于自身能力和决策的独特体验时，就不应使用这种平衡方式。如果认为不同技术水平的玩家在游戏中就应该有不同的体验，那么你绝对不会想要用 DDA。大型开放世界角色扮演游戏就是一个很好的例子，你不会想在这类游戏里放入太多的动态难度调整，因为玩家应该能够选择自己的体验。同样，在沙盒游戏[1]中，你让玩家选择属于自己的体验，让玩家本人的能力带领自身去到能去的地方。当你需要限制游戏规模时，也应该避免使用动态难度调整。为 DDA 定义参数和编写触发器代码是很困难的，而且可能需要花费与一开始创造游戏时同样长的时间。即使添加哪怕很轻度的 DDA，你所花的时间也有可能与之前已经花在项目上的时间的一半那样多。

请注意

不同类型的玩家对动态难度调整机制的反应不同。一些想证明自己技术或想创造独特体验的玩家，一旦他们怀疑游戏中有任何动态难度调整，就会全盘拒绝游戏。另一方面，许多对体验和顺利完成游戏感兴趣的玩家则会被动态难度调整机制吸引。

分层难度调整

如果之前玩过包含简单、中等和困难模式的游戏，那么你已经体验过分层难度了。

1 Sandbox Games，通常指带有提供给玩家很大程度的创造性去与之互动，不预设目标或让玩家带着自己目标进行的游戏类型，这类游戏通常以生存、建造等为主要的游戏玩法。与通常表述中的开放世界（Open-world）并不是同一类游戏。——译者注分层难度调整意味着允许玩家自己调整难度。

请注意

分层难度调整的适用范围如下：

适合：让玩家自己做选择。

不适合：给玩家提供一致的体验和控制体量。

在游戏中你可能会经常发现，某条路径可以让你得到更多奖励，但同时风险也更大，而另一条路径则更容易完成，但相应的奖励也更少。然而，奖励并不一定要与分层难度挂钩，特定路径或模式可能只是为了变难而变难。在格斗游戏中，当你可以选择对手时，故意挑选越来越难的对手，这也是分层难度的体现。

分层难度的好处在于，它为玩家提供了大量决策空间，并让玩家有权自己选择。他们会觉得一切尽在掌控之中，并因此有赋能的感受。

在游戏领域，特别难的游戏可能被称为“90 年代硬核”。在 20 世纪 90 年代，游戏几乎是为有经验的玩家制作的。游戏难度不断膨胀，玩家水平不断提高，所以游戏也变得越来越难，如此循环往复。在那个年代，如果你玩一款游戏但却无法推进它，那就意味着游戏结束。而如今，不能让玩家推进是不会被大众市场所接受的。游戏制作组想让尽可能多的玩家体验到游戏的乐趣。

如果玩家在玩一款没有分层难度的游戏时卡住了，往往会让他很有挫败感。很多时候，玩家的挫败感针对的是游戏本身、设计团队，甚至设计这个场景的具体设计师。我们听到的评论会是游戏“不公平”或“作弊”。然而，如果游戏有分层的难度，玩家选择在困难模式下玩游戏，那么他们的反应就不同了。玩家更容易接受“困难缘于他们自己的错误”。同时，他们知道自己可以把难度调低。

另一个例子是，在一款开放世界游戏中，假设在巢窟中遇到一只怪物。这是一个非常困难的场景，但你可以很容易地在这个区域内走动。如果你选择当场开打，那么会打得非常吃力。而如果你愿意，也可以先离开，之后再回来体验这部分。你可能会对这个场景的难度感到沮丧，但找到另一个更适合的场景时，你可能很快就不再感到沮丧了。如果没有办法放弃一个具体情境并进入另一个，你的挫败感可能会持续增强。

当游戏的体量是个问题时，你就应该避免分层难度。添加分层难度并不像你在伤害输出或生命值上添加一个倍率那么简单。事实上，这比简单地改变几个通用数字要困难得多。不仅你需要重新平衡整个游戏以创造出不同的难度级别，而且通常这不是线性变化的。同样地，如果游戏中存在一些玩家可以离开不玩的区域，那么团队投入时间和资源去创造的内容就会被闲置。

多重作用

多重作用是一种允许玩家使用不同的技能来完成同一个任务的平衡方法。多重作用经常被用于潜行战斗和具有多种职业的角色扮演游戏中。

请注意

下面是多重作用的适用范围：

适合：给玩家提供选择和独特的故事。

不适合：平衡难度和给玩家提供统一的游戏体验。

多重作用的一个典型例子是玩家能以各种方式打败 boss。举个例子来说吧，一种方式是在缺乏战斗技能的情况下，花更多时间获取足以打败 boss 的装备；另一种方式是用差劲的装备配合战斗能力直接与 boss 正面对战。在前一个情境中，玩家擅长寻找装备，但不擅长战斗。而在第二个情境里，玩家擅长战斗，但不喜欢找更强大的装备。在多重作用中，玩家能以多种方式处理任务。

当你要做一款拥有许多相互关联机制的大型游戏时，多重作用是最适用的。提供给玩家各种完成挑战的方法，让游戏显得非常个性化，并让玩家拥有大量能动性。它可以引导玩家间的交流，让他们针对自己偏好的方法的优势展开讨论。对于作为设计师的我们来说，就我们所创作的游戏系统而言，这是我们从玩家那里获得的最高评价之一。

多重作用的一个缺点是，它在非常简单的游戏里是不可能实现的。另一个缺点是，当设计师不知道玩家将如何应对呈现的挑战时，很难平衡每个单独的情景。多重作用还可能会产生这样一个问题：如果有多种方法都能解决同一个情境，其中一定会有最糟糕的一个。在部分游戏中，你可能会发现有些机制用是能用，但似乎作用不大。这很可能是由于它们被设计成了多重作用的平衡机制，但没有设计得完全平衡，最终导致无用武之地。

糟糕的多重作用机制可能会浪费创造者的努力，并会引发玩家的不满。举例来说，对一个拥有多种不同枪支的射击游戏，如果设计师创造了 50 种不同风格的枪，但其中有一种明显优于其他的，那么玩家就会被那把强大的枪所吸引，而忽略其他 49 种枪。这意味着制作这些枪的设计师和美术团队以及测试这些枪的 QA[1]团队都浪费了大量时间。更糟糕的是，玩家会说这款游戏很无聊，缺乏多样性，尽管实际上游戏中多样性其实还蛮丰富的。

平衡的组合

随着游戏变得越来越复杂，它们可能会结合使用多种平衡方法。例如，设计师可能在玩家相互对抗模式中执行负反馈循环，在单人模式中执行动态平衡难度调整。设计师可能在某些领域使用绝对平衡，以便将游戏公平地呈现给所有玩家，同时可能在其他领域使用分层难度调整。重要的是要意识到，本章所描述的平衡方法是可以相互结合使用的。

进一步要做的事

在读完本章后，你应该花些时间在现实世界中练习这里所涉及的概念。试试这些练习，进一步探索本章讨论的各种平衡方法。

- 从各类游戏中挑选一些你喜欢的类型（例如，电子游戏、桌面游戏、运动）。仔细阅读游戏规则，并明确是哪些规则导致了本章所列出的平衡类型在该游戏中出现。有些游戏只用一种平衡方法，有些游戏则同时使用多种平衡方法。
- 在确定你所选择的游戏中的平衡方法后，试着在规则中转换它们，并思考会发生什么。这里有些假设可以帮你起个头：
  - 具有正反馈循环的篮球规则。
  - 具有负反馈循环的大富翁游戏。
  - 具有多重作用的马里奥赛车。

1　Quality Assurance 品质/质量控制。——译者注

第 17 章

微调平衡、测试和解决问题

游戏系统设计师的大部分时间实际上并不是花在设计上，而是花在调整、测试和解决问题上。本章讨论了一些具体方法，以让这一庞大的任务更易于管理。

平衡

就游戏设计而言，平衡指的是调整游戏数据，让玩家觉得自己具有控制权。在整个游戏过程中，你希望玩家不断思考以下问题：

- 我扮演的英雄是用剑还是用斧头？
- 我的赛车该用前驱还是后驱？
- 我的农民是种玉米还是种小麦？

在一款优秀的游戏中，这些问题的答案并不总是显而易见的。此外，不同玩家应该有不同的观点，不同情况应该有不同的解决方案。当每个系统和数据对象都存在发挥作用的空间（无论是从时机、位置还是从玩家风格的角度考虑）时，你就可以认为这款游戏的数据是平衡的，需要思考才能做出正确的决策。

仅仅“觉得”游戏平衡是不够的。你需要在清晰、可量化原则基础上的证据。其中一些证据需要在测试中观察，而其他一些则可以通过现场测试者或使用遥测技术分析具体数字来获取。

为什么平衡很重要

玩家是为了控制权而玩游戏的。游戏里的控制权意味着玩家能够真正影响游戏的进程。如果你在游戏中只提供给玩家错误的选择，并且没有给他们真正的控制权，那么他们也没有任何理由继续在游戏中投入时间。

例如，你正在玩一款游戏，并准备进行一场前所未有的艰苦战斗。你需要在军械库里选一把武器，选项有两个：

- **毁灭之剑**：100%命中率，造成 100 点伤害。
- **火腿三明治**：2%命中率，造成 1 点伤害。

这不是一个合理的选择。没有多少玩家会选择三明治。这样的“选择”实际上只是做做样子。游戏让你走进军械库，挑一把武器，但你很清楚应该选哪一把，所以你只是在走过场。你可能不会觉得自己与游戏建立了联系，也不会觉得自己对这个选择有什么重大投入。

同样是赋予玩家控制权，更平衡的选择可能是这样的：

- **毁灭之剑**：100%命中率，造成 25 点伤害。
- **卡波之剑**：5%命中率，造成 500 点伤害。

用数学方法计算，你会发现从长远来看，这两种选择的平均伤害都是 25 点（有关属性的信息，请参看第 9 章“属性：创造和量化生活”）。但实际上，它们感觉起来大相径庭。使用毁灭之剑，你可以用常规方法造成持续可预测的伤害，从而打败对手。另一方面，卡波之剑是一场豪赌。你也许可以一剑就把对手秒杀，也可能砍了半天都没有打中。你想赌一把吗？没有明确的答案。选择取决于玩家的个性。玩家个体可能会明确地选择前者或后者，玩家之间可能会出现分歧。甚至同一个玩家可能也需要考虑一段时间才能做决定。这正是你想要在游戏中看到的。无论玩家做出何种选择，他们都会觉得自己在游戏中具有控制权，且自己决定了属于自己的最佳决策。这加强了玩家在进一步选择和游戏整体上的投入。它还可以加强玩家社区的发展。“毁灭簇拥者”和 “卡波簇拥者”可以为了各自的偏好辩论个三天三夜。让游戏保持平衡对游戏设计师来说非常重要，因为这能够给予玩家控制权并鼓励他们在游戏中投入。

让我们来看看最后一个武器选择的例子，以阐明另一个平衡问题：

- **火腿三明治**：2%命中率，造成 1 点伤害。
- **断裂的木棍**：1%命中率，造成 2 点伤害。

从数学上讲，这是一个平衡的决策，但问题很明显：这两个选项都很糟糕。给予玩家虚假的控制权，同时让他们遭受失败，这是让他们受挫的最佳方法之一。归根到底，你希望玩家拥有多种平衡且可行的选择。

平衡问题的另一个实际的原因是，在创造游戏时分配团队资源。如果在一款赛车游戏中投入时间和资源去创造并测试 20 辆汽车，但玩家只会从中选择 2 辆，那么你就在其他 18 辆车上浪费了大量时间。这显然不是任何人想要的结果。让 20 个选项都可行，你就给了玩家更多控制权，让更广泛的玩家都觉得自己在游戏中有所投入。你还可以合理分配开发人员的时间。在游戏领域，不少开发人员通过遥测发现自己费力开发的部分内容只被很小一部分玩家看到。对任何开发人员来说，这种感觉都很可怕。

总体游戏平衡（一般游戏平衡）

虽然没有公式或标准能够确切证明游戏已达到平衡，但是我们却能够客观地衡量并追踪一些指标。理论上的数值平衡可以帮助你平衡游戏，但在测试阶段开始前，你并不知道游戏是否真正平衡。在测试阶段，你可以通过观察以下现象，来判断游戏是否接近或达到了良好的平衡：

- **挠头**：当玩家理解了游戏并面临抉择时，要注意他们做出选择的速度。选择可能是战斗前决定拿剑还是斧头，可能是上新赛道前决定开跑车还是“肌肉车”，也可能是农场游戏中决定种植玉米还是小麦。任何时候，只要有选择，你都应该注意测试者做出决策的时间以及他们对决策的上心程度。如果所有的测试者都在一秒钟内选择了斧头，那么这就是不平衡的表现。另一方面，如果许多测试者停顿下来，在选项之间犹豫不决、可能还会在做决策前提出问题，这就表明决策是平衡的。然而，需要注意，这种停顿和提问也可能意味着玩家正在困惑。重要的点是，确保你的测试者之所以挠头，是因为他们正在努力思考最佳方案，而不是因为他们感到困惑或沮丧。
- **玩家之间的分歧**：让做出不同决定的测试者讨论各自做出这些决定的原因，这点也很重要。如果存在分歧——理想情况下，是对不同决定进行热情的辩护——你就很好地平衡了游戏。即使是只有两个测试人员的小组，每个人都有自己的偏见，这也是一个好迹象。有了这样的反馈，你就知道你的两种设计都是可行的（至少在这次测试中）。另一方面，如果所有的测试者很快就达成了共识，那就有可能是不平衡的。此时你应该抓住机会，询问测试者决策背后的原因，并寻找解决不平衡的线索。
- **选择的均匀分布**：当你与大量的测试者一起工作时，可以在他们的选择分布中看到一些模式。这些模式可以在游戏测试阶段出现，并且通过遥测真正展示出来。如果你给玩家提供 5 个选项，而最终每个选项都有 20%的概率被选中，那么这样的结果简直太理想了！即使是最平衡的游戏也不大可能出现这种结果，因为总会有一些外部因素会影响玩家。关键并不在于“所有选项都以完全相等的比例被选中”，而在于“它们至少在某些时候的确会被选中”。
- **改变游戏条件**：如果玩家在游戏过程中根据不同条件改变了目标或偏好，那这也是另一个很好的平衡性指标。我们很容易通过伤害类型等概念人为地强化这一点（例如，在火之国，只有冰霜武器才能造成伤害）。除了人为地强制改变道具和策略，还有更自然、更有机的改变形式。玩家的偏好会根据他们看到的条件和可用的选择而改变。只要玩家对每个决策都有多个合理的选择，并且玩家对结果的选择并非一边倒，那么让玩家根据条件做出改变本身就是对平衡的极大扩张。

- **剪刀石头布的组合**：平衡的另一个实用标志是，任何给定的选项都有明确的用途和致命弱点[1]，就像在剪刀石头布游戏中一样。这种组合通常是有意植入到游戏机制中的，但也可能在游戏开发过程中自然而然地出现。
- **领先优势的变化**：一方玩家或团队将优势从另一方手中夺了过来——可以作为游戏平衡的一个标志。它并不总是一个完美的指标，但可以为多人游戏的平衡提供一些线索。如果一款游戏有可被测量的竞争，那就需要观察领先优势的变化频率。这也适用于现实世界的游戏。观看任何一场体育赛事，注意观察领先优势的变化，若一场比赛领先优势变化较频繁，则观众也会认为这场比赛更刺激。

打破你的数据

当你挺过了测试的全部考验，并开始观察到想要的结果时，你很容易止步于此——带着一个微小的胜利“套现”。一定不要被这种诱惑蒙蔽。相反，要不断做出改变。时间越充足，你的改变就应该越具有实验性。你应该故意打破系统的界限，看看会发生什么，应该在游戏离正式发行还有很久的阶段来独立进行这类实验。经历了这一重要阶段，游戏数据将从“技术上可接受”蜕变为“真正具有创新性”。

有裁判比赛的平衡性问题

如果你曾冲着裁判吼叫过，那么应该很清楚有裁判的比赛并非就没有问题。许多情况下人们不同意判决，并且觉得比赛不公平。一款被认为不公平的游戏在玩家和受众眼中可能会减分。早期一些游戏可能虽然看上去不公平，不过由于其根植于文化传统中，并且已经被接受了很长一段时间，由此可能会“有幸逃脱”。但新游戏就没有这福气了，如果被烙上了不公平的标签，那么就面临着巨大的失败风险。

有以下两种主要的方法来处理有裁判比赛的问题：

- 迎合裁判：这是一个优雅的解决方案，因为它完全回避了问题。如果烹饪比赛的目的是让裁判高兴，那么裁判可以公平地决定哪道菜让他们最高兴。大家并不期待裁判是公正的。相反地，偏见是作为一种机制存在于竞赛中的。这个系统最大

1 原文为阿喀琉斯之踵（Achilles heel），源自古希腊神话，阿喀琉斯之踵是他身体唯一一处没有浸泡到冥河水的地方，成为他唯一的弱点。阿喀琉斯后来在特洛伊战争中被毒箭射中脚踝而丧命。现在引申为致命的弱点、要害等。——译者注

的缺点是，它只决出了裁判眼中的赢家，裁判并不决定谁在客观上更优秀。例如，评委可能选择获胜的菜肴是因为含有他喜欢的配料。这道菜可能不是设计或制作得最好的，但它包含了迎合特定评委的某些东西。比赛的结果实际上只显示了裁判们的偏好，而不是选手的能力。

请注意

在游戏行业的推介会上，迎合评委总是屡见不鲜。如果你足够幸运能向高管或投资者推销游戏理念，便不会想要花时间去证明你的游戏项目是最好的；相反地，应该向他们展示你的游戏是最适合他们的。投资者完全可以有偏见，他们可能选择你觉得较差的项目，因为他们更喜欢这个项目。这并没有错。投资者可以自由地在他们想要的地方投资他们想投资的东西。

- 量化：处理有裁判比赛问题的另一种方法是明确量化评判标准，来最小化不一致的问题。在电子游戏中，你在这方面有巨大的优势，因为整个游戏世界是由你的团队编写的，完全在你的控制之下，所以你可以为每一种需要它的情况设置精确且完全可以量化的标准。例如，在格斗游戏中，与 MMA[1]或现实世界中的拳击不同，你可以 100%保证游戏中不会出现非法击打。你要做的就是对游戏进行编程，使其不允许出现这种情况。而在现实世界中，总是会有一些灰色地带。

  如果你正在设计一款模拟游戏或体育运动，可以采取进一步措施确保所有情境都得到量化。在网球等比赛中，裁判过去很难判断球落在哪里，是界内还是界外。今天，我们有了带有计算机控制器的高速摄影机，可以监控比赛，并能清晰显示球在任何时刻的状态——关于线路的争论已经大幅减少。类似的摄像机在比赛中被使用，几乎毫无疑问地公正地证明谁是赢家。

  对于模拟游戏的建议是尽量减少（或者最好消除）任何可能被不同人做出不同解释的情况。判断你是否恰当地量化了裁判问题的一个好方法是，请几个合格的裁判观察几个被裁决的情况，然后让他们给出意见。如果所有评委都得出了相同的结论，那么你就可以确定机制已经被适当量化并准备好了。反过来，如果裁判有不同意见，你就知道你的机制存在一些问题。

1　综合格斗，是一种规则极为开放的竞技格斗运动。比赛允许选手使用拳击、巴西柔术、泰拳、摔跤、跆拳道、空手道、柔道、散打等多种技术，被誉为搏击运动中的“十项全能”。——译者注

怎样开始平衡数据

为了平衡游戏，你需要进行大量测试。要全面测试一款游戏，你不能直接就开始测试。首先，需要代码库、引擎、数据结构、系统、占位的临时美术资源以及更多其他的东西。但你可以在这些之前开始测试平衡性。

原型设计

实现平衡的一种方法是使用原型。原型制作涉及制作游戏的一小部分内容，并带有从中获取知识的特定意图。原型设计应该是尽可能便宜和快速的。它们也被专门设计成在达成目的后会被弃用的。

请注意

不要错误地拼凑出一个原型，然后爱上它并想要保留它。制作时要有使用后丢弃的明确意图。

与原型相关的概念是垂直切片——一个部分完成的游戏的早期版本。一个垂直切片包含许多甚至所有的机制、大量数据和大量美术内容。

垂直切片应该包含尽可能多的游戏内容，这样你才能看到游戏整体的发展趋势。另一方面，使用原型时，你会有意地尽可能排除一些内容，这样就可以专注于单个细节方面。

下面几节提供了一些示例，说明可以在哪些地方使用原型。

制作原型

假设为一款探索类游戏创造了锻造系统。你不是在一个完整的游戏引擎中构建它，而是在电子表格中构建一些数据，然后把规则和行动做成物理记事卡。你计划制作一套临时的模拟规则，模仿机制的运作方式，然后测试这个系统。尽可能忽略一些内容，包括收获机制、升级机制、图像和 UI 元素。只需要关注原型中的一个因素：如何堆叠材料以及被兑换成锻造的物品。

玩这个原型时，你应该寻找那些一直在使用或从来没用过的道具。在大多数情况下，是否存在某些组合是显而易见的选择，是否有从未使用过的道具或组合？最后，如果发现了原型里的一个弱点，你需要弄清楚它是游戏数据的症状，还是原型的问题。请记住，你不能轻易地将所有数据移植到原型中，所以不能 100%确定原型中的所有内容都会在最终完成的游戏中得到类似的结果。

通过专注于这些方面，你可以在编写一行代码或选择游戏引擎之前就开始创建原型。通常情况下，从产生原型想法到完成测试只需要几个小时。如果足够幸运，你可能会发现这个原型其实很有趣。它甚至可能催生出一个衍生的创意。这种情况在业内已经发生过好几次了。但如果没有，也不用担心。你并不是在尝试创造一款完美的游戏，只需要关注单个元素。

升级功能的原型

假设你拥有一款允许角色在获得 XP[1]后从技能树中选择新技能的 RPG[2]，同样地，也可以基于特定的目的去模拟并测试这个系统——在这种情况下，找到 XP 获得的最佳速度来推动升级系统。同样，可以用笔记卡来代表技能，可以在白板或纸上画出技能树，甚至可以将扑克筹码、硬币或其他代理方式来代表 XP 进行分发。你不能从这个原型中了解整个游戏，但可以在游戏制作前深入挖掘一个方面，并制定出许多细节。虽然系统与游戏的其他部分整合在一起时，你可能需要对其进行一些调整，但原型至少可以为你提供一个工作起点。通过一些实践，我们可以构建游戏外部的所有系统，并准确地预测它们在整合后将如何运行。

跳跃功能的原型

现在假设你要制作一款经典的平台游戏。比起为游戏创造关卡，你可以在现有引擎（例如 Unity 或 Unreal）中创造一个只有关卡、没有敌人、没有升级道具和没有目标的空关卡。这被称为代理测试，因为你不会使用真正的游戏引擎，而是使用一个代替或代理引擎。它可以是任何引擎或系统，你可以对其进行足够的修改以找到你正在寻找的信息。许多游戏引擎都可以很容易地修改并用作原型制作的代理引擎。当你计划放弃原型测试时，不需要担心授权、硬件限制以及使用引擎制作完整游戏所带来的其他问题。

当你的代理游戏设置好后，你便能够创造主角并为他们输入跳跃速度、方向、控制等数值，但这只是能够让角色跳跃的最小属性集。然后可以写下一个结果——比如“找到感觉最好的跳跃高度”。接下来，需要进行大量的游戏测试。在一个空房间里跳来跳去

1　经验值 Experience 的缩写。——译者注

2　角色扮演游戏 Role Playing Games 的缩写。——译者注

是一款非常无聊的游戏，但如果你有了原型，便不会去寻找乐趣。相反，你需要专注于独立的跳跃机制，考虑角色在屏幕上的大小以及角色在一次跳跃中应该覆盖的屏幕部分[1]。

在原型测试结束时，你应该已经有了一些不错的数据。这个测试可能会直接引导你进入一个新的原型测试。例如，一旦获得了自己想要的跳跃感觉，你便可以为玩家角色提供一个可以跳跃的盒子。然后你可以再次测试。循环重复，测试变得稍微复杂一些，你的关注点也变得更清晰。当真正的游戏引擎、角色模型和动画都准备好使用时，你将对数据属性值有很好的初步猜测。

宏观系统的原型

假设要设计创造一款大规模的战争游戏，在游戏中玩家将在较小的地点进行战斗，并在更大的战斗地图上产生分支。你需要决定如何在大地图上处理小战役的信息。在这种情况下，可以结合使用模拟原型和代理原型。对于小型战斗，你可以选择一款与你想要创造的游戏大致相同的游戏（即使它并不是一个完美的匹配）。然后可以在游戏中体验战斗，并将结果带到你在纸上创造的完全模拟的棋盘游戏地图中。所以一部分测试是在另一个游戏中完成的，一部分测试是在一张大纸上完成的。

请注意

使用任何代理、模拟和任何其他方法的组合来尽快进行测试，将使你的测试结果更快，并允许有更多的迭代。有些团队甚至不惜使用动作玩偶、橡皮筋和微型模型来快速布置场景和测试游戏机制。原型阶段是游戏开发生命周期中培养创意和技巧的最佳阶段。它还让游戏系统和数据设计师在构建核心引擎时有事可做，并防止他们在滞后期无所事事。

记住，你的第一次迭代将是最糟糕的，所以应该尽快解决它，并迅速转向下一个迭代。

进行试玩测试

试玩测试更像是在测试而不是玩游戏。根据创造游戏的阶段和期望的结果，可以使

1 可以理解为跳跃的高度和距离二者综合的情况。——译者注

用不同类型的测试。试玩测试往往从最小的可行性测试开始，然后随着游戏的发展转向更多类型的测试。随着测试的扩展，早期的测试类型保持不变，范围逐渐增加。

在选择测试者时，请记住你只能获得一次新的视角。因此，如果你有一个有限的测试人员库，不应该在第一次测试中就用上他们全部。如果可能的话，应该在每一轮测试中加入新的测试人员，并总要留一些人给之后的测试。那些从未见过这款游戏的人会拥有与已经接触过这款游戏的人截然不同的视角。此外，看到游戏早期版本的人会有一种独特的偏见。他们能在心理上把第一个版本与当前版本进行比较。不是所有人都有这种偏见，所以在某种程度上，这使得这些测试者在衡量游戏发行后的受欢迎程度时不那么有价值。例如，如果一个测试人员在早期阶段抱怨一个特定的关卡，然后这一关卡修改了，那么这个测试者将更有可能赞美这种改变，而不管游戏现在是否更好，因为他们提出了改变的要求，而游戏确实有了变化。这并不是说测试人员只能用一次。有时候一个已经熟悉游戏的测试者是一笔巨大的财富。这可以节省说明的时间，而且你知道测试者至少是在享受这种体验，足以愿意做另一次测试。重要的是要记住，有经验的测试者与新来的测试者行为是不同的，要相应地调整你的期待值。

接下来将讨论几个主要的游戏测试：

- 最小可行性测试
- 平衡性测试
- 漏洞测试
- 用户测试
- 测试版/上线后的遥测测试

最小可行性测试

最小可行性测试通常由游戏创造者直接完成，并且应该持续进行。当改变游戏时，你必须进行测试。在最小可行性测试阶段，你希望你所做的任何更改都能按预期的进行工作。在测试上出较多错也比测试不足好得多。对于电子游戏来说，这（可能）意味着在引擎中编译游戏，然后快速玩游戏，看看改变是否奏效。对于机制或代码的更改，每次完成单个更改后都应该进行这种类型的测试。

如果你计划添加大量更改，那么测试每个数据单元可能不可行。例如，如果在电子表格中为一款游戏制作了 200 种不同的武器，并准备将它们移植到游戏引擎中，那么在导入时检查每一种武器是不现实的。相反，在这一点上，建议只做第一个测试，不做其他任何测试。要彻底检查，需要考虑以下问题：

- 英雄可以装备武器吗？
- 武器造成的伤害是否和预期一致？
- 武器是否有尽可能高的命中率？
- 这个武器是否适用于现在的动画？

一旦实现并测试了第一个数据对象——通常是支点，你就可以进行小批次处理，比如 5 个数据对象。你是否能够成功地批量处理 5 个，然后让其中一个或两个通过相同的测试？如果可行，则可以进行更大的批量操作，每次进行抽样测试，看数据能否正常导入。千万不要认为，你设置了一个东西，它就能正常工作，还每次都能正常工作。

一旦最小可行性测试成功，并且你有足够的数据，可以做更详尽的审查，那么就该进入平衡性测试了。

平衡性测试

在游戏中加入了数据之后，就应该进行平衡性测试了。如果数据已经和支点进行了比较，那平衡性测试应该很快进行。正如在第 13 章“范围平衡、数据支点和层次设计”中提到的，你需要从测试支点本身开始。然后可以选择距离支点最远的数据对象，并相互测试它们，因为这是最有可能发现不平衡的地方。

例如，假设你正在开发一款奇幻 RPG 游戏，将骑士作为了你的支点。兽人、地精、狗头人、野蛮人、维京人和士兵都是非常相似的角色，但创造弓箭手时，你给它们的是远程武器而不是近战武器；创造巨型蜘蛛时，你给它们的是攻击毒药。所以弓箭手和巨型蜘蛛与你的支点角色非常不同，即使已经平衡了它们与支点的关系，你也会计划单独检查这一组合。数据对象越特殊、越独特，对其进行彻底测试就越重要。

下一步是让其他人来试玩新数据。作为数据的创造者，你的团队会拥有其他人没有的洞察力，并且你可能会以“知道如何最大限度地利用数据”的方式来创建它们。其他玩家不会知道这些数据背后的内容，因此在测试中引入全新的测试者是非常重要的。在与他人进行平衡性测试时，可以根据预期来指导他们。在这个早期阶段，可以向他们解释操作、他们不清楚的测试中的情境以及其他能让他们按照你希望的方式进行测试的重要信息。

在测试平衡性时，鼓励测试人员多说话——如果可能的话，尽量找健谈的测试人员。测试人员有源源不断的思想洪流是件好事，尤其是在平衡性测试阶段。让测试者多谈谈他们的感受。他们会感到惊讶吗？厌烦吗？困惑吗？这些感受和你想要的是一致的吗？当听到测试人员说出下面这些内容的时候，你就知道你需要更加重视了：

- 我不知道该做什么。
- 感觉这一个比另一个好很多。
- 我知道该怎么做，但我宁愿做些其他事。
- 我正在纠结这些选项中哪一个是最好的。

在平衡性测试中，这些陈述是非常有用的。一定要注意这些重要的表述，以及引发玩家说出这些话的原因。

最后，你应该参与到别人的平衡性测试中。当你知道在被用显微镜观测的测试者该是什么样的时候，会更好地进行自己的测试。当你是一名测试人员时，你的目标应该是成为一名优秀的测试员。正如你在主导平衡性测试时想了解到的那样，一定不会希望听到诸如“还行”之类的评论和其他模糊、不确定的用语，这些语句提供的行为信息非常少。在帮别人做测试时，要尽可能用具体的、直接的语言进行表达。

漏洞测试

在游戏进入制作阶段后，通常会引入一个独立的测试（QA，Quality Assurance）团队。虽然这个团队的成员可以帮忙进行平衡性测试，但他们的主要工作是找到 bug[1]。他们的最终目标是为公司省钱。如果一款带有游戏漏洞的大型游戏被交给发行商，它便会被拒收。这可能会推迟发行日期，让发行商错过广告推广窗口期，并以其他方式增加项目成本。为了避免类似问题，QA 团队需要深入研究游戏，以确保游戏能以足够好的形态交付给发行商。

作为一个游戏系统设计师，你需要与 QA 团队就游戏、系统和数据进行沟通。尤其是系统和数据设计师，他们制作内容的速度往往比自己测试内容的速度要快。在系统构建完成后，你应该立即开始撰写 QA 的测试计划。QA 团队成员也可以是出色的平衡性测试员。毕竟，他们是训练有素的游戏玩家，每天都在玩游戏。如果可能的话，在 QA 团队测试你的部分工作内容时与他们交流。他们通常也会对批评持开放的态度（不像一般

1 通常指游戏中的漏洞、缺陷等。——译者注

意义上的游戏玩家）。准备好接受严厉而直接的反馈，并且接受它们。听到别人说你所有做的有错误的方式感觉上不太好，但这是到目前为止让自己变得更好的最佳方法。

用户测试

随着游戏接近完成，用户测试便开始发挥作用。用户测试的目标通常是找出用户与游戏的互动情况、游戏的平衡性如何，以及用户是否能从中获得乐趣。

与在前几轮测试中相比在这个阶段中找到好的测试者更重要。在寻找测试人员时，具体说明你想要的测试者类型。不必对照着目标用户的画像来编写一个严格对应的测试者需求档案，但你应该编写一个足够好的档案来从你的测试者库里去掉一些人。并非所有玩家都适合这个游戏，所以拥有合适的测试者非常重要。以下是一些在找寻测试者时指定类型的例子：

- 需求测试者。必须喜欢快节奏的 FPS 游戏。
- 需求测试者。必须喜欢免费手游，并愿意玩 1 小时。
- 需求测试者。最好是动漫和 JRPG[1]的粉丝，但任何 RPG 玩家都行。

请注意，这些要求中的术语和首字母缩写，对于用户测试来说，是很好的，因为不理解它们的玩家可能不是你想要的测试者。让你的测试者简短、简单、直接地回答问题。现在不要担心这是否会减少测试者库，在这个阶段找到合适的测试者比找到大量的测试者更重要。

对于每次用户测试，你都应该提前勾勒出一个目标。然而，在大多数情况下，你不应该将此目的传达给测试者。你希望他们在测试中尽可能少地获得外部信息。以下是一些用户测试目标的例子：

- 玩家需要花多长时间才能学会操作？
- 玩家在主菜单的选项引导和教程上表现如何？
- 比起其他角色，玩家是否倾向于选择某一种角色类型？
- 游戏中哪些分数会让玩家感到困惑？

尽可能多地收集信息，即使在既定目标的框架之外。要特别注意测试者，因为你通

1 日式角色扮演游戏，通常伴随回合制的战斗系统，更注重讲述故事本身；而美式角色扮演游戏（通常被称为 CRPG）中自由选择剧情、角色故事只是宏大世界观中的一个缩影。——译者注

过他们的体验能更好地了解你列出的目标。

对于用户测试，你可能想创建一个脚本，让监督者在测试开始前读给测试者听。如果测试是针对游戏的初始部分，那么脚本可能是这样的：

请开始游戏，并评论你注意到的任何事情。测试将进行 30 分钟。请记住，在测试结束前我们不会回答任何问题，但还请你提出问题。测试结束后，我们会做笔记并确保你完全理解了所有内容。

这样的脚本不仅条理清晰，而且还可以转交给其他人。如果在现在和以后的游戏周期都用相同的测试者（这是一种非常常见的做法），你可能需要在脚本中添加更多内容。你可能想告诉测试者他们被放在游戏中的什么阶段，以及在到达这个阶段之前的一些情况，但这应该与测试相关。

请注意

为了消除偏见，一些团队故意启用与游戏没有情感纠葛的测试监督者。他们可以在测试开始时向测试者保证他们与游戏无关，测试者所说的任何话都不会伤害他们的感情。

用户测试的监督者要做的最重要的事情就是观察。如果可能的话，一旦测试开始，监督者就应该保持绝对安静并且只进行观察。在游戏制作接近尾声时，让游戏能够为自己发声是至关重要的。如果监督者在测试的任何时候都必须介入，那么你就应该知道在进行更多用户测试之前，还有更大的问题需要解决。如果错误足够严重，那么现在就应该停止测试，感谢投入了时间的测试者，然后着手解决问题。如果测试者在错误的情况中走得太远，团队就无法从测试中获得良好的信息。

在测试时，通常会在测试者玩游戏时录制他们玩游戏的样子以及游戏本身画面的视频。当测试者真正进入游戏时，需要记录的内容可能超过你能手写记录的水平。测试者的面部表情也可能会给出很好的反馈，而这些反馈在“从身后”进行的观察中可能会被忽视。如果可能的话，应该让摄像机对准测试者的脸，同时记录游戏画面。在更大的项目中，游戏开发者甚至可以通过控制器记录和播放玩家的输入。能够详细回顾测试的所有方面的情况可以提供反馈，否则这些反馈很可能就被忽略了。

在用户测试之后，最好与测试者进行总结访谈，并使用准备好的问题，但你也可以更深入地挖掘测试者的任何评论。亲自进行测试并自愿投入时间的测试者比普通用户更有可能给予正面反馈，记住，这一点很重要。听到热情洋溢的评价当然感觉很好，但诚实的建设性批评更有用。

请注意

测试者不应该是专业的 QA 人员（除非这是游戏的目标市场）。业余的游戏测试者不像专业人士那样接受过培训或具备沟通能力。这并不是说他们不好，而是说这是测试的监督者需要考虑的一个重要因素。

在设计最后的面试问题时，监督者应该避免开放式的、模棱两可的和引导性的问题，比如“你喜欢这个游戏吗”。得到的反馈几乎不会给开发者提供任何可操作的信息。这也会终止对话。相反，监督者应该以一种鼓励测试者提供深刻信息的方式提出问题。让我们来看看几个例子，问的基本上是相同的事情，但措辞方式略有不同。

> **原本的问题**：“你是否觉得自己玩过的关卡令人困惑？”

这个问题的答案通常是“是”或“不是”，这样你就没什么可做的了。如果测试者回答“是”或“有点”，那就更好了，但监督者仍然需要深入挖掘来获得一些有用的信息。

> **调整后的问题**：“在你玩过的关卡中，哪一个最让人困惑？”然后，在第一个问题被回答后，继续问：“为什么会这样？”

看到这个调整后的问题是如何“温柔地”寻找更多信息了吗？这种措辞并没有提示一个二元的是/否问题，而是提示测试者在心里根据困惑程度对关卡进行排序，然后选择一个。这也可以引出很好的后续问题，比如“哪个最容易理解”或者“除了最让人困惑的关卡，还有哪些关卡也让你感到困惑”。你可以看到这是一个与测试者交流的富有成效的循环。

让我们看看另一个需要调整的面试问题。

> **原本的问题**：“我们可以在游戏中做哪些改进？”

这是一个非常不公平的问题。测试者不是游戏设计师，他们可能不知道如何完善游戏。它也是开放式的问题，相当于求着测试者回答“没什么”。如果测试者提出了改进意见，不管是针对这样的问题还是即兴提出的，你都要倾听！记住，测试者并不清楚游戏内部发生了什么，他们可能会说一些完全不现实的话，但这没关系。你要知道他们在想什么。在听取这类反馈时，团队不要考虑这是否可行，而是要考虑这是否对游戏有帮助，以及是否存在其他能够解决改进本质的可能。

调整后的问题：“我们正在考虑对你玩的那部分游戏进行这样三个改进。你更喜欢哪一种？”

这个问题会让你得到你想要的答案。你已经知道什么是可能的，知道在这个阶段要寻找的答案的种类。这种措辞鼓励测试人员思考更容易理解的简单选项，因为它们是有限的。

处理问题的一个好方法是进行对比（例如，这类角色最好的方面是什么，最差的方面是什么）。即使最优秀的游戏也有最好的和最差的方面。对比的问题会让测试者给出更诚实的反馈。

以下是进行玩法测试的终极要点：

- 感谢测试者并表现出友好的态度。他们是在为你提供服务。
- 永远不要反对测试者，除非他们确实错了。他们给出的任何反馈都是好的反馈。如果测试者说了一些完全不现实的话，你可以简单地回答“谢谢你的反馈，我会把它写下来的”。用这种话术来帮你略过它，并获取有用的信息。
- 召回优秀的测试者。大多数游戏都需要不止一轮的测试才能完成，所以拥有经验丰富的测试者不仅是我们想要的，也是我们真正需要的。
- 不要召回差的测试者。如果测试者很少给出或根本没有给出反馈，或者明确想要把游戏改成其他东西的想法，那么就很难从测试者这里获得有用信息。虽然这样的人是在进行游戏测试，但要礼貌地指出，并不需要进行进一步的测试了。你甚至可能需要抛弃一个糟糕的测试者的数据。如果测试者故意以一种意想不到的方式玩游戏，或者显然对学习游戏不感兴趣，那么他们不太可能成为你游戏真正的代表。几乎所有来自测试者的数据都是好数据，但在极端情况下并非如此。
- 从你的目标用户范围内或附近找各种测试者。找到不同年龄、游戏经历和社会背景的测试者。找一些远离你的目标市场的测试者也是个好主意，这样你能获得全新的视角。应该注意测试者的特点，以便据此判断他们的反馈。如果父母带来了一个年轻的测试者，那么这双父母有可能成为优秀的外部测试者。
- 不要期待从任何一个测试者身上获得金点子。每个人在游戏时都有不同的观点、愿望和游戏风格。更有可能的情况是，随着游戏的成熟和测试的进行，你会收到更少可执行的反馈和更多重复的相同看法。

- 寻找重复。如果一个测试者有一点点反馈，那就是有价值的。如果许多人或大多数人都有相同的反馈，那这种批评反馈就不应该被忽视。

执行了用户测试并审阅了所有的记录之后，让你的团队参与到流程中并让他们知道测试进展如何是很重要的。特别是，设计团队需要了解在测试期间发生了什么，以及为什么会因为测试要做出改变。如果可能的话，向设计师展示测试者玩游戏的原始画面。看到一个新玩家在你花了大量时间和精力制作的东西中苦苦挣扎，这让人感到谦卑，但也让人受益匪浅。

测试版/上线后的遥测测试

顾名思义，遥测测试是在远处进行的。虽然遥测测试的范围很广，超出了本书的范围，但值得注意的是，当今大多数视频游戏都使用了某种形式的遥测测试。即使是独立游戏开发者创造的小型游戏也能够收集一些简单的遥测数据。手机平台、主机和 PC 游戏都有能力做这一点。

数据钩子[1]

遥测测试包括在游戏中插入数据钩子，然后将信息发送给各个正在玩游戏的地区的团队。数据钩子可以像记录要发送的变量的一行代码那么简单。例如，每当玩家角色死亡时，你可以将其添加到变量“PC 死亡总数”中。然后，团队可以获取这些数据，并将其记录在数据库中。有些工作室拥有整个评估这些数据并利用它们让游戏变得更好的团队，团队的唯一职能就是如此。在较小的团队中，这项任务通常落在系统设计师肩上，毕竟他们是制作电子表格的人。在任何规模的团队中，系统设计师都要大量参与数据钩子的设计和数据分析。

以下是一些你可能想要在游戏中安排数据钩子的例子：

- 玩家游戏时间
- 玩家某次会话的游戏时间

---

1 不同团队和公司对其称呼不一样，普遍相关称呼包括数据挂钩、数据埋点、数据追踪等。——译者注

- 玩家在主菜单停留时间
- 每一关的用时
- 每关中获得的游戏内货币数量
- 玩家死亡/失败的次数
- 使用某一类角色、特定车辆或其他物品的次数
- 游戏通关
- 用不同方法获得的经验值或货币数量
- 多人模式中玩家数量
- 比赛中最差和最好的分数
- 用户屏幕大小
- 用户的操作系统
- 用户的地理位置
- 默认语言
- 玩家在游戏中花了多少钱

上面每一个数据，都需要有一个代码片段来收集所描述的数据。对于每个数据钩子，数据都需要被完全量化。例如，要记录玩家的会话时间，你需要定义会话在什么地方开始和结束。要定义遥测钩子，你可以使用与询问数据问题相同的方法，如第 3 章“学会提问”所述。

当所有的数据钩子都被编码进游戏中，并且游戏发送给了测试者（或者甚至是买游戏的玩家们）时，代码会定期发回所有钩子的更新。如你所料，这个过程可以生成大量的数据。虽然有时候深入研究单个用户或会话长度可能会很有用，但通常情况下，更好的做法是将数据作为一个整体来研究，以便你采取行动改善游戏。

遥测的注意事项

遥测数据不是灵丹妙药或万灵药。它可以提供大量的信息，并产生一些在其他情况下看不见的见解，但需要真实的人来正确地解释它。在制作遥测钩子时，很容易将所有你想要的数据放进同一个钩子里，但重要的是要避免产生噪声和无用的信息。因此，在设计钩子时，你应该考虑对游戏制作方式有实际影响的信息类型。

虽然你的数据样本很低，但要注意异常值。即使样本变得很大，你也应该密切关注数据中的差异。这又回到了分析数据的部分。不要仅仅依赖于平均值或在数据中找到的

最小值和最大值。这些类型的数据提供了很好的起点，但很容易扭曲结果。以下两个来自游戏行业的例子证明了这一点的重要性。

例子 1：教程中的时间

一款简单的手机益智游戏有教程。团队通过测试发现玩家在 5 分钟后便会厌倦教程，所以将教程设计为 4 分钟。他们设置了一个数据钩子去计算玩家完成教程所花费的时间，并将游戏投入到了一个小型的 beta 测试中。在游戏运行了一天后，团队评估了玩家在教程中所花费的时间，结果令人震惊。他们的平均时间超过 2 小时！到底发生了什么可怕的事情？如果你回想第 15 章“分析游戏数据”，答案就很明显了：存在一些巨大的异常值。通过更深入的研究游戏和现有的钩子，团队发现一些玩家开始学习教程，然后把手机放在一边睡觉；他们在第二天返回并完成了教程。作为回应，该团队简单地将 20 分钟以上的任何数据都打了折扣，并使用其他测量方法，比如中位数，已获得更准确的数据含义。当以这种新方式查看数据时，团队发现大多数玩家完成教程所花的时间大致正确。该团队发现，那些在教程上花费更长时间的用户并不懂游戏中的语言。这让团队意识到他们还需要考虑玩家母语的情况。

例子 2：放弃的关卡

在另一款游戏中，一大群设计师被分配到一系列关卡中。每个设计师主要负责确保他们的关卡出色。当游戏发行时，它便带有一个钩子去追踪玩家何时开始这一关，他们花了多长时间去完成关卡，以及他们是否退出了关卡。在游戏发售几周后，分析关卡以确定哪些是最常被放弃的。事实证明，所有被放弃的关卡都出自同一个设计师之手。从这些数据的表面看，很明显是设计师不擅长自己的工作。然后，团队知道这是团队中最好的设计师。他是在项目后期才加入的，并在游戏发行前的很短时间内被赋予了所有最破碎且不平衡的关卡。再次强调，在得出结论之前，应该穿过原始数据，更深入地了解数字的含义是非常重要的。

请注意

遥测技术是一种很棒且很有用的工具，能够以一种不带偏见的方式与大量测试者一起评估游戏，但这种工具的好坏取决于使用它的人。因此，在每一款游戏中规划和使用遥测技术是一个好主意，但不要对来自数据的每一个结果都太过信任。

解决问题

制作游戏需要解决许多问题。最初的想法可能很快就会出现。随着经验的积累，实现想法的速度也会变得相当快。然而，用想法和实施来解决问题的过程是一个缓慢的过程，而且永远都是这样。图 17.1 提供了制作一款游戏所花费时间的大致分类。

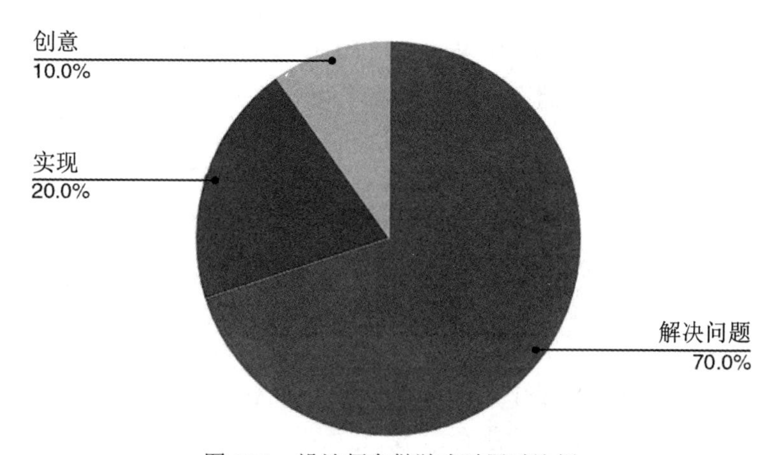

图 17.1　设计师在做游戏时用时比例

要解决技术含量高的系统（例如游戏）中的问题，首先要遵循许多与创建游戏系统相同的步骤，但结构更紧凑。一系列步骤用于解决问题。在每个步骤中执行的操作取决于问题，但在任何情况下步骤都保持相对同步：

1. 识别问题。
2. 消除变量。
3. 提出解决办法。
4. 与团队沟通。
5. 做原型与测试。
6. 把更改记录在案。

识别问题

这是解决问题过程中的第一步，也可以说是最重要的一步。不过，这并不像听起来那么明显。在执行此步骤时，很容易识别表象，但你真正需要做的是识别问题。例如，最初的问题陈述可能是“我们如何让玩家打过第 3 关”。这实际上不是问题，而是一种表象。玩家在游戏中停留的时间并不长。在确定问题时，确定你控制之下的方面是很重要的。例如，如果玩家因为手机电量不足而提前退出游戏，这就不是你可以解决的问题。你需要更深入地挖掘，以找到导致感知到的症状的问题。以手机为例，可能是你的游戏对硬件消耗太大，导致电量快速消耗。这是在你的控制之中的，这就可以产生一个好的问题陈述。玩家可能会在第 3 关中退出游戏，因为这个关卡中的某些内容设计很糟糕。一个更好的问题陈述应该是“调查第 3 关，弄清玩家的手机电池为什么总在这个关卡耗尽”。

消除变量

一旦发现问题，下一步就是消除变量。什么变量可能导致这个问题？哪些是你能控制的？找到问题变量的最佳方法是将其隔离并单独测试。

在上面那个手机游戏的例子中，你需要查看在游戏过程中运行了哪些进程，并将它们分离出来分别进行测试。如果没有关卡，还会耗尽电量吗？如果 AI 和游戏对象是在一个没有几何形状的空盒子关卡中，它们是否会耗尽电量？如果一种情况会耗尽电量，另一种不会，那么你就离真正的问题越来越近了。继续将游戏中大量的区域分解成较小的区域，直到你能够确定问题的确切位置。

提出解决办法

提出解决办法和想出新点子很像，你可以使用第 8 章“想出点子”中列出的方法来找到解决方案。唯一的区别是，问题在定义头脑风暴阶段，而不是概念上的想法。

与团队沟通

在游戏制作过程的后期，重要的是让受影响的团队知道存在的问题，他们可能要成为解决方案的一部分。虽然对每个解决方案不可能总是得到普遍认可，但应该把获得尽可能多的团队同意作为目标。在这一点上，团队应该依赖于第 13 章“范围平衡、数据支点和层次设计”中所讨论的游戏层次。如果可以改变不止一个系统来解决问题，那么在层级结构中改变系统并考虑进一步的涓滴效应[1]。

做原型与测试

在把大型更改注入游戏等复杂项目之前，如果可能的话，你应该独立测试解决方案。如果需要的话，可以创造一个测试关卡、角色、武器、交通工具或任何需要改变的内容，并在完全脱离游戏的情况下进行测试。这个过程应该与本章前面讨论的新特性推出的方式非常相似。

把更改记录在案

在找到合适的解决方案之后，确保这些更改被很好地记录下来。该文档帮助团队了解需要进行哪些更改，并且可以作为将来出现类似问题的参考。

进一步要做的事

在完成本章之后，你应该花一些时间在现实项目中实践这里所涉及的概念。尝试以下练习来进一步微调数据、测试和修改数据。

- 开发并测试一些你原创的简单游戏或者测试者从没见过的简单游戏（比如西洋双陆棋或西洋跳棋）。观察测试者的行为，并注意你所观察到的“整体游戏平衡”部分列出的迹象。测试者是否会感到困惑、挠头？排名靠前的是否有变化？玩家不同意最佳策略？

---

1 涓滴效应又译作渗漏效应、滴漏效应、滴入论、垂滴说，也称作“涓滴理论”（又译作利益均沾论、渗漏理论、滴漏理论），是指在经济发展过程中并不给予贫困阶层、弱势群体或贫困地区特别的优待，而是由优先发展起来的群体或地区通过消费、就业等方面惠及贫困阶层或地区，带动其发展和富裕，或认为政府财政津贴可经过大企业再陆续流入小企业和消费者之手，从而更好地促进经济增长。——译者注

第 18 章

系统沟通与心理学

与书籍、电影、歌曲、绘画和其他艺术表达形式不同，游戏具有多种交流方式。当一部电影在屏幕上播放时，它每次都是以相同的方式展示，而不管观众怎么想或怎么做。这使得游戏在某些方面不同于其他艺术形式。玩家拥有改变游戏结果的权限，而游戏也能够影响玩家的反应；它们形成了一个交流的闭环。

游戏在某些方面跟人类之间的交流很像。人际交流是两个或两个以上的人之间的一个互惠循环。关于这一主题学者们已经做了许多研究，其中一些能直接应用于游戏。本章将重点介绍一些能直接用于游戏（特别是游戏系统）制作的人类交流概念。

用游戏交流对话

你可以把人与机器之间的单人游戏想象成一种对话，也可以将多人游戏视为多人之间的对话。在这两个类比中，游戏就是语言。例如，两个讲不同语言的人完全可以坐在一起来一局国际象棋。他们可以玩一局完整的游戏，认清彼此的游戏个性并结束游戏，这一切并不需要一种共同语言——只要建立在游戏规则之上。

在单人游戏中，开始游戏的规则开启了与玩家之间的对话。游戏设计师制定了一套规则，希望玩家能够理解这套规则，并用它与游戏本身或其他玩家交流想法（见图 18.1）。

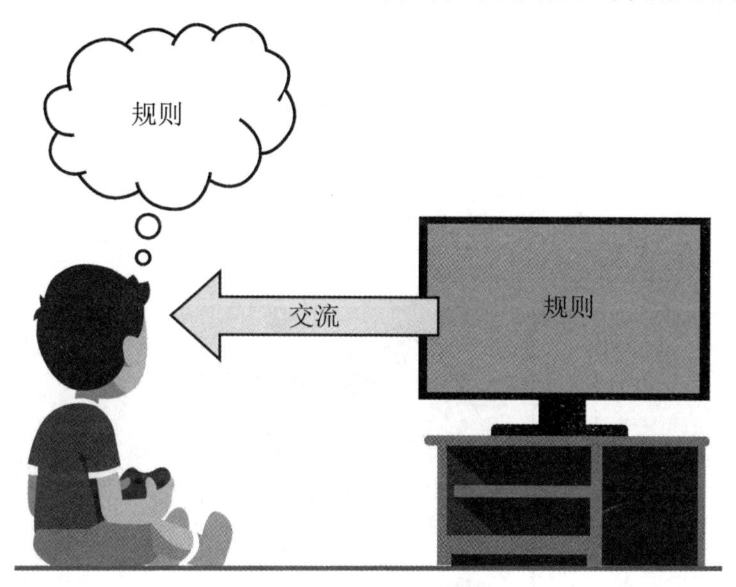

图 18.1　玩家学习规则

图 18.2 呈现了一个标准的电子游戏的交流循环。游戏包含了玩家能诠释的图像和声音。玩家会根据自己对游戏中体验的理解，向游戏表达自己想要做的事。游戏会根据游戏规则解读来自玩家的信息，并通过屏幕上的声音和图像向玩家发送反馈。这一循环在游戏中不断重复，恰似两个人对话一样。

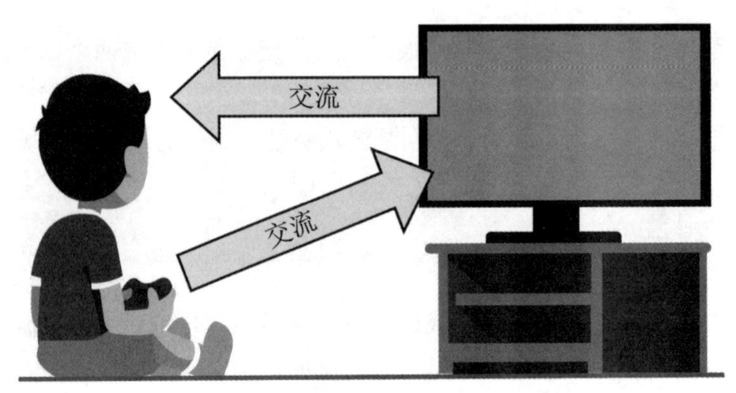

图 18.2　一个玩家与游戏交流循环的例子

文字的含义

语言天生就并非无懈可击，在编写游戏规则时牢记这一点很重要。语言的高层次目标是将想法从一个人的脑海传递到另一个人的脑海，但语言并不总能有效地做到这一点——因为它不够精确。例如，看看下面这个句子：

狗喜欢吃肉。

这似乎是一个简单的句子，对吗？你会在脑海中想象一只狗在吃肉吗？你想象的图像是否与图 18.3 所示的图像类似？

图 18.3　狗喜欢吃肉

所有这些图片都符合描述，但它们彼此完全不同。哪一幅最接近这句话的作者的本意？我们不可能知道。

让语言不精确的问题更复杂化的一点是：代词——日常对话中巨方便的捷径——在书面作品中，尤其是在规则中，可能会造成严重误解。看看下面这个规则：

> 当玩家使用纯洁权杖击中敌人时，他将对毒素免疫。

谁会变得免疫：玩家角色还是敌人？因为把规则写成了这样，我们不可能知道答案：不知道代词*他*指代的是谁。

处理词语的含义是每个人都会面临的一个很困难的挑战，游戏设计师尤其要特别小心，因为让游戏中的规则明确化非常重要。遗憾的是，解决这个问题并没有什么快捷技巧。不过有一些用来练习的方法可以让你更好地把脑海里的想法传达给目标受众。你可能听过“秀出来，不要讲出来”这句话。这就是一种可以应用在游戏中的策略——除此之外，还有许多其他工具。

以下是其中的一些工具，按效果从高到低排列：

- **互动**：把该做的事呈现给玩家。让他们做，如果做错了就纠正。让玩家在继续推进前进行测试，确保他们弄清什么允许做，什么不能做。在电子游戏中，这个功能通常被称为“看门人（gatekeeper）”。举个例子来说，如果游戏的核心机制是让玩家发射弓箭，你便可以给玩家呈现一扇锁住的门，而玩家必须在低压力的情境下执行一个简单的“用箭射中目标”的行为才能打开[1]。一旦你理解了“看门人”的概念，就会意识到这一机制在电子游戏中简直随处可见。
- **展示**：如果无法以互动的方式解释规则，可以使用视频和音频向玩家展示规则。例如，你可能会让一个 NPC 去执行你想要玩家做的动作，或者用过场动画去呈现玩家该如何执行你预期的行动。或者，像本章前面介绍的爱吃肉的狗一样，展示一张简单的图片——比如地图或图表——来说明你希望玩家做什么。
- **讲述**：如果任何指引玩家的视觉手段都不可用，那么清楚的音频配上良好的声音反馈可能会助你一臂之力。
- **书写**：比起上述方法，玩家通常不愿意接受书面文本的方法，但如果你无法通过互动、展示或讲述的方式向他们呈现特定规则是如何运作的，那么用书面文本说

1 周围有敌人、有时间限制、需要非常精确的瞄准等。——译者注

明也是合情合理的。在使用上述方法的同时添加文本说明也是很有用的。例如，玩家可能想要参考文本信息来快速复习规则。

- **提示**：如果无法提供给玩家文本指示，你可以提供诸如图标之类的提示，以帮助玩家了解你想要他们做的事。例如，你可以利用墙上的裂缝向玩家提供图像提示，让他们觉得那里可以打碎，从而露出一扇暗门。在某些情况下，你可能应该使用更明显的提示，如画在墙上的箭头，告诉玩家应该朝哪儿走。

请注意

对于许多游戏机制而言，提示实际上是一种很受欢迎的交流方式，因为对玩家来说，很大一部分乐趣来源于“弄清该做的事”。设计团队应该有意识地思考在哪里运用提示。哪些部分是你想让玩家推敲的，哪些部分是你想让玩家直觉就能理解的？早期的电子游戏能够让玩家自己解决几乎所有问题。这一方法在现在被认为是最原始且让现代玩家感到沮丧的方法。游戏设计师会在不同的交流层面上精挑细选对应的机制。

- **猜测**：要让玩家弄清规则，最令人沮丧也最不简易的方法是让他们猜，并且猜错时惩罚他们。一般来说，应该避免使用这种方法。如果你发现测试者正在猜规则，请考虑运用上面列出的方法，以确保他们不会去猜。

噪声

从通信理论的角度来看，噪声不仅仅是背景声音。噪声是任何可能阻碍交流或导致误解的东西（见图 18.4）。游戏中符合这种定义的事物可能有很多，包括游戏控制器、对规则的理解、游戏的物理系统设置、字面意义上的音效噪声、屏幕上的视觉噪点或者任何可能导致交流中断的东西。任何时候只要有交流，噪声都不可避免，设计师需要认识到这一点，并尽可能减少噪声。

为游戏编写规则时，你自己很清楚希望玩家体验什么，希望他们如何交流，但玩家并不具备这些知识，所以交流一开始就很不平衡。无论是通过书本、视频还是互动教程来教授规则，你都必须与各种噪声做斗争，将你的想法从头脑传递到游戏中，传达给玩家，并最终进入玩家的头脑。

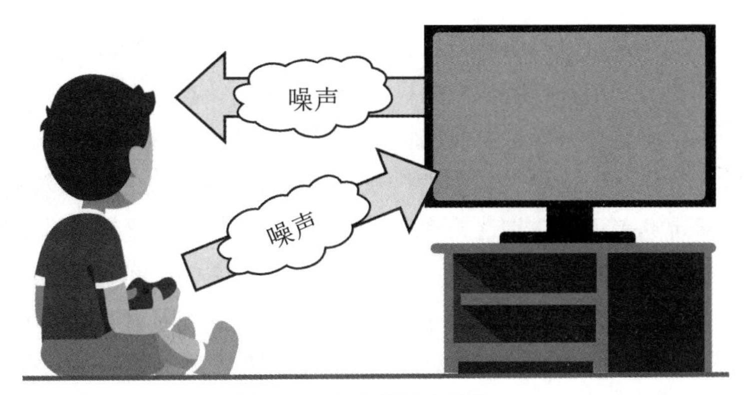

图 18.4　交流循环中的噪声

即使你的游戏规则最完美，但如果玩家在学习规则过程中遇到了噪声，他们的游戏体验也会大打折扣。噪声可以在游戏侧或玩家侧的多个位置注入系统。一些最容易出现噪声的点如下：

- 规则不明确：如果规则写得不好或传达得不好，那么不管它们本意有多好，也好不到哪去。你可能有过这样的体验：在玩游戏时发现了之前不知道的规则。在这之后你可能不得不思考这条规则会怎样彻底改变到目前为止你所做的全部决策。这种误解会给玩家带来大量的挫败感。测试是发现不明确或模糊规则的最佳方法。询问测试者详细的游戏规则。用一些极端的例子（巧妙地）向玩家发起挑战，看看他们是否知道这种情况下游戏应该如何玩。询问测试者游戏中什么情况会破坏规则，看看他们的回答是否正确。设计团队有责任确保自己设计的所有规则都被清楚地传达了出来。
- 技术限制：即使是当今功能无比强大的计算机，在屏幕上显示的内容也有限制。可能游戏区域太大屏幕塞不下。可能控制器无法让你随心所欲。可能你没有能力做出清晰好分辨的声音来向玩家传达信号。这些就是另一个设计师需要承担重责的地方。没有一个系统是完美的，设计师要承认硬件的局限性，并在现有条件下与玩家建立沟通。
- 视觉限制：即使屏幕能够呈现你想要的所有游戏元素，玩家也不可能很容易理解它。想想那些 MMO 屏幕 50%以上充斥着各种 UI。对于 MMO 老鸟来说，这是可以接受的，但对于新玩家来说，这就是一种混乱。这可能是一个很难解决的问题，我们将在下一节“互惠”中进行更多的讨论。

- 控制器限制：人可以用胳膊、腿、手指、眼睛和嘴巴来交流。我们一生都在学习使用这些工具来进行或细微或张扬的交流。然而，在玩电子游戏时，玩家用不止这些工具。他们必须使用游戏控制器。现代控制器配备大量的按钮和摇杆，具有多级压感和移动灵敏度。控制器为玩家提供了一种特殊的与计算机交流的途径。这对于新玩家来说是非常让人望而却步的，因为他们并没有穷尽一生去学习使用设计师预期的控制器使用方法。在过去 30 年左右的时间里，设计师提出了许多在游戏中使用控制器的惯例。在大多数情况下，这都是好事，因为它提供了一个减少控制器噪声的捷径。在这里，创意并非一切。如果发现玩家在玩你的游戏时对控制器产生了失败感，你应该看看其他游戏是如何使用控制器的。你是否认为需要独特的互动方式？为了减少噪声，遵守惯例会更好吗？虽然你的游戏完全可能有一个需要玩家以非寻常方式使用控制器的机制，但要记住，这种新奇性在玩家学习过程中不可避免地会产生噪声。你需要做一些额外的工作，确保根据目标玩家的期望对控制器进行彻底的研究和测试。

  例如，如果你正在制作一款需要键盘鼠标的 FPS 游戏，可以仔细研究其他同样使用键盘和鼠标的 FPS 游戏的设计惯例。如果你的设计里玩家的移动并非使用 WASD 键，想想是为什么。你可能有个很好的理由，但真的值得与玩家的预期对着干并引入无谓的噪声吗？

虽然这些都是游戏中最常见的噪声和误解形式，但并非只有这些。减少噪声的关键是通过测试和询问测试者来识别出噪声。一旦发现噪声的源头，设计团队需要找出将其最小化的方法。

互惠

有一种交流理论叫作*互惠*，它是*社会渗透*这个更大的概念的一部分。互惠理论的高层次解释是，人们在结识新朋友时往往会很矜持，很少会透露自己的信息。随着互相了解和信任，慢慢地、一层一层地，他们会更多地向对方展示自己。只有在彼此完全信任的情况下，才会最终吐露自己内心最深处的想法和感受。问题来了：这和游戏有什么关系？游戏和玩家之间其实就在建立一种关系。正如前面所讨论的，他们之间存在大量的交流。在人和游戏之间的关系中，游戏要求玩家执行难度递增的任务，作为回报，游戏会给予玩家虚拟奖励，以及娱乐价值。玩家会向游戏索要执行任务的说明，作为回馈，玩家会执行所需的任务。这是互惠。下面几节提供了一些关于互惠的示例。

越界

刚开始玩游戏的玩家往往不太愿意过于投入。在愿意投入更多时间和精力到这段关系之前，玩家希望从游戏中获得一些积极的反馈。如果游戏过早地向玩家过度索求，玩家可能就会认为游戏越界了；这是对玩家无礼的一种表现。

假设有两个人第一次见面，A 说："今天天气不错。" B 说："我小时候经历过一场火灾。直到现在每天晚上都会为此哭泣。" 你可能在生活中有过类似的对话，并知道这种对话是多么尴尬。B 的感受和经历所言非虚，但他明显越过了社会规范的界限，初次见面时就暴露了这么多的内心感受。这是在向你不了解的人索求太多的表现。

现在假设玩家在电脑上首次玩一款新游戏。一进入游戏，屏幕上出现一行斗大的字，"在开始游戏前请阅读并记住玩家手册第 63 页"。哇！玩家不清楚自己是否会喜欢这款游戏，也压根不知道自己是否愿意花时间去记住第 63 页的内容。这款游戏显然已经超出了玩家第一次见面时的索求界限。其实在玩游戏的过程中，玩家完全有可能愉快地阅读第 63 页甚至更多，前提是他们得清楚自己投入时间是值得的，并且游戏愿意用奖励和娱乐价值来回报玩家的努力。

浅层关系

如果游戏不能逐渐向玩家要求更多，并相应给予玩家更多回报，玩家可能会觉得这种关系很肤浅。

例如，假设两个老人已经互相认识了 50 年。老人 A 的妻子问自己的老伴儿，老人 B 最喜欢的晚餐是什么。A 一脸茫然："我不知道。平时除了天气，其他都不谈。" 你可能会觉得，认识这么久多少都会了解对方的一些信息。一段关系持续了很长时间，多多少少会有一些深入发展。如果没有，那这段关系就会被认为非常肤浅。

一个玩家已经玩 MMO 很多年，投入大量时间研究。有一天，玩家像往常一样登录游戏来体验新增的任务线。这时候，任务的发布者说："冒险者万岁！我们被 1 级哥布林洗劫了。请干掉 2 只 1 级哥布林来完成任务。" 什么鬼！所有宣传，所有投入的时间，所有的辛苦和计划，结果换来的只是一些琐事。在这段关系中玩家做了他应该做的，但游戏则表现得很浅薄。

把握平衡

现在来看另外几个例子，它们在互惠方面把握了不错的平衡。首先，假设两个陌生人在聚会上相识，他们整个晚上都在谈论电影。他们发现彼此喜欢的电影高度重合，所以约着一起去看新上映的电影。随着时间的推移，他们开始有了一些信任，就关系、家庭、工作和社交生活方面进行更深入的对话。在一起经历了许多快乐的事情之后，他们逐渐增强了彼此信任，并袒露了内心的秘密、愿望和恐惧等不会轻易告诉其他人的事情。

现在假设一个玩家开始了一款游戏，游戏立即对他表示欢迎。然后游戏给出了一个非常简单的任务，比如“按 A 捡起地上的剑”。当玩家这样做后，马上收获了奖励，一段优美的声音和一条信息“你现在拥有了一把剑！”。随着玩家的推进，游戏会为他设置更难的挑战。因为第一个奖励让他感觉良好，所以他现在愿意投入更多时间和精力去完成这个更困难的挑战，相信游戏会对他的努力给予公正的回报。几个小时后，随着挑战不断增加，玩家将面临一个非常困难的“Boss 关”。在这里他会失败多次，可能不得不暂时离开去找更好的装备，然后再回来挑战。他愿意接受这一挑战，因为游戏已经与他建立了深层次的信任感，他觉得完成挑战获得奖励是值得的。

正如你从这些例子中所看到的，认识互惠并将其融入游戏系统，可以更好地创造出你所希望的游戏与玩家之间的关系。在一开始有意识地通过步骤与玩家建立信任，并按照既定节奏发放奖励，可以让玩家更愿意投入到你的游戏宏观愿景中，而不管游戏有多艰深或复杂。

对回报的期望

玩家对奖励的反应可能千差万别，这取决于他们对奖励的期望。如前所述，如果玩家继续付出，而游戏却没有做出回应，那玩家可能会对游戏感到失望。让玩家失望的方法很多，其中之一是设定误导性的奖励预期。一般来说，规则应该少给玩家虚幻的期待，多给实际的好处。

假设游戏告诉玩家，如果他们完成下一个任务，他们将获得最高价值 100 枚金币的特殊奖励。玩家完成任务后获得了心心念的奖励——结果只有 50 枚金币。玩家肯定会感到失望，因为他们听到“什么什么什么……100 枚金币”时，会忽略除“100 枚金币”之外的所有内容，并立即设定自己的期望。任何少于期望的内容都会让玩家感到失望。所以即使玩家确实获得了奖励，他们也会对结果感到不满，可能进而还会对获得奖励所付出的努力感到不满。

现在我们再来看看：同样的情况，但重新排列一下例子就会产生大相径庭的效果。在这个改版中，游戏告诉玩家，如果完成任务，他们将获得至少 40 枚金币的奖励。实际完成任务后获得了 50 枚金币。尽管这与上面例子中的奖励相同，但在这种情况下，玩家会感到非常高兴而不是失望。玩家已经对奖励的预期感到满意了（否则他不会接这个任务），所以如果得到 40 枚金币，玩家会高兴。而给予玩家额外奖励，他们会在对原始交易感到满意的基础上收获惊喜。这样他们可能会在游戏中承担更多任务，并认为游戏中可能存在着更多潜在奖励。

回顾自己的游戏经历，我敢打保票你会不止一次地想到一些“过度承诺却又未提供足够奖励”的游戏。比如获得一把“上古之神的神奇烈焰之剑（The Amazing, Flaming Sword of the Ancient Gods!）”，名字炫酷无比，但属性啥的和其他剑没什么区别——除了它属于橙装。

为了避免过高许诺和过低的兑现奖励，最好特意制定一个稍微低一些的许诺和稍微高一些的奖励计划。在测试阶段也要密切关注这一点。刚刚获得奖励的测试者脸上的表情可以透露出一些信息。当玩家感到失望时，他们的情绪往往也显而易见。

进一步要做的事

完成本章之后，你应该花一些时间到实际的项目中实践这里所涉及的概念。尝试这些练习来进一步探索玩家交流理论的概念。

- 对于正在制作的游戏，你应该列出玩家可能遇到的噪声障碍，然后列出计划采取的解决措施，以确保这些因素不会破坏玩家的体验。
- 在游戏中制定一个有目的的互惠计划。在将每个机制呈现给玩家之前，必须明确每个机制的深度以及对玩家的期望。
- 找一款让你觉得越界了的游戏，以及一款浅层关系的游戏。思考你会如何改进游戏，使其与玩家的关系保持平衡。

第 19 章

概率

无论在现实世界中还是在游戏中，并非一切都是可预测的。然而，“不可预测性”是可以理解的。通过研究基本概率，你将了解现有游戏如何利用随机来操纵玩家。此外，作为系统设计师，你还可以学习一些技巧，让你在控制游戏流程的同时，允许随机、不可预测的事件发生。现在问题来了：究竟是什么是随机呢？

随机比你想象的更难定义。有很多研究领域穷其所有只做一件事：研究随机性和概率。这本书囊括了概率论的很多最基本概念，但都是止步于小而精的介绍，并没有提供完整的解释。如果感兴趣你可以寻找专门针对这些领域的书籍和其他资源。

从本章的目的出发，我对*随机事件*（random event）的定义概括如下：

随机事件是指玩家无法根据当时掌握的信息准确预测结果的任何事件。

随机性不是二元的。事件不一定是完全随机或完全不随机的。以高尔夫球为例。如果一个球员要把球打向果岭[1]，他不可能知道球停留的准确位置。然而，这并没有使这个事件是完全随机的。你可以估计出球可能落点的大概位置。基于你对球手、挥杆击打和环境条件的了解，也许能够做出某种程度上的精确预测，但永远不可能完全准确。

基本概率

这一部分涵盖了概率的基础知识，包括如何书写概率和如何计算概率。

概率的记法

概率的记法惊人地简单，你可能已经很熟悉了，但是你并没有意识到。概率计算中只有两个变量：结果总数和被认为是成功的结果数量。为了用一个简单的例子来分析这个问题，我们来看看抛硬币。假设你想知道硬币正面朝上的概率。硬币共有两个面：一面是正，另一面是反。两个面中，只有一面是正。这意味着硬币为正面的结果是二取一。因此硬币正面朝上的概率是 1/2。基于事件发生的概率等于成功的结果在所有结果总数中的数量，我们可以构建这样的公式：

概率=成功的结果数/结果总数

$P=S/T$

在抛硬币正面朝上这个例子中，我们可以使用这样的记法：

在两种结果中可能出现一次正面朝上的机会

1/2=正面朝上的机会

1　果岭（putting green）是高尔夫球运动中的一个术语，是指球洞所在的草坪，果岭的草短、平滑，有助于推球。——译者注我们在本章中会使用最后这种记法来进一步解释概率。

在游戏中骰子（无论是真实的还是虚拟的）经常被用来决定结果。掷骰子的概率采用了特殊记法。对于骰子，我们使用 XDN 的记法来表示骰子的面数（N）和正在投的骰子数（X）。例如，投掷一颗六面骰子的表达式是 1D6。投掷两颗六面骰子并将它们的结果相加表示为 2D6。投掷四颗两面的骰子表达为 4D2。你也可以用这种记法来表示硬币，硬币其实就是两面骰子。

计算一维均匀分布概率

电子表格是进行概率计算的绝佳工具，但它们需要正确设置。在本节中，我们将开始研究如何计算概率，将再次用到硬币的例子——但这次是把它放到电子表格里。本节将介绍如何开始构建一个框架，用于在电子表格中进行复杂的计算。

请注意

阅读本章时，强烈建议你在电子表格中跟着步骤实际操作，新手构建此框架。

首先，需要输入一些数据。当前使用的骰子类型是 2 面的，1D2，这个骰子有正面和反面。图 19.1 显示了如何在电子表格中列出数据。

	A	B	C
1	1D2	事件	计数
2		正面	1
3		反面	1

图 19.1 1D2 的概率

正如你所看到的，电子表格中包含 1D2 这个标签、待计算结果的“事件”列和成功结果的“计数”列。这个例子将计算在一次简单的投掷硬币中单个事件的概率——1 次正面和 1 次反面——因此我们需要立即获得另外两条信息。首先，为了获得所有可能事件中获得成功的数量，需要所有事件的总数。其次，需要将每个事件的计数除以总数。电子表格如图 19.2 所示。

	A	B	C	D
1	1D2	事件	计数	概率
2		正面	1	50.0%
3		反面	1	50.0%
4		总数	2	100.0%

图 19.2　带标签的概率表

图 19.3 显示了相同的电子表格，并包含了进行正确计算所需的所有公式和函数。

	A	B	C	D
1	1D2	事件	计数	概率
2		正面	1	=C2/$C$4
3		反面	1	=C3/$C$4
4		总数	=sum(C2:C3)	=sum(D2:D3)

图 19.3　概率公式

关于图 19.3 中的电子表格，有几点需要注意。首先，有些引用是绝对引用，而有的是相对引用。这两者你要准备好，以让公式可以自动填充。当对计数使用相对引用和对总数使用绝对引用时，一旦公式被向下复制，它会自动正确地更新所有单元格。其次，在单元格 D4 中，所有事件的概率百分比加起来为 100%。这似乎有些多余，但是通过复杂的计算统计百分比是一种很好的实践，这样你可以确保它们加起来确实是 100%。凭直觉就清楚百分比加起来应该是 100%，当你在表格中看到百分比加起来确实是 100%时，就能确认已经正确完成了所有相关单元格中的计算，它们提供了最后的把关。这是一个数据金丝雀的例子，它可以帮助你了解数据何时出现了问题（参见第 15 章“分析游戏数据”）。

现在已经有了一张非常简单的概率电子表格，是时候让它变得更复杂了。我们现在来讨论掷一个标准六面骰子（1D6）的情况。这非常类似于 1D2 的情况，但它的列表更长，可能性更多。首先，你应该配好公式，让它们的行为与 1D2 基本相同，同时具有更长的事件列表。在公式视图中，电子表格应该如图 19.4 所示。

	A	B	C	D
1	1D6	事件	计数	概率
2		1	1	=C2/$C$8
3		2	1	
4		3	1	
5		4	1	
6		5	1	
7		6	1	
8		总数	=sum(C2:C7)	=sum(D2:D7)

图 19.4 1D6 的表格

表中没有填写 D3 到 D7 格子，但是 D2 的填写如图 19.4 所示，可以使用填充格式将其拖曳下来并完成所有其他的单元格，而无须编写新的公式。完成之后，你应该拥有一个如图 19.5 所示的电子表格。

	A	B	C	D
1	1D6	事件	计数	概率
2		1	1	16.7%
3		2	1	16.7%
4		3	1	16.7%
5		4	1	16.7%
6		5	1	16.7%
7		6	1	16.7%
8		总数	6	100.0%

图 19.5 完整的 1D6 表格

电子表格现在显示了一个六面骰子的基本概率事件。这些信息对于制作一款依赖于六面骰子获得特定角色[1]的经典桌面游戏很有用。对应的概率分布图如图 19.6 所示。

这图表本身没什么意思，但请记住它，以便与你之后制作的图表进行比较。特别要注意的是，所有柱状图的高度都是相同的，形成了一条贯穿图表的水平线。这就是均匀分布在图表中的形状。

1 通常用六面骰子来投掷角色的属性。——译者注

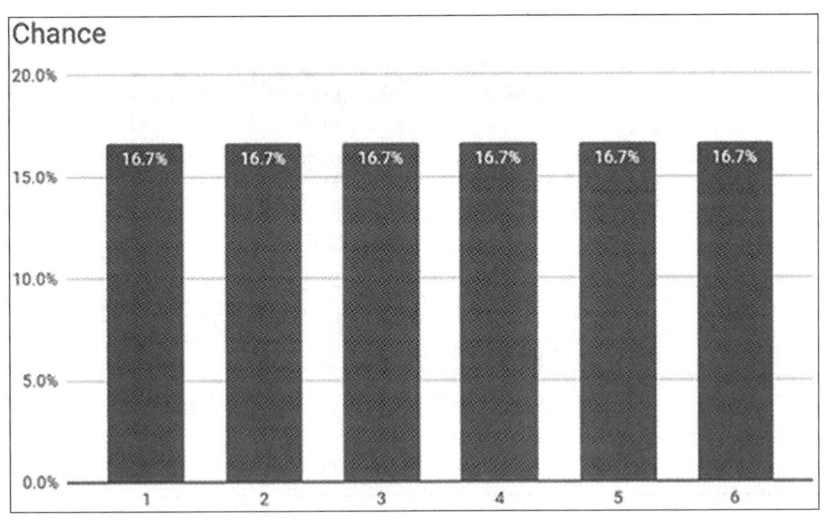

图 19.6　1D6 的柱状图

在许多游戏中，掷出特定结果并不总是获得成功的必要条件。通常在电子游戏和模拟游戏中，玩家可以通过掷出特定范围内的结果来取得优势。例如，玩家可能需要投出 3 或者更高的点数才能得分。在这种情况下，你不能仅看单个骰子的图表得出投到 3 或更高的概率。取而代之的是，你需要在图表中添加另一种计算以获得累积概率，也称为累积总计（Running Total）。为了把一切设置好，你需要考虑概率的准确情况，以获得累积概率。在六面骰子中掷出 6 或更高的概率是多少？这个问题似乎在扯淡，因为没有比 6 更高的数字了。要得出掷出大于等于某个数字的概率时，如果该数字本身就是最大的那个，那么你可以很放心地直接得出结论：它与单独掷出该数字的概率相同。在本例中，投到大于等于 6 的概率等于投到 6 的概率。你需要添加如图 19.7 所示的新列和计算，以把这些信息包括进去。

第一个累积概率的计算很简单，无论事件是多少，它都成立。接下来该计算累积概率了。幸运的是，它并不像它的名字看起来那么难[1]，你只需要一个公式就可以做到。然而，在这个公式之前，我们需要绕个弯看看累积列表（也被称为累积总计）。表 19.1 列出了每周的支付情况。

1　累积概率原文为 cumulative probability，看起来很复杂。——译者注

	A	B	C	D	E
1	1D6	Event	Count	Chance	Or Higher
2		1	1	=C2/$C$8	
3		2	1	=C3/$C$8	
4		3	1	=C4/$C$8	
5		4	1	=C5/$C$8	
6		5	1	=C6/$C$8	
7		6	1	=C7/$C$8	=D7
8		Total	=sum(	=sum(D2:D7)	

图 19.7　计算 1D6 概率掷骰中每个事件的公式

表 19.1　付款日程

周	付 款 额
1	$10
2	$10
3	$10
4	$10

不需要计算器，光看就知道到第三周总共付了 30 美元。到第四周，总共支付了 40 美元。计算过程是怎样的？你先看到第一周的支付情况，它是独立的。对于第二周，你已经知晓了第一周的总额，现在需要把第二周的加进去，总共 20 美元。第三周，在之前的基础上再加 10 美元，得到新的总额 30 美元。通过这种方式，你可以计算出累积总计——这与你计算概率的方法完全相同。仅有的不同之处在于，你是在加美元，而不是百分比，另外你在计算时是自下而上的。现在你了解了所有信息，是时候编写计算整个累积概率列表的公式了。

在单元格 E6 中，你需要把从 E7 开始的累积总计添加到新添加量中，在本例中，新添加量是在 D6 中计算的概率。公式和电子表格应该如图 19.8 所示。

	A	B	C	D	E
1	1D6	Event	Count	Chance	Or Higher
2		1	1	=C2/$C$8	
3		2	1	=C3/$C$8	
4		3	1	=C4/$C$8	
5		4	1	=C5/$C$8	
6		5	1	=C6/$C$8	=D6+E7
7		6	1	=C7/$C$8	=D7
8		Total	=sum(	=sum(D2:D7)	

图 19.8 开始计算 1D6 的累积概率

将下面单元格的概率与当前事件发生的概率相加，就可以计算出概率的累积总计。在如图 19.8 所示计算出第一个累积总计后，你可以用 E6 向上填充整个范围来完成总计计算。电子表格现在应该如图 19.9 所示。

	A	B	C	D	E
1	1D6	Event	Count	Chance	Or Higher
2		1	1	16.7%	100.0%
3		2	1	16.7%	83.3%
4		3	1	16.7%	66.7%
5		4	1	16.7%	50.0%
6		5	1	16.7%	33.3%
7		6	1	16.7%	16.7%
8		Total	6	100.0%	

图 19.9 完成“大于等于”累积概率计算的表格

现在，你可以观察累积概率列（E 列），来更深入地了解游戏的动作过程。回想一下，我们开始时想算出“掷到 3 或更高”的概率。查看电子表格，你可以看到答案是 66.7%（准确说是 66.6666…%的无限循环小数）。即使你从一个稍微不同的角度来看，这也是有道理的：你清楚为了计算概率，本质上是在寻找“成功概率与所有可能性总概率的比值”。在本例中，成功意味着掷到 3、4、5 或 6——6 个选项中的 4 个意味着概率是 4/6。可以把这个分数简化为 2/3，也就是 66.7%，答案就算出来了。

请注意

在掷单个 6 面骰子时，掷出任何一个数字都不稀奇。也就是说，某件事发生的概率 16.7%（或者说某件事不发生的概率 82.3%）并非是个让人会觉得罕见的数字。而是很多时候，玩家会沉浸在“骰子上只有一个 1”的心理中，并认为他们掷出 1 的概率比本来的要大。之所以有这种心态，部分原因在于选择性感知，因为掷到 1（特别是当它是个糟糕的结果时）比掷到其他数字更显眼。然而，主要的原因还是在于掷到 1 并不是那么稀奇。

计算一维非均匀分布概率

本节基于前几节介绍的原则，研究如何计算非均匀分布的概率。查看图 19.10 所示的转盘。它的 8 个区域中拥有 7 种不同的颜色。我们可以假设旋转指针落在这 8 个区域中的任何一个的概率是相同的。

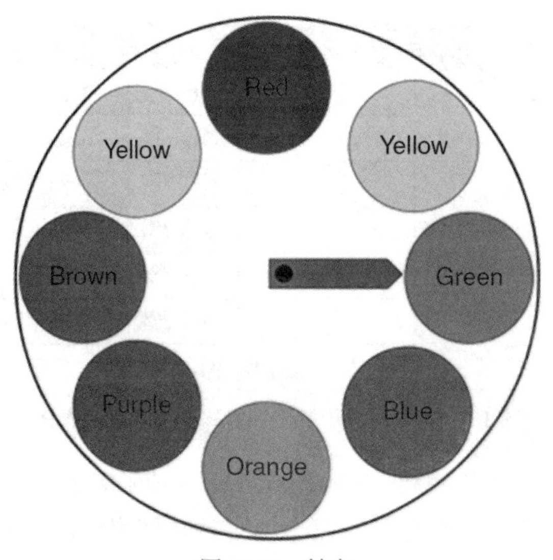

图 19.10　转盘

本例的计算似乎很复杂，但它实际上与 1D6 几乎完全相同。仅有的不同之处在于，转盘拥有更多可能的结果，其中一个事件发生的概率比其他事件高，并且不可能进行累积计算。用电子表格进行新一轮计算的最快方法是复制 1D6 表格，并按需进行细微修改。改好的表格应该如图 19.11 所示。

	A	B	C	D
1	Spin	Event	Count	Chance
2		Red	1	12.5%
3		Orange	1	12.5%
4		Brown	1	12.5%
5		Yellow	2	25.0%
6		Blue	1	12.5%
7		Green	1	12.5%
8		Purple	1	12.5%
9		Total	8	100.0%

图 19.11 非均匀分布的电子表格

用这种方法，你可以计算任何给定列表的概率，无论列表是长还是短。

可以使用图 19.11 中的数据来创建一个分布可视化的图表，如图 19.12 所示。从图中可以看出，大部分概率是均匀分布的，但黄色的概率直接翻了一番。因此，图表中除黄色的柱形条外，其他都是同一高度的。

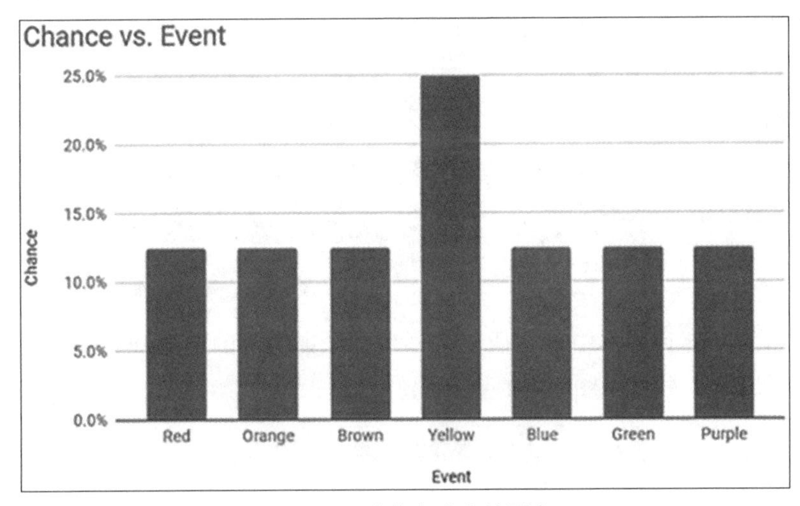

图 19.12 非均匀分布的图表

计算复合概率

一维概率表可以计算各种各样的概率，但它们仅限于单一维度和单个事件。换句话说，它们缺少一些关键的概率修饰词，如“和”和“或”。复合概率遇到的最简单、最常见的情况之一是把两个骰子的投掷次数加在一起。当掷 2D6 时，不再由单个事件决定结果。相反地，有两个事件被加在一起，每个事件都有独立的概率。为了解释这样的多重事件，你需要一种更复杂的确定概率的方法。当计算一维概率时，你将事件排列在一条直线上，这是一个一维对象。为了说明这一点，图 19.13 展示了覆盖在 1D6 事件上的一条线。

	A	B	C	D
1	1D6	Event	Count	Chance
2		1	1	16.7%
3		2	1	16.7%
4		3	1	16.7%
5		4	1	16.7%
6		5	1	16.7%
7		6	1	16.7%
8		Total	6	100.0%

图 19.13 线性事件

而对于复合概率，你会添加另一个维度。因此不再是只有一条线指向一个方向，需要两条互相垂直的直线来表示所有可能的事件。

请注意

这在概念上与英尺和平方英尺之间的关系非常相似。当测量诸如绳子这样的直线时，你用的是线性的英尺。而测量诸如空地或地板这样的二维空间时，你用的是平方英尺。

在添加新的维度到数据中时，从和第一个数据集相同的原点开始，始终与该数据集垂直拉一条线出来，最终如图 19.14 所示。

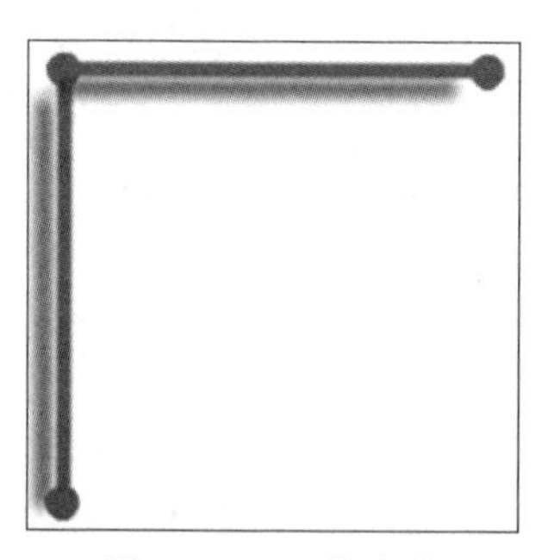

图 19.14 二维事件

要实际着手向表格中添加数据，首先你可以试试两个两面骰子——实际上就是硬币，我们假设硬币掷出的结果是 1 或者 2。首先，可以将一枚硬币能引发的所有事件输入到一列中，如图 19.15 所示。

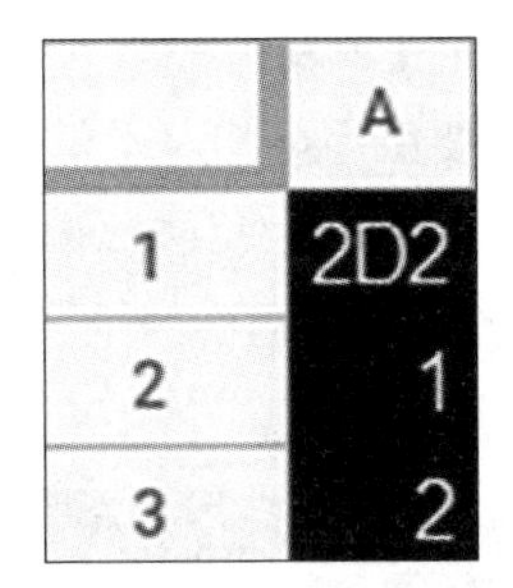

	A
1	2D2
2	1
3	2

图 19.15　2D2 可能事件表

要添加第二个维度，需要将 A 列中的相同数字输入到第 1 行（见图 19.16）。加好后就变成了一个二维表格。

	A	B	C
1	2D2	1	2
2	1		
3	2		

图 19.16　2D2 的二维电子表格

接下来就是填充各个单元格。你应该先在脑子里填一遍。因为它规模非常小，不是什么难事。在 B2 中，A2 的 1 和 B1 的 1 相加得到 2。你可以对其他格子如法炮制。最终结果如图 19.17 所示。

	A	B	C
1	2D2	1	2
2	1	2	3
3	2	3	4

图 19.17　手动计算概率的 2D2 二维表格

一眼就看出，这个简单的例子有一个 2、两个 3 和一个 4。下一步是编写一个可扩展的公式，它将计算二维网格中的所有单元格内容（无论有多少个）。为此，你需要完全理解混合引用公式。在每个二维概率网格中，都有一个标题行和一个标题列。在本例中，标题行全部为第 1 行，标题列全部为第 A 列。无论公式在哪里复制，标题行和列一定是需要引用的。当将一个引用锁定为绝对引用的时候，你需要确保引用前面带一个$。在本例中，你知道第 1 行是绝对的，因此在编写公式时，需要在第 1 行的引用前面放一个$。对 A 列如法炮制。另一方面，你需要引用能相对于第 1 行上下移动、能相对于第 A 列左右移动，因为对应值在它们各自的轴上变化。这意味着引用不能是绝对的，所以不能在前面有$。用这样的规则创建用来填充整个网格的主公式时，结果如图 19.18 所示。

	A	B	C
1	2D2	1	2
2	1	=$A2+B$1	
3	2		

图 19.18　二维公式

现在你可以用这个公式来格式化填充整个网格。你也可以进一步用它来构建任意大小的二维概率网格。你得到的结果与之前在头脑中计算的一样（见图 19.19，它看起来与图 19.17 类似）。

	A	B	C
1	2D2	1	2
2	1	2	3
3	2	3	4

图 19.19　格式化填充公式后的 2D2 表格

网格一旦完成，你就有了本事件中所有可能发生的选项列表，然后就可以开始计算概率了。你需要用与之前确定一维概率完全相同的方法。先得到如图 19.20 所示的表格。

	E	F	G	H
1	2D2	Event	Count	Chance
2		2		
3		3		
4		4		
5		Total		

图 19.20　2D2 完整表格

请注意，出现了本章中第一个数据不是从 A1 开始的电子表格。记住，需要保留 2D2 的网格，以便在新的计算中引用它。还要注意，事件列表中没有列出结果 1——因为以这种方式计算两个骰子的组合结果不可能得到 1（两个骰子相加）。

搭建表格框架后，你需要填充“计数”这一列。为了手动算出计数，可以观察 2D2 网格并计算每个数字在网格中出现的次数。尽管手动计数在这个简单的例子中完全可行，但一旦数据规模变大，这种方法就会变得非常困难。取而代之的是，你应该设置表格来自动进行计算。一旦你清楚了这个简单例子中的套路，就能很轻易地将其举一反三到更复杂的计算中。

想一想，在这个例子中，你会使用什么公式或函数来进行计数。在第 6 章“电子表格功能”描述的方法中，哪一个函数最适用？在学习如何使用电子表格时，要确定究竟该用什么函数，最佳方法之一是考虑如何手动得出答案。在本例中，你观察 B2:C3 中的网格，每看到 2，计数就加 1，总共是 1。然后用同样的方法找 3，累积总共是 2。对于 4，累积总共是 1。所以你想让函数做的是，在特定的单元格中查找你想要的内容并计数。能做到这一点的函数，那就是 COUNTIF。要它能帮你计算，首先在单元格 G2 中输入函数，引用 2D2 的网格，并让函数查找 F2 中列出的事件。函数最终应该如图 19.21 所示。

	E	F	G	H
1	2D2	Event	Count	Chance
2		2	=countif($B$2:$C$3,F2)	
3		3		
4		4		
5		Total		

图 19.21　用于在表中查找概率的 COUNTIF 公式

把这个公式格式填充到其他单元格，就能自动计算出事件的准确计数，如图 19.22 所示。

	A	B	C	D	E	F	G	H
1	2D2	1	2		2D2	Event	Count	Chance
2	1	2	3			2	1	
3	2	3	4			3	2	
4						4	1	
5						Total		

图 19.22　完成了的 2D2 事件计数

为了填充其余的单元格，你可以使用与计算 1D2 相同的方式来获得每个事件的总数和概率。所有这些都完成后，工作表应该如图 19.23 所示。

	A	B	C	D	E	F	G	H
1	2D2	1	2		2D2	Event	Count	Chance
2	1	2	3			2	1	25.0%
3	2	3	4			3	2	50.0%
4						4	1	25.0%
5						Total	4	100.0%

图 19.23　2D2 概率计算完成

2D2 和 1D2 最大的区别在于，并非所有事件的概率都相同。尽管两个骰子的面数相同，各个面的实际值也相同，但 3 的计数要高于 2 或 4 的计数。这是将不同的随机数相加的自然结果。分布是不均匀的。为了进一步探索这个概念，我们现在来看六面骰子。

计算 2D6 的方法和计算 2D2 的方法完全相同。同样，你应该复制 2D2 的表格并将其展开来适应更大的 2D6 网格。因为你已经将所有公式和函数设置为自动的，所以它们不仅会自动展开和填充 2D6，还会自动填充构成网格的任意两个数字组合。图 19.24 显示了一个完整的 2D6 事件网格。

	A	B	C	D	E	F	G
1	2D6	1	2	3	4	5	6
2	1	2	3	4	5	6	7
3	2	3	4	5	6	7	8
4	3	4	5	6	7	8	9
5	4	5	6	7	8	9	10
6	5	6	7	8	9	10	11
7	6	7	8	9	10	11	12

图 19.24　2D6 事件网格

乍一看，这可能就像是一堆随机数字，但让我们花一些时间来寻找其中的规律。你可以看到左上角有一个 2，然后，在旁边的对角线上有两个 3、三个 4、四个 5、五个 6 和六个 7。随着数字越来越大，这种模式又开始往回缩，最后以一个 12 结束。为了进一步说明这一点，图 19.25 的电子表格显示了这组同样的数字，但应用了条件格式，以便让最大的数字和最小的数字用更深的颜色突出显示。

	A	B	C	D	E	F	G
1	2D6	1	2	3	4	5	6
2	1	2	3	4	5	6	7
3	2	3	4	5	6	7	8
4	3	4	5	6	7	8	9
5	4	5	6	7	8	9	10
6	5	6	7	8	9	10	11
7	6	7	8	9	10	11	12

图 19.25　带条件格式的 2D6 网格

条件格式将网格中的模式以图形方式展示了出来。为了从视觉上的美观过渡到数字上的清晰，你可以使用与 2D2 中完全相同的方法，该方法也与 1D6 中所使用的相同。列出所有不同的事件，使用 COUNTIF 在网格中得出准确的计数，并使用这些计数计算每个数字出现的概率。电子表格最终应该如图 19.26 所示。

	I	J	K	L
1	2D6	Event	Count	Chance
2		2	1	2.78%
3		3	2	5.56%
4		4	3	8.33%
5		5	4	11.11%
6		6	5	13.89%
7		7	6	16.67%
8		8	5	13.89%
9		9	4	11.11%
10		10	3	8.33%
11		11	2	5.56%
12		12	1	2.78%
13		sum	36	100.00%

图 19.26　2D6 的概率计算

图 19.27 将表格所有函数和公式直接展示了出来。

	A	B	C	D	E	F	G
1	2D6	1	2	3	4	5	6
2	1	=$A2+B$1	=$A2+C$1	=$A2+D$1	=$A2+E$1	=$A2+F$1	=$A2+G$1
3	2	=$A3+B$1	=$A3+C$1	=$A3+D$1	=$A3+E$1	=$A3+F$1	=$A3+G$1
4	3	=$A4+B$1	=$A4+C$1	=$A4+D$1	=$A4+E$1	=$A4+F$1	=$A4+G$1
5	4	=$A5+B$1	=$A5+C$1	=$A5+D$1	=$A5+E$1	=$A5+F$1	=$A5+G$1
6	5	=$A6+B$1	=$A6+C$1	=$A6+D$1	=$A6+E$1	=$A6+F$1	=$A6+G$1
7	6	=$A7+B$1	=$A7+C$1	=$A7+D$1	=$A7+E$1	=$A7+F$1	=$A7+G$1

	I	J	K	L
1	2D6	Event	Count	Chance
2		2	=countif($B$2:$G$7,J2)	=K2/$K$13
3		3	=countif($B$2:$G$7,J3)	=K3/$K$13
4		4	=countif($B$2:$G$7,J4)	=K4/$K$13
5		5	=countif($B$2:$G$7,J5)	=K5/$K$13
6		6	=countif($B$2:$G$7,J6)	=K6/$K$13
7		7	=countif($B$2:$G$7,J7)	=K7/$K$13
8		8	=countif($B$2:$G$7,J8)	=K8/$K$13
9		9	=countif($B$2:$G$7,J9)	=K9/$K$13
10		10	=countif($B$2:$G$7,J10	=K10/$K$13
11		11	=countif($B$2:$G$7,J11	=K11/$K$13
12		12	=countif($B$2:$G$7,J12	=K12/$K$13
13		sum	=sum(K2:K12)	=sum(L2:L12

图 19.27　暴露公式的 2D6 表格

请注意

在第 10 章“在电子表格中组织数据”中，我建议不要使用空列和空行来分隔表中的数据。在图 19.27 中，我似乎违反了这个原则，因为 H 列是空白的。然而这里有一个不一样的地方。在这一页上有两个不同的表：左边是结果的网格，右边是对结果的分析。H 列在表之间，而不是在表内。要创建最干净的表格，最理想的做法是把这两个表格分离到两个单独的页面中。然而，为了将所有信息放在同一张图中，我把两张表放在了同一页。有时把多张表放在同一页是一种优势。但是如果有歧义，还是将数据分离到单独的页面中。

当然了，如果仅仅创建一个数字很多的网格，而不花时间去评估这些数据、不进行对游戏具有实际效用的观察，那是绝对不够的。通过观察 2D6 网格中各事件的概率，你可以看到与 2D2 网格以及条件格式下 2D6 事件网格相同的规律。靠近列表中心的数字比角落的更容易出现。为了进一步说明这一点，你可以将数据加载到图表中（见图 19.28）。

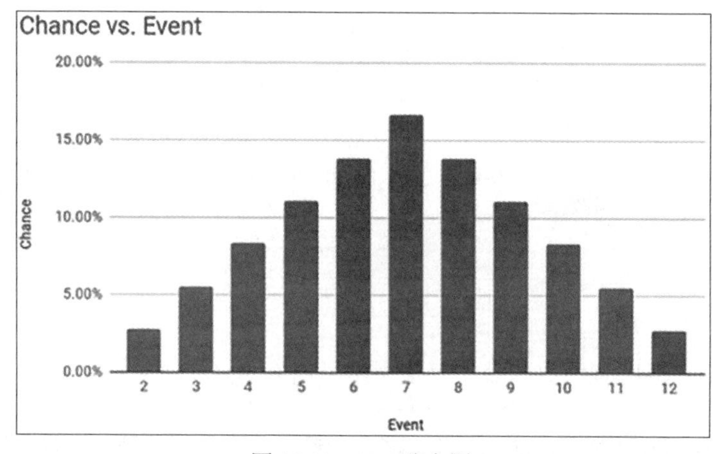

图 19.28 2D6 分布图

上面条形图分布与任何一维先行概率的分布都不大一样。这被称为钟形曲线概率，因为它从两端到中间形成了一条平滑曲线，类似于钟的形状。钟形曲线部分有很多独有的特征：

- 高段和低段都很稀有。在 2D6 的例子中，掷到 2 或 12 的概率小于 3%。
- 中心点的相对概率非常高。在 2D6 的情况下是 16.67%。掷到 7 的概率大概是掷到 2 或 12 的概率的 5 倍。

- 掷到中心数字（本例中是 7）与 1D6 掷到任意数字的概率相同。这对任何钟形曲线分布都成立，所以如果你掷 2D8，掷到 9 的概率和掷到 1D8 上任何一个数字的概率是一样的。
- 中心点数比单个骰子的点数高。2D6 的中心是 6+1 即 7，2D13 的中心（亦即最常见数字）是 14，2D14 则为 15，以此类推。
- 任意两个相邻可能概率之间的差距（称为步长）与掷出曲线末端的数字的概率相同。例如，在 2D6 上掷到 2 的概率为 2.78%。掷到 7 的概率也比掷到 6 的概率高 2.78%。这适用于任何其他钟形曲线分布。

计算 2D6 中“大于或等于”的累积概率

将 2D6 分布在表格中做好后，你就可以用与 1D6 相同的方法来得出用 2D6 掷到大于等于某个值的分布。同样地，你从最大的值开始，写下一个将各个新出现的概率加起来的公式，并附上一个累积总计，如图 19.29 所示。

2D6	Event	Count	Chance	orHigher
	2	1	2.78%	100.00%
	3	2	5.56%	97.22%
	4	3	8.33%	91.67%
	5	4	11.11%	83.33%
	6	5	13.89%	72.22%
	7	6	16.67%	58.33%
	8	5	13.89%	41.67%
	9	4	11.11%	27.78%
	10	3	8.33%	16.67%
	11	2	5.56%	8.33%
	12	1	2.78%	2.78%
	sum	36	100.00%	

图 19.29　2D6 的“大于或等于”的累积概率表格

绘制成分布图后如图 19.30 所示。

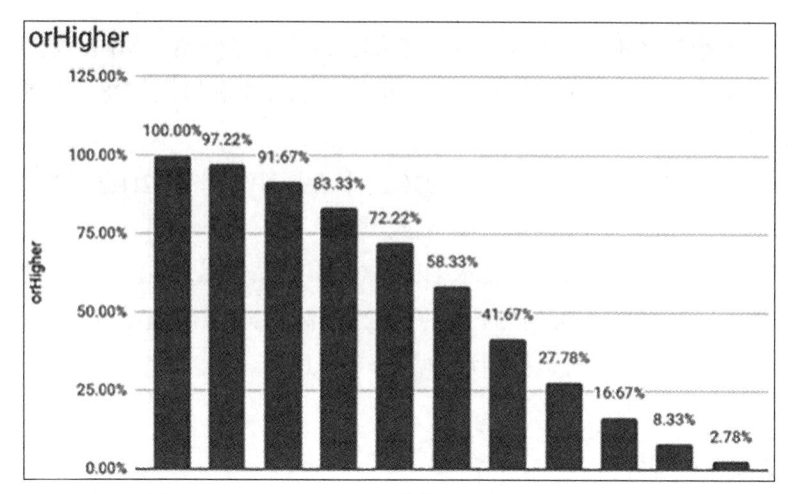

图 19.30 2D6 的“大于或等于”的累积概率图表

思考如下关于 2D6 累积概率分布的重要观测结果，它们适用于任何二维概率表：

- 图表顶部和底部之间的步长很小，但是图表中心部分数字之间的步长很大。例如，玩家掷出 11 或更高点数比掷出 12 或更高点数的概率高 5.56%，相比之下，掷出 7 或以上的点数比掷出 8 或以上的概率要高 16.67%。在图表中间，单个步长上涨的幅度是在边缘上涨幅度的三倍。
- 适用于“小于或等于”的图表和适用于“大于或等于”的图表概率是完全相同的，只是顺序相反。

计算双数骰子的概率

在不少游戏中，掷出双数骰子（即两个骰子上的数字相同）拥有重要意义。为了帮助你理解计算任意给定双数骰子概率的方法，图 19.31 显示了与之前相同的 2D6 电子表格，但现在对双数骰子的结果加上了阴影。

2D6	1	2	3	4	5	6
1	2	3	4	5	6	7
2	3	4	5	6	7	8
3	4	5	6	7	8	9
4	5	6	7	8	9	10
5	6	7	8	9	10	11
6	7	8	9	10	11	12

图 19.31 双数骰子表格

在图 19.31 中，你能看到双数骰子的规律是：以与 7 垂直的方向沿着对角线贯穿整个图表，并且计数完全相同：有 6 种方式掷出双数，也有 6 种方式掷出 7。因为在 2D6 的 36 种可能结果中，有 6 种结果是“两个骰子掷到相同的数”，概率自然就是 16.67%。

请注意

你可能已经注意到，在 1D6 和 2D6 的概率中，16.67%不断出现。这并非巧合。任何单个结果出现的概率将包含在整个掷骰子的概率中，你可以通过在其中一个骰子上掷出给定数字的概率来找出两个骰子中出现双数的概率。

计算连续单一事件

运用本章到目前为止介绍的计算方法，你可以得出大量不同骰子掷出的结果概率，但这些都是单一事件。你会怎么处理连续事件？你了解了用单面骰子中掷出 1 的概率，也计算过用两个六面骰子分别掷出 1 的概率。这就是连续事件的开始。现在，我们用一些例子来进一步了解。

在 1D6 上连续 3、4、5 或更多次掷到 1 的概率是多少？要创建连续概率事件，每多一步都需要将当前事件的概率乘以其本身。这听着有点不直观，我们用一个图形化例子来辅助说明。假设你有一整个比萨，吃了一半还剩下多少（见图 19.32）？

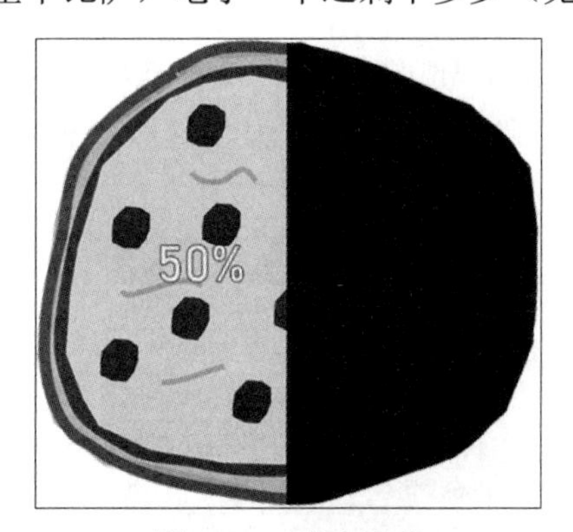

图 19.32　半个比萨

答案是半个（1/2 或 50%），这很容易计算。如果你又吃了剩下比萨的一半呢？现在还剩多少？现在不是减一整个的一半了，因为这样就没了。相反你需要减掉剩下一半的一半，因此你最终得到 25%（见图 19.33）。你可以将同样的方法应用于任意连续概率事件。

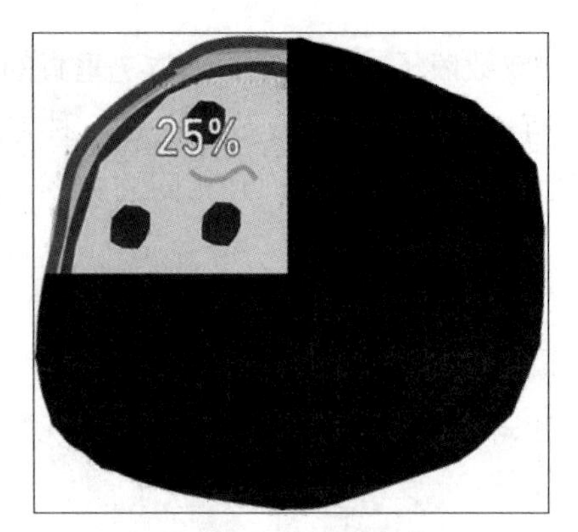

图 19.33　1/4 个比萨

现在我们考虑用 1D6 掷一个 1。在电子表格中，你可以在第一次迭代中设置一个概率为 1/6 的公式（见图 19.34）。对于表格下面的所有迭代，需要再次将之前的迭代乘以 1/6。

	A	B
1	In a row	Odds
2	1	=1/6
3	2	=B2*(1/6)
4	3	

图 19.34　连续概率公式

在 B2 单元格中写下公式后，你可以通过向下格式填充，计算出连续任意次掷到 1 的概率。正如在图 19.35 中所看到的，这种情况发生的概率非常小，但它永远不会变为零。

	A	B
1	In a row	Odds
2	1	16.666667%
3	2	2.777778%
4	3	0.462963%
5	4	0.077160%
6	5	0.012860%
7	6	0.002143%
8	7	0.000357%
9	8	0.000060%
10	9	0.000010%
11	10	0.000002%

图 19.35　连续概率

这种表格很适合对连续概率进行一次性计算，你也可以更进一步，制作一个动态表格，你输入任意想要的概率数字，表格会自动计算出连续概率。与之前一样，你需要的变量是事件数量和成功数量。有了这两个变量，电子表格就可以完成剩下的工作。图19.36展示了所有相关的公式。

	A	B	C	D	E
1	In a row	Odds		Possible	6
2	1	=E3		Successes	1
3	2	=B2*$E$3		Probability	=E2/E1
4	3	=B3*$E$3			
5	4	=B4*$E$3			
6	5	=B5*$E$3			
7	6	=B6*$E$3			
8	7	=B7*$E$3			
9	8	=B8*$E$3			
10	9	=B9*$E$3			
11	10	=B10*$E$3			

图19.36　变量驱动的连续概率计算

一旦建立了电子表格，你就可以修改“Possible（可能的结果）”和“Successes（成功次数）”的数字，并重新计算连续概率中每个项目的概率。

现在我们来看一个非典型的例子。图19.37中的电子表格显示了11种可能性中的7种成功的可能（一般的骰子没有这种概率分布，但你可能会在纸牌或游戏战利品掉落表中遇到）。

	A	B	C	D	E
1	In a row	Odds		Possible	11
2	1	63.6364%		Successes	7
3	2	40.4959%		Probability	63.6364%
4	3	25.7701%			
5	4	16.3992%			
6	5	10.4358%			
7	6	6.6410%			
8	7	4.2261%			
9	8	2.6893%			
10	9	1.7114%			
11	10	1.0891%			

图19.37　连续输出

无论是怎样的概率组合，这种公式都可以用来求出事件发生的可能性。它们还可以用于反向的情况。假设你在一个游戏中掷出 2D6，如果得到 12，就会自动输掉，否则，你就可以继续投掷。在这种情况下，你不需要计算多次投出 12 的概率，相反，要计算出没有投到 12 的概率。虽然这看起来更复杂，但套路完全相同，只是多了一个步骤。你知道用 2D6 掷到 12 的概率是 1/36，或 2.78%。这意味着不投到 12 的概率是 100%减去投到 12 的概率：100%–2.78%=97.22%。然后可以把这些数字代入原来的公式。为了相应地调整表格，如图 19.38 所示，你可以在 Probability（概率）下面再添加一个计算，用于“非”的情况，还可以添加一个列“Inverse（反向）”，这是事件在连续多次未发生的概率。

	A	B	C	D	E	F
1	In a row	Odds	Inverse		Possible	36
2	1	=F3	=F4		Successes	1
3	2	=B2*$F$3	=C2*$F$4		Probability	=F2/F1
4	3	=B3*$F$3	=C3*$F$4		Not	=1+3
5	4	=B4*$F$3	=C4*$F$4			
6	5	=B5*$F$3	=C5*$F$4			
7	6	=B6*$F$3	=C6*$F$4			
8	7	=B7*$F$3	=C7*$F$4			
9	8	=B8*$F$3	=C8*$F$4			
10	9	=B9*$F$3	=C9*$F$4			
11	10	=B10*$F$3	=C10*F			

图 19.38　连续和反向的公式

注意，这两列公式都混合使用了绝对引用和相对引用。在连续事件中，引用需要是相对的，这样它们会随着每次迭代而更新。当公式指向最初的根变量时，根变量需要固定，因为它们不会随着公式的格式填充发生改变。有了这些公式，最终的概率应该如图 19.39 所示。

	A	B	C	D	E	F
1	In a row	Odds	Inverse		Possible	36
2	1	2.778%	97.222%		Successes	1
3	2	0.077%	94.522%		Probability	2.78%
4	3	0.002%	91.896%		Not	97.22%
5	4	0.000%	89.343%			
6	5	0.000%	86.862%			
7	6	0.000%	84.449%			
8	7	0.000%	82.103%			
9	8	0.000%	79.822%			
10	9	0.000%	77.605%			
11	10	0.000%	75.449%			

图 19.39　反向连续事件的概率

你现在可以看到连续掷 2D6 十次而没有得到 12 的概率略高于 75%。这是相当大的概率。

让我们来看最后一个反向计算的例子。这一次，假设你想找出玩家用 1D6 没有掷出 6 的概率。基于基本的直觉，许多人认为，如果你掷 6 次 1D6，那么几乎不可避免地要掷到一次 6。但是图 19.40 显示了实际的概率是什么样。

	A	B	C	D	E	F
1	In a row	Odds	Inverse		Possible	6
2	1	16.667%	83.333%		Successes	1
3	2	2.778%	69.444%		Probability	16.67%
4	3	0.463%	57.870%		Not	83.33%
5	4	0.077%	48.225%			
6	5	0.013%	40.188%			
7	6	0.002%	33.490%			
8	7	0.000%	27.908%			
9	8	0.000%	23.257%			
10	9	0.000%	19.381%			
11	10	0.000%	16.151%			

图 19.40　连续投掷 1D6 而没有掷到 6 的概率

结果是，投掷六面骰子 6 次而没有掷到 6 的概率超过 33%，实际上很可能你连续投了 10 次仍然看不到 6。原因是每个事件都是独立的。

计算超过二维的概率

到目前为止，我们只讨论了一个事件和两个事件的概率。电子表格有两个维度，所以它自然适合一个或两个维度。当你开始计算三个骰子或三维空间时，必须更有创意一点。鉴于维度又多了一个，你需要在垂直维度列出两个骰子的配对，并在水平维度列出第三个骰子。也就是说，使用电子表格的前两列列出前两个骰子的所有可能性，在第一列中重复第一个骰子，并在第二列中添加第二个骰子的所有可能情况。图 19.41 显示了如何对 3D4 进行手动操作。

在这个例子中，你可以看到在 A 列中有四个 1 和四个 2，以此类推，直到第一个骰子所有可能的结果都露了一轮脸，重复的次数与第二个骰子可能的结果数（4）相同。然后 B 列循环列出第二个骰子的所有可能结果，这样就可以构建出前两个骰子的所有不同组合。最后，第一行的剩余部分用于列出第三个骰子的所有可能选项。C2:F17 范围内的每个单元格都是对应三个骰子相加的结果。之后，Event（时间）、Count（计数）、Chance

（概率）和大于等于值的计算方法与一维和二维组合的计算方法完全相同。同样的方法可以应用于更多的列和更多的骰子，尽管它确实变得相当复杂。一旦计算出所有 3D4 的概率，你就可以用这些数据创建一个图表，应该会看到图表的中间位置高得多，数据也更集中在中间（见图 19.42）。

	A	B	C	D	E	F	G	H	I	J	K	L
1	First	Second | Third ->	1	2	3	4			3D4 Event	Count	Chance	orHigher
2	1	1	3	4	5	6			3	1	1.56%	100.00%
3	1	2	4	5	6	7			4	3	4.69%	98.44%
4	1	3	5	6	7	8			5	6	9.38%	93.75%
5	1	4	6	7	8	9			6	10	15.63%	84.38%
6	2	1	4	5	6	7			7	12	18.75%	68.75%
7	2	2	5	6	7	8			8	12	18.75%	50.00%
8	2	3	6	7	8	9			9	10	15.63%	31.25%
9	2	4	7	8	9	10			10	6	9.38%	15.63%
10	3	1	5	6	7	8			11	3	4.69%	6.25%
11	3	2	6	7	8	9			12	1	1.56%	1.56%
12	3	3	7	8	9	10			sum	64	100.00%	
13	3	4	8	9	10	11						
14	4	1	6	7	8	9						
15	4	2	7	8	9	10						
16	4	3	8	9	10	11						
17	4	4	9	10	11	12						

图 19.41　三维概率的 3D4 表格

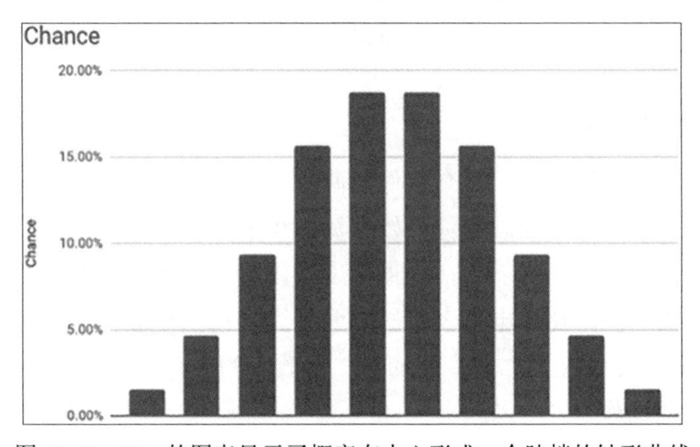

图 19.42　3D4 的图表显示了概率在中心形成一个陡峭的钟形曲线

每增加一个维度，都会让这样的趋势变得更明显。一个池子里骰子越多，尾部的结果出现的机会就越少，靠近中间的结果出现的机会就越大。

计算相关事件概率

到目前为止讨论的每一个概率计算中，任何一个给定的结果对其他的结果都没有影响。这次投掷对下次投掷没有任何影响，这次转转盘对下次转转盘也没有影响。这些是最容易追踪和计算的概率事件类型，但也有许多概率事件会根据之前的事件发生变化。最常见的是从一副牌中抽出多张牌。另一种具有相关性的事件是从一堆色块中拿一个出来。游戏也可能拥有一个战利品池，即当玩家抽到道具时从池中移除这个道具。所有这些事件的共同特征是，第一个事件的发生会影响下一个事件发生的概率。需要用分支来计算这些类型的事件，而不是用轴，因为每个事件都会创造一组新的概率。

举个很简单的例子，假设有两个圆圈和一个方块。一次完全随机的抽取，得到圆圈的概率是多少？与我们在本章之前计算骰子的方式完全相同，你会注意到 3 种可能的结果和 2 种可能的成功，即 2/3 的概率成功，约相当于 66.66%的概率。现在假设你已经抽了一个图形，然后再从剩下的两个图形中抽一个。之后圆圈不再是 3 个，而是 2 个，所以概率变了。再从剩下的两个圆圈中选一个，那就只剩下一个图形。可以用图 19.43 所示的方法来画出所有可能性。

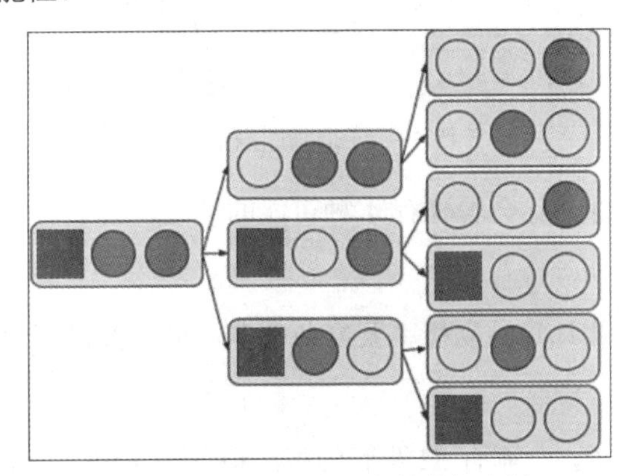

图 19.43 包含所有可能性的概率树

在图 19.43 最左边，你可以看到第一个事件有 3 种可能的结果，而这 3 种可能性的每一种又有 2 种可能的结果。在本例中，仅仅 3 个图形就会带来 6 种可能的结果：

先是方块然后是圆圈
先是方块然后是圆圈
先是圆圈然后是方块
先是圆圈然后是圆圈

先是圆圈然后是方块

先是圆圈然后是圆圈

现在你已经知道有多少事件以及产生了多少种可能性，现在可以计算出各种不同可能性的概率。例如，如果你想找出一个方块成为最后一个图形的概率，可以查看第三列，所有可能总数为 6，成功次数为 2（包含方块的选项），得到 2/6（简化为 1/3），即 33.3%，这就是方块留在最后的概率。就像连续掷骰子，你也可以计算各后续发生事件的概率。

例如，如果先抽一个圆圈，那么第二个抽方块的概率是多少？在本例中，你只关注首先抽圆圈的分支，如图 19.44 所示。

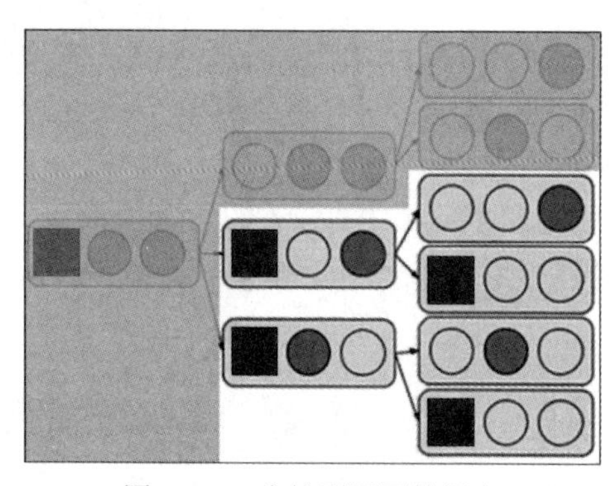

图 19.44　先抽到圆圈的概率

观察右方的剩余事件，你会看到有 4 种可能的结果，其中 2 种抽到了方块，所以概率是 2/4（1/2），即 50%。

计算相关概率当然比计算独立概率要复杂得多，但它值得探索，因为游戏经常使用它。

这里讨论另一个例子，一副有 52 张牌的牌组被分为 4 组，每组 13 张，分别是红桃、黑桃、梅花和方片。抽出红桃的概率是多少？连续抽到两张红桃的概率是多少？为了找到这个答案，你将使用与跳棋类似的方法，但这次可以专注于树的单个分支。

第一次抽牌时，52 张牌中有 13 张是红桃，也就是 13/52（1/4），即 25%。然而，在第二次抽牌时，牌组只剩 12 张红桃了，而其他花色仍然是 13 张。现在成功抽到红桃的概率是 12/51（记住，现在总张数也减少了），即 23.53%——这比第一次抽到红桃的概率略低。你可以利用表格通过迭代剩余红桃数和剩余总牌数来计算这棵树的分支（见图 19.45）。

C2	fx =A2/B2	
A	B	C
Hearts	Total	Chance to draw
13	52	25.00%
12	51	23.53%
11	50	22.00%
10	49	20.41%
9	48	18.75%
8	47	17.02%
7	46	15.22%
6	45	13.33%
5	44	11.36%
4	43	9.30%
3	42	7.14%
2	41	4.88%
1	40	2.50%

图 19.45　连续抽牌的概率

请注意

本例只是抽牌的大量可能性分支中的一个。在计算相关概率时，通常不可能绘制出可能性的树，因为它太大了，不适合实际使用。相反，你可以像本例这样计算它的一个分支，以获得数据分布的一个样本。

计算互斥事件概率

在前一节中，我们研究了从一堆纸牌中抽取特定花色的概率。你看到连续抽到两张红桃涉及相关事件，因为抽到第一张牌会对抽到第二张牌的概率产生影响。在某些情况下，你可能需要计算另一种概率：互斥事件。**互斥事件**是指不能同时发生的事件：当一个事件发生时，另一个事件不可能发生。

例如，假设你正在计算从一副牌中抽到黑桃 A 的概率。首次尝试时的概率为 1/52，即 1.92%。如果在第一次尝试时没有抽到黑桃 A，那么在第二次尝试时，由于牌库从 52 张减少到 51 张，概率会略有提高。第二次抽到黑桃 A 的概率是 1/51，也就是 1.96%。但如果第一次抽到了黑桃 A 呢？在这种情况下，在第二次尝试时抽到黑桃 A 的概率为 0%，因为牌库中已经没有黑桃 A 了。同样地，如果一次抽两张牌，你能抽到黑桃 A 两次的概率是多少？同样为 0%。这就是互斥事件的含义。如果其中一个事件发生，另一个事件就不可能发生。

计算均匀分布的枚举概率

并非所有随机事件都像骰子和标准卡牌组那样带有固定数量的变量。许多现代游戏都拥有可定制的、可变大小的卡牌组、战利品表以及其他不确定道具列表中的随机方法。对于这些物品池，必须计算枚举概率。计算枚举概率与前面讨论的方法非常相似。例如，让我们看看 RPG 游戏的一个战利品列表（见图 19.46）。

	A	B
1	名称	价格
2	小钱包	10
3	钱包	15
4	小箱子	30
5	宝箱	50
6	微型生命药水	5
7	小型生命药水	15
8	生命药水	30
9	强力生命药水	50
10	衣服	1
11	治疗药水	60
12	复制卷轴	10
13	知识之书	10
14	布甲	5
15	巨魔指环	10
16	藏宝图	0
17	幸运兔脚	15

图 19.46　均匀分布的枚举概率战利品列表

这个列表包含一些不同的道具，每个道具都有一个值。如果玩家每次打开箱子都能得到一件物品，那么计算每件物品出现的概率就很容易，方法与本章前面关于骰子的方法相同：你需要将总数加起来——在这里是 16 件物品——并指定 1 为每件物品出现的概率。从数学角度来看，这与 1D16 完全相同，应该被同等对待。所以每一件物品都有 1/16，也就是 6.25%的概率被抽到。无论物品列表有多长，也不管是用转盘、纸牌还是一台计算机来抽取，都可以用与均匀分布相同的方式来计算枚举概率。

计算非均匀分布的枚举概率

虽然计算道具列表的概率对于较简单的游戏来说很有用，但在较为复杂的游戏中，列表中事件发生的概率通常是不均匀的。例如，在 RPG 游戏的战利品列表中，你可能希望小钱包成为最常见的物品，而一些较好的物品则更加稀有。有几种处理方法，其中最常见的两种是使用百分比和概率权重。

用百分比的方法无他，就是列出列表中各事件发生的概率百分比。这就是它的全部内容。使用百分比的好处是，每个事件发生的机会都能清楚地展示出来。缺点是，作为数据设计师，你必须确保百分比的总和始终为 100%，否则概率就不准确了。这意味着对表中任何项目的概率所做的任何更改，都可能导致百分比变化的级联效应，需要持续重新平衡。

另一方面，使用概率权重在一开始似乎是不可能的，并且一开始也没有固定的概率尺度。作为设计师，你必须确定什么是最小的权重，什么是最大的权重，然后将权重分配给列表上的所有项目。在 RPG 游戏战利品的例子中，图 19.47 显示列表中的每个道具都有一个概率权重。

	A	B	C
1	Name	Sell Value	Weight
2	小钱包	10	60
3	钱包	15	20
4	小箱子	30	20
5	宝箱	50	10
6	微型生命药水	5	30
7	小型生命药水	15	50
8	生命药水	30	20
9	强力生命药水	50	10
10	衣服	1	40
11	治疗药水	60	10
12	复制卷轴	10	10
13	知识之书	10	10
14	布甲	5	10
15	巨魔指环	10	10
16	藏宝图	0	10
17	幸运兔脚	15	10

图 19.47 不均匀分布的枚举概率战利品列表

在图 19.47 的电子表格中，为什么最小的权重是 10，最大的权重是 60？不管是谁设计了这个例子，我们都能看出他的本意是为了平衡游戏，最常见道具的出现频率是最稀有道具的 6 倍。最小的数字是 10，以便在权重平衡范围内留有余地，以防团队忘记一些权重更低的道具，又或者需要调整某个物品的稀有度，将其概率置于两个物品的权重之间。使用任意概率权重值的好处之一是没有最小值或最大值。每个团队都可以自由决定在具体游戏中使用权重的规模。另一个很大的好处是列表中的权重之和不需要是 100。它可以是任何数字，而且仍然有效。

一旦列表中的每个物品都分配了权重，你就可以用计算 2D6 概率的方法计算每个事件的概率。首先，得到权重的总和（在图 19.48 中的 C 列中），然后将每个事件的权重除以总和。

fx =C2/$G$1

	A	B	C	D	E	F	G
1	Name	Sell Value	Weight	%		Total	330
2	小钱包	10	60	18.18%			
3	钱包	15	20	6.06%			
4	小箱子	30	20	6.06%			
5	宝箱	50	10	3.03%			
6	微型生命药水	5	30	9.09%			
7	小型生命药水	15	50	15.15%			
8	生命药水	30	20	6.06%			
9	强力生命药水	50	10	3.03%			
10	衣服	1	40	12.12%			
11	治疗药水	60	10	3.03%			
12	复制卷轴	10	10	3.03%			
13	知识之书	10	10	3.03%			
14	布甲	5	10	3.03%			
15	巨魔指环	10	10	3.03%			
16	藏宝图	0	10	3.03%			
17	幸运兔脚	15	10	3.03%			

图 19.48　使用概率权重的不平均分布枚举概率的战利品列表

将权重配置为百分比概率计算方式后，你就可以对任意原始权重值进行改动，整个列表将自动更新。为了说明这一点，我们假设治疗药水出现的频率过高了。为了解决这个问题，你只需降低该物品的权重，电子表格将立即重新计算整个列表的所有概率，如图 19.49 所示。

有了这样的基本配置，你可以立即平衡和计算出任意大小、任意范围的概率权重列表。如果游戏引擎需要百分比概率，就可以直接导出这些数据。类似地，如果你想将概率展示给玩家，可以再添加一列来存放四舍五入后的展示值。

	A	B	C	D	E	F	G
1	Name	Sell Value	Weight	%		Total	325
2	小钱包	10	60	18.46%			
3	钱包	15	20	6.15%			
4	小箱子	30	20	6.15%			
5	宝箱	50	10	3.08%			
6	微型生命药水	5	30	9.23%			
7	小型生命药水	15	50	15.38%			
8	生命药水	30	20	6.15%			
9	强力生命药水	50	10	3.08%			
10	衣服	1	40	12.31%			
11	治疗药水	60	5	1.54%			
12	复制卷轴	10	10	3.08%			
13	知识之书	10	10	3.08%			
14	布甲	5	10	3.08%			
15	巨魔指环	10	10	3.08%			
16	藏宝图	0	10	3.08%			
17	幸运兔脚	15	10	3.08%			

图 19.49 调整了权重的战利品列表

基于概率计算属性权重

在第 12 章“系统设计基础”中，你学习了如何根据游戏中的实用性为属性赋予权重。然而，要得出受概率因素影响的属性值，还有另一个层面需要考虑。在 RPG 游戏战利品列表的例子中，玩家通过特定抽选或平均抽选得到的战利品的价值是怎样的？为了使这个有点复杂的计算更容易理解，让我们从一个非常简单的例子开始。假设你有 10 个物品，每一个都有相同的发生概率，都是 10%。其中 9 项的价值 value 为 0，其中 1 项的价值是 100（见图 19.50）。

	A	B	C	D
1	Items	Value	Weight	Chance
2	a	100	1	10.00%
3	b	0	1	10.00%
4	c	0	1	10.00%
5	d	0	1	10.00%
6	e	0	1	10.00%
7	f	0	1	10.00%
8	g	0	1	10.00%
9	h	0	1	10.00%
10	i	0	1	10.00%
11	j	0	1	10.00%

图 19.50 枚举列表中平均的权重分布

在这种情况下，从战利品表中进行一次抽取的平均支出是多少？在本例中，10%的概率为 100，所以平均算来，支出应该是 100 的 10%，也就是 10。你可以在图 19.51 所示的表格中进行这样的计算。

fx =sum(E2:E11)

	A	B	C	D	E	F	G	H
1	Items	Value	Weight	% Chance	% Value			
2	a	100	1	10.00%	10.0		Total % Value	10.0
3	b	0	1	10.00%	0.0			
4	c	0	1	10.00%	0.0			
5	d	0	1	10.00%	0.0			
6	e	0	1	10.00%	0.0			
7	f	0	1	10.00%	0.0			
8	g	0	1	10.00%	0.0			
9	h	0	1	10.00%	0.0			
10	i	0	1	10.00%	0.0			
11	j	0	1	10.00%	0.0			

图 19.51　所有枚举项的返回值

先把每个事件发生的概率百分比乘以事件的价值，然后把这些乘出来的结果相加，就得到了一次抽取的平均价值。这个例子中的结果是 10。

为了让情况更复杂一些，我们可以回到 RPG 游戏战利品列表的例子。在这里，事件有不同的权重和值，那么如何计算每次抽取的期望值呢？可以利用刚才展示的方法，并使用两个额外的计算：

- **总权重**：基于权重决定概率。
- **平均价值**：如果没有给事件赋予权重，这就是每次抽取的价值。

整个图表的公式如图 19.52 所示。

运用了这些公式后的结果看起来如图 19.53 所示。

可以看到，各事件发生的概率都将影响计算价值的结果，而且发生概率较小的事件对平均值的贡献小于发生概率较大的事件。你可以在这里看到，如果没有加权，一次抽取的价值平均为 19.75，但有了加权，它就下降到 14.892 了。这是合理的，因为更有价值的物品也是更稀有的，比起更便宜、更常见的道具，抽到它们的次数会更少。用这样的计算方法，你可以更好地预测玩家在游戏中的体验。例如，如果你想让玩家在当前情境结束时至少获得 45 个金币，那么平均来说，抽三次战利品可能不足以达到这个目标。基于这些信息，你可以做出调整，允许玩家能抽取第四次。

	A	B	C	D	E	F	G	H
1	Name	Sell Value	Weight	% Chance	% * Value			
2	小钱包	10	60	=C2/$H$2	=D2*B2		Total Weights	=sum(C2:C17)
3	钱包	15	20	=C3/$H$2	=D3*B3		Ave sell value	=AVERAGE(B2:B17)
4	小箱子	30	20	=C4/$H$2	=D4*B4		Event Ave Value	=sum(E2:E17)
5	宝箱	50	10	=C5/$H$2	=D5*B5			
6	微型生命药水	5	30	=C6/$H$2	=D6*B6			
7	小型生命药水	15	50	=C7/$H$2	=D7*B7			
8	生命药水	30	20	=C8/$H$2	=D8*B8			
9	强力生命药水	50	10	=C9/$H$2	=D9*B9			
10	衣服	1	40	=C10/$H$2	=D10*B10			
11	治疗药水	60	5	=C11/$H$2	=D11*B11			
12	复制卷轴	10	10	=C12/$H$2	=D12*B12			
13	知识之书	10	10	=C13/$H$2	=D13*B13			
14	布甲	5	10	=C14/$H$2	=D14*B14			
15	巨魔指环	10	10	=C15/$H$2	=D15*B15			
16	藏宝图	0	10	=C16/$H$2	=D16*B16			
17	幸运兔脚	15	10	=C17/$H$2	=D17*B17			

图 19.52 抽取价值的公式

	A	B	C	D	E	F	G	H
1	Name	Sell Value	Weight	% Chance	% * Value			
2	小钱包	10	60	18.46%	1.846		Total Weights	325
3	钱包	15	20	6.15%	0.923		Ave sell value	19.75
4	小箱子	30	20	6.15%	1.846		Event Ave Value	14.892
5	宝箱	50	10	3.08%	1.538			
6	微型生命药水	5	30	9.23%	0.462			
7	小型生命药水	15	50	15.38%	2.308			
8	生命药水	30	20	6.15%	1.846			
9	强力生命药水	50	10	3.08%	1.538			
10	衣服	1	40	12.31%	0.123			
11	治疗药水	60	5	1.54%	0.923			
12	复制卷轴	10	10	3.08%	0.308			
13	知识之书	10	10	3.08%	0.308			
14	布甲	5	10	3.08%	0.154			
15	巨魔指环	10	10	3.08%	0.308			
16	藏宝图	0	10	3.08%	0.000			
17	幸运兔脚	15	10	3.08%	0.462			

图 19.53 计算的结果

计算不完全信息概率

到目前为止，本章只讨论了清楚且可测量的随机事件。然而，从不同视角出发，游戏中充斥着随机和非随机事件。石头、剪刀、布就是个典型的例子。每个玩家都选择了一个选项，所以看起来这并不是随机的。然而，每个玩家都不知道对手会选什么，所以他们的选择是基于不可知的结果——这就是随机的定义。在这种情况下，事件既是随机的也是非随机的。

在游戏中，你还会遇到许多其他类似的情况。例如，在 FPS（第一人称射击游戏）中，玩家无法确定对手玩家在任何特定时刻的位置，这使得他们的出现对于被伏击的玩家来说似乎是随机的或不可预测的。这不是真正的随机性，而是*不完全信息*。

试图在不完全信息的基础上进行概率计算，理论上是不切实际的，但在测试过程中可以通过观察和遥测进行测量。例如，你可以做数百次测试来确定石头剪刀布中最常见的选择是什么，又或者在 FPS 中，你可以通过追踪玩家来确定他们最有可能采取的路径。

概率的感知

另一个所有系统设计师都必须意识到的关键概念是，玩家对游戏中事件概率的感知并非是客观真实的。有一种叫作*乐观偏差*[1]的心理现象，即玩家认为自己不太可能受到负面事件的影响。在游戏系统中，如果玩家有 40%的概率被幸运女神青睐并获得随机奖励，由于乐观偏差的心理作祟，他们对获得奖励的期待会远远大于 40%。这在逻辑上说不通，但却正是人类思考的方式。

另一个例子是，如果玩家有 70%的概率命中目标，那么如果他们 10 次尝试中有 3 次失败，那么玩家很可能会感到沮丧——尽管游戏已经明说了成功概率为 70%，相应的失败概率为 30%。那么你能做些什么呢？有些游戏会公然欺骗玩家，它们呈现给玩家的成功概率远低于游戏在后台运行中的实际概率。有些游戏会把所有事件发生的概率设置得很高，以此为前提处理各种后果。而还有一些游戏则会让一切顺其自然，并从其他方面来安抚那些觉得自己运气差的玩家。

概率的不确定性

到目前为止本章讨论了各种预测概率的方法，你可能会有这么一种感觉，认为你能在一定程度上预测概率。虽然这样说也没错，但有一个非常重要的告诫你需要了解：这里描述的所有方法都代表的是数学假设，而非现实世界的数据。

例如，想想 1D2 的硬币。正面朝上的概率是多少？如前所述，这种情况下的概率是二分之一（1/2），即 50%。你可能会假设如果你投掷一枚硬币 4 次，它会出现 2 次正面，2 次反面。有可能是这样但也有可能不会。50%的概率并不是宇宙的必然，它不能迫使所

1 人们通常认为积极的事件更可能发生在自己身上，而消极的事件更不可能发生在自己身上，这一现象被称为乐观偏差。——译者注

有的硬币都完美按照这个比例分配。相反，50%是一个平均值，通常对短期事件影响很微小。掷 4 次硬币得到 4 个正面是完全有可能的。

更进一步说，如果你掷 1D6 1000 次，会期望每个数字出现的概率都是 16.67%，也就是 167 次。事件不太可能以这种方式展开，但是对随机事件进行的迭代次数越多，得到的结果就越可能接近平均预测概率。因此，你可以很容易地看到某个数字出现了 127~207 次，但几乎不会看到某个数字出现 900 次（虽然并非完全不可能）。

概率信息组织

开始开发一款游戏时，将游戏中事件的概率信息组织出来，是一个很好的实践。作为系统设计师，你应该清楚玩家将面临何种随机性。你可以利用这些信息有目的地创作适合游戏的情境和感觉。虽然没有必要也不可能为游戏中的每个随机事件都绘制图表，但是创建大量图表样本能帮助我们更好地理解随机性在游戏中的功能。从理论上讲，这类似于孩子们在学习阅读和写作时为他们绘制“看图说话”用的“图”，没有必要为每句话都绘制。

随机事件的属性

每个随机事件都有若干属性能够改变其对游戏的影响。我们可以将这些属性绘制在任何独立随机事件的图表上，从而创造出能更深入地传达“该事件如何影响游戏”这类信息的模式。

下面几节将会讨论随机事件的这些属性：

- 计算用途
- 随机结果的测量
- 随机的类型
- 概率分布
- 结果相关性

计算用途

计算用途衡量是否以及如何计算和操作一个随机结果以实现数学功能。作为游戏设计师，我们需要清楚自己能否将生成的随机结果作为数学操作的起点。例如，能否将骰子加在一起。

- 数字：有限的、已知的数字范围。结果可用于数学功能。
  例如：骰子上的 1~6、轮盘赌上的 1~36、一套纸牌上的 1~13（当把人面牌和 A 当作数字时）、离目标的距离。
- 枚举列表：有限的、已知的结果列表，不能用于执行数学功能。
  例如：战利品表、万智牌[1]卡牌、卡坦岛[2]的方块、轮盘上的颜色。

随机结果的测量

随机结果的数据由随机事件产生。它可以用于确定设计师用对结果的用法以及结果的可预测性。例如，离散结果比非线性结果更容易预测。

- 离散：离散的随机结果具有有限且可列出的结果。
  例如：掷硬币、掷骰子或轮盘赌。
- 连续线性：连续线性随机结果具有无限可变但可测量的结果。
  例如：高尔夫球的击球距离、预测孩子长大后的身高、篮球比赛的最终比分、明天的确切温度。
- 连续非线性：连续非线性随机结果具有无限可变和不可量化的结果。
  例如：游戏节目的幕后奖品、随机的未知战利品箱、抓斗袋[3]。

随机的类型

对于游戏中的每个随机事件，都有一种或多种创造随机性的方法。每一种随机类型都能揭示游戏的玩法以及设计师跟踪输出的方法。例如，在纯随机中，概率不应该根据玩家而改变，但在基于表现的游戏中，概率则严重依赖于游戏中的玩家。

- 纯随机：专门设计为不可预测的。所有玩家获得所有结果的概率是相同的。

---

1 Magic the Gathering，巫师海岸公司（Wizard of The Coast）发行的世界上第一款集换式卡牌游戏）卡牌、卡坦岛。——译者注

2 Settlers of Catan，原名为 Catan，是由 Kosmos 公司发行的一种多人玩的图板游戏，是版图拼接类桌游的经典作品。——评者注

3 通常指抓娃娃机的抓钩，这里举这个例子的意思是，抓娃娃机的抓钩也具有无限变量且不可量化的性质。——译者注

例如：骰子、彩票机、卡牌、转盘、熔岩灯、散落的硬币。

- 根据表现变化：玩家对结果有一定的影响，但不能完全控制。
  例如：飞镖、台球、棒球击球、高尔夫球、地掷球[1]、同注分彩。
- 隐蔽的知识或不完整的信息：一个或多个玩家拥有其他玩家不拥有的知识。这可能是也可能不是由其他玩家选择的。
  例如：猜数字、石头剪刀布游戏、扑克。

概率分布

概率分布有很多不同的变种。对游戏来说，最流行的概率分布如下：

- 平均分布：每个结果都有相同的发生概率。
  例如：一副扑克牌、一个骰子、轮盘赌、彩票号码。
- 钟形曲线分布：当随机结果加在一起时，结果为钟形曲线分布。
  例如：2D6的结果和其他多维概率。
- 指数分布：曲线一头的结果可能很多，但另一头越来越少。
  例如："大于等于"的骰子概率、运动员举起的重量、《大金刚》中的得分。
- 不均匀分布：结果在事件之间的概率分布差异很大。
  例如：战利品表、幕后奖品、嘉年华的游戏奖品。

结果相关性

结果相关性是一个属性，表明当前随机事件是否受到其他事件的影响或限制。根据事件的结果相关类型，评估它所需的概率计算类型将发生变化。例如，独立事件是线性的，而相关事件是某种钟形曲线。

- 独立：独立的随机事件独立存在，与其他事件有同等的机会。
  例如：掷骰子、轮盘赌、掷飞镖。
- 相关：相关结果受过去事件的影响，并能够影响未来事件。
  例如：从没洗过的牌库中抽出一张牌、在飞镖游戏中击中得分的区域。

---

1 地掷球是一种比拼智力与体力的竞技性体育项目，双方队员在一个长方形的场地中分别掷球，通过投掷、击打、碰撞等手段，让更多数量的己方打球更接近场地中预设的基准小球。——译者注

- 互斥：当一个结果出现时，其他结果就不可能出现。

  例如：从纸牌中抽出黑桃 A、在迷宫中选择路径。

绘制概率例子

用上面列出的属性，你几乎可以描述游戏中发生的任意随机事件。通过对游戏中最常见事件进行抽样，你可以更好地了解游戏的运作方式以及游戏角色对玩家的影响。要绘制事件图，首先需要选择一个非常具体的事件。你选取的事件越小，从中观察到的信息就越具体。

让我们来看一个双陆棋的例子。在图 19.54 所示的场景中，当前该红方走。

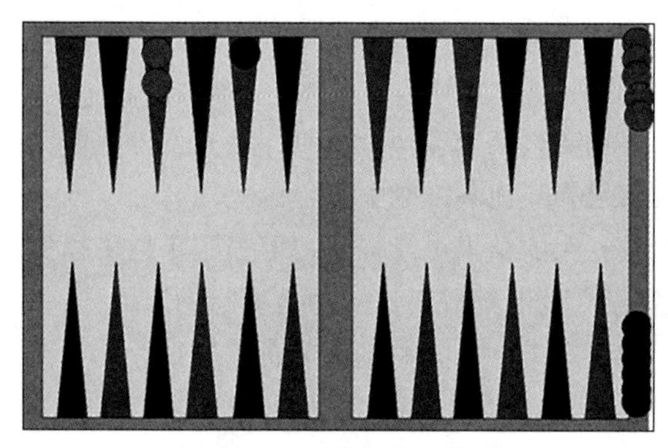

图 19.54　双陆棋移动棋子

在这一回合，红方将掷一对骰子来决定可移动的点。可以这样描述这个事件：

- 名称：双陆棋移动棋子
- 计算用途：数字
- 随机结果的测量：离散
- 随机的类型：纯随机
- 概率分布：钟形曲线
- 结果相关性：独立

现在让我们来着眼于一种完全不同类型的概率事件：在一款嘉年华游戏中，玩家向气球墙投掷飞镖（见图 19.55）。有点状花纹的气球是空的，但其他彩色气球装了小玩具等奖品。

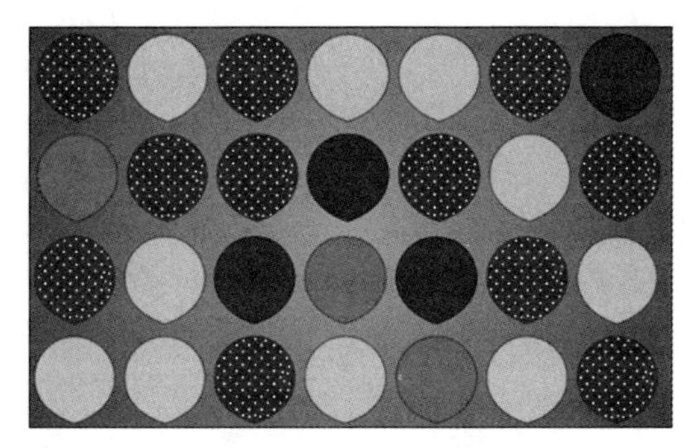

图 19.55　射爆气球游戏

你可以这样描述这个事件：

- 名称：射爆气球，第一镖
- 计算用途：非枚举结果
- 随机结果的测量：离散
- 随机的类型：根据表现变化
- 概率分布：不均匀分布
- 结果相关性：独立

这个属性列表与双陆棋的区别很大，尽管两款游戏确实有两个相同的属性。通过比较两个列表，你可以看到这两款游戏之间的一些特征差异。在双陆棋中，玩家无法控制骰子，但对骰子结果的处理有很高的自主权。玩家还可以根据钟形曲线概率对骰子做出预测。另一方面，在气球射爆游戏中，玩家对目标的选取有一定自主权，但不能随心所欲地完全控制。一旦目标被击中，玩家在如何处理结果上完全没有自主权。这些差异导致了游戏的两种不同特征。在双陆棋中，玩家对骰子的掷出结果并不感兴趣，他们更感兴趣的是可能出现结果的概率，并对结果做出适当的反应。在气球射爆游戏中，玩家最感兴趣的是试图瞄准一个想要的气球，因为他们知道一旦飞镖被扔出去，游戏的其余部分就不受他们控制了。

在制作游戏时，你需要思考：你希望游戏中有什么事件和属性？在相似的游戏或竞争中观察随机事件和属性，然后使用这些信息来指导你的游戏设计，这可能是一种有用的实践。思考你在其他游戏中看到的事件和属性，以及玩家（尤其是测试者）对它们的感受。

在游戏项目开发过程中，如果出现问题，你可以回顾事件和属性列表。例如，如果测试者对随机战利品表中的奖励感到失望，你可以列出事件的属性，看看是否可以通过改变事件的某些方面来解决问题。运用一些创造性思维，设计师可以改变事件的各个方面，从哪怕高度相似的事件中获得截然不同的感受。

让我们再看一个例子。如果你用混合和匹配列表的方式将前面的两个例子结合起来，会发生什么？想想这对于带有这些属性的游戏意味着什么：

- 名称：混合图
- 计算用途：数字
- 随机结果的测量：离散
- 随机的类型：根据表现变化
- 概率分布：不均匀分布
- 结果相关性：独立

这个属性列表作为一个游戏机制可能是什么样子的？它可以以多种方式表现出来，这对设计师来说是很棒的一件事。只要考虑属性间的关系，你就很可能会产生新的想法。在这种情况下，一个可能的结果是双陆棋类型的游戏，但玩家不是掷骰子，而是向一个代表骰子结果的方格棋盘投掷两个飞镖。它可能类似于图 19.56 中的游戏。

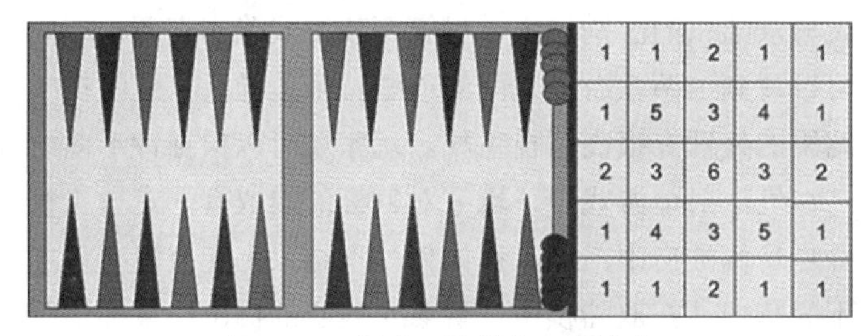

图 19.56　混合双陆棋和飞镖游戏

这个随机事件现在结合了之前两款游戏的各个方面，创造了一种全新的东西，感觉与其他游戏大相径庭。

衡量游戏中的运气

对于复杂的游戏来说，一个遗憾的消息是，没有一种算法可以用来确定游戏是纯运气、被运气主导、受运气影响还是纯能力的。历史上有几场著名的诉讼就与这个主题有关。弹球（Pinball）曾经被判定非法，因为它被认为是赌博。在法庭上，扑克既曾被认定是一种基于运气的游戏，也曾被认定是一种基于技能的游戏。复杂游戏中有许多因素会让游戏看起来或多或少是基于运气的，不过你多少能找到一些迹象，证明游戏——或者游戏的一部分——是依赖运气的。

就运气的影响程度而言，游戏可以分为四大类：

- **纯运气：**玩家的决定对游戏几乎没有影响。就这一点而言，这种"游戏"不符合游戏的标准。

  例如：《Candy Land》、战争（卡牌游戏）、轮盘赌、彩票。
- **被运气主导：**玩家决策会影响游戏，但游戏的结果不能根据玩家的能力来预测。从长期来看，更厉害的玩家获胜率略高于较差的玩家，但我们无法根据玩家的能力准确预测单个回合的输赢。

  例如：宾果游戏[1]、21 点、视频扑克（视频扑克是一种基于五张抽奖扑克的赌场游戏，规则基本上是每一轮在五张牌中选择弃掉并替换其中几张来凑出能够获胜的组合，德州扑克也是这种纸牌游戏的变种。它是在一个大小类似于老虎机的电子控制台上进行的）、纸牌[2]。
- **受运气影响：**玩家的决策会对游戏产生重大影响。在游戏中拥有更强能力的玩家更容易获胜，但能力相近的玩家在对战时将更难预测结果。这个变量还考虑了非随机的不确定性。例如，一个玩家试图将一个高尔夫球打入洞中，可能会出现不可预测的失误，但这不是随机的。

  例如：《乌尔的皇室游戏》[3]双陆棋、扑克牌游戏、高尔夫球、俄罗斯方块、台球。
- **纯能力：**游戏没有内在固有的随机性。更擅长游戏的玩家或当天发挥更好的玩家将更有可能获胜。换句话说，游戏结果不受除玩家能掌控的机制之外的因素控制。

  例如：国际象棋、围棋、百米短跑。

---

1 宾果游戏使用的卡片常见的是 5×5 的，即 5 行 5 列，对应 5 个字母 B-I-N-G-O。美国宾果的数字在 75 以内随机抽取，每人拿到的卡片上数字都是随机的，通常有专业人士叫号，就像拍卖会上的拍卖师一样。游戏者根据叫号，迅速找到在卡上的这些数字，并做出标记，只要有一个游戏者根据叫号，描出了 BINGO 图案，那么这一轮的游戏就算结束，随后开始下一轮的游戏。——译者注

2 通常指纸牌接龙游戏。——译者注

3 《乌尔的皇室游戏》是一种双人策略、竞赛、桌游，最早是在公元前三千年的古代美索不达米亚进行的。该游戏在整个中东地区的社会各阶层人士中很流行，在远离美索不达米亚的克里特岛和斯里兰卡都发现了玩该游戏的棋盘。——译者注

测试是不是纯运气

你可以通过仔细阅读和理解游戏规则来测试是不是纯运气。玩家是否具有决定权？这是你唯一需要回答的问题。如果不存在能让玩家来主导影响游戏结果的机制，那么就可以给其定性为纯运气，这种“游戏”便不再是游戏了（见第 1 章“定义游戏和玩家”）。另一种思考方式是：游戏是否需要玩家？例如，《Candy Land》是一款 4 人游戏，但一名玩家可以处理所有玩家的所有回合，即使 4 名玩家分别执行自己的回合，结果也会完全相同。

测试是不是被运气主导

你可以通过一些简单的测试来判断一款游戏是否被运气主导。在一款受运气影响甚至是被运气主导的游戏中，游戏结果的一部分是由运气决定的，另一部分是由玩家能力决定的。判断游戏是否主要基于运气的最简单测试便是故意尝试输掉游戏。对单人游戏来说很简单，玩家应该在每次决策中都选择自己认为最糟糕的那一个。在多人游戏中，可以将其中一名玩家指定为赢家，其余玩家指定为输家。输家要抓住一切可能会导致失败的机会。在需要一定技巧水平的游戏中，游戏的结果应该是明确的。例如，想象一下玩一局国际象棋，其中一方试图输，另一方试图赢。那么这样的对局绝对会很快速、且结局明朗。即使是受运气深度影响的游戏，如《乌尔的皇室游戏》、双陆棋和飞行棋（Parcheesi）[1]在这个测试中也会出现绝对一边倒的胜利。

如果指定的输家并不能顺利按照剧本输掉比赛，那么这个游戏可以被认为是被运气主导的。21 点是个很好的以运气为主导的例子。游戏是涉及玩家技术水平的，决策当然也有好坏之分，尝试失败的玩家肯定会输，但对于那些使用完美战略的玩家来说，结果仍然难以预测。在 21 点游戏中，即使玩家拥有完美的策略，他们输的次数也会略多于赢的次数。这款游戏就被认为是由运气主导的。

测试是否受运气影响

到目前为止，受运气影响的游戏是现代游戏的最大类别。甚至在许多老式的概率游戏中，技巧仍然比运气重要，但又很大程度上受运气的影响。双陆棋和扑克就是很好的

1 Parcheesi 是一个改版自印度交叉和圆圈棋盘游戏 Pachisi 的桌游，玩法基本和飞行棋一致。——译者注

例子。在这些游戏中，玩家之间能力的差距是显而易见的。例如，职业扑克选手几乎一定会对刚玩扑克的孩童呈碾压之势。一个专业的双陆棋玩家会以很高的胜率击败对手。

在受运气影响的游戏中，我们需要考虑的一个重要因素是，在游戏结果变得不可预测之前，玩家的能力需要多么接近。在国际象棋中，玩家的技能水平需要几乎完全一致，才能让结果变得不可预测。在双陆棋中，相似技能水平的玩家就会产生不可预测的结果。在大多数赛车游戏中，即使玩家能力水平差距相当大，结果也可能是不可预测的。受运气影响的游戏中的个例并不能提供有用的结果。相反，在这样的游戏中，大量实例所产生的趋势能提供一个更清晰的玩家能力频谱。

衡量玩家能力和胜率并非易事。因为这需要不断迭代游戏，让不同技能水平的玩家相互对抗才能决定长期趋势，所以你需要一个相当大的系统。这里就是玩家排名系统的用武之地了。像 Elo 评级[1]、TrueSkill[2]、锦标赛和玩家天梯等系统都可以用来评估和比较玩家的能力。

调整运气的影响

在你对游戏进行了测试，确定了影响游戏的随机性或基于运气的机制，以及游戏的随机等级后，你可能会想要调整运气造成的影响程度。但遗憾的是，这并不像增加或减少几次掷骰子那么简单。你需要确定运气应该对游戏产生多大的影响。一般来说，游戏中运气元素越多，游戏的包容性就越强。这就是为什么带有大量随机性的游戏总是家人同乐首选。就黑桃、多米诺骨牌以及其他派对游戏而言，每个人都知道他们有机会赢，这意味着经验丰富的专业选手可以和相对的新手同台竞技。在家庭环境中，这意味着已经玩了70年的祖母可以和刚学会规则的孙子孙女一起玩，他们在游戏中都能感受到竞争。

在调整游戏中运气时，需要考虑的两个主要因素是随机事件的频率和单个随机事件的影响程度。从直觉上看，拥有大量随机事件的游戏似乎更具有随机性，但事实并非总是如此。让我们以修改后的西洋双陆棋为例。

---

1 埃洛等级分系统是指由匈牙利裔美国物理学家阿帕德·埃洛创建的一个衡量各类对弈活动水平的评价方法，是当今对弈水平评估的公认的权威方法。被广泛用于国际象棋、围棋、足球、篮球、电子竞技等运动。——译者注

2 TrueSkill 是微软开发的一个基于技能的排名系统，用于 Xbox Live 上的视频游戏匹配。它更多用于有两个以上玩家进行的比赛。——译者注

在双陆棋的标准规则中，每个玩家在他们的回合之前都会先掷一个 2D6，然后可以移动相同数量的棋子。游戏中的所有行动都是随机决定的，所以游戏似乎是由运气主导的。但我们知道，双陆棋并非如此。如果你想自己测试一下，可以在网上找一个带有高级 AI 的双陆棋模拟器。与游戏中最优秀的 AI 对抗，你会发现计算机在游戏中的表现是多么出色。即使是非常老练的双陆棋玩家也很难打败 AI。这是为什么呢？根据在本章前面看到的双陆棋随机事件属性列表，你可能会猜测，由于随机事件数量很多，一系列连续事件的结果最终会导致平均到约 50%的人能战胜 AI。准确来说，之所以会出现这样的结果，是因为游戏中有许多随机事件，每一个事件对游戏的影响都很小，而游戏允许玩家在使用随机事件时拥有高度的选择权。因为这么多随机事件的存在，游戏的概率曲线区域均等。任何玩家获得中间点数（大约是 7）的概率都是最高的，极端点数（2 或者 12）的概率是最低的。这意味着，如果玩家在游戏中获得的点数分布大致相同，那么玩家的技能水平就会对游戏产生影响。

为了更清晰地看到这一点，我们稍微改变一下双陆棋的规则，再思考一下此时游戏将如何进行。在标准规则中，玩家一开始有 15 个棋子，目标是将它们全部带回家，根据掷出的骰子的值来移动。在改变后的版本中，假设不再随机掷骰子了。所有的移动都是预先确定好的，列在一个列表中，且该列表对两个玩家都是平等且可见的。移动的例子列表如下所示：

1. 3、4
2. 1、6
3. 4、4
4. 2、5

所以现在已经从游戏中移除了传统的掷骰子规则。但与此同时，你要在游戏刚开始时加入一次掷骰子。在游戏开始时，每个玩家分别掷出一次 2D6。然后，玩家可以从棋盘上走与掷出数字相同数量的棋子，并立即将它们放置回去。想想这对游戏意味着什么。如果第一个玩家掷出 12，第二个玩家掷出 2，那么第二个玩家几乎不可能赢。如果你玩过许多这样的游戏，就会清楚一开始掷的那一下骰子在游戏中占有举足轻重的地位。尽管在这个新版本中，掷骰子的次数要少得多，但它实际上比双陆棋的标准规则更受运气影响。

决定运气的另一个因素是每个随机事件对游戏的影响程度。让我们来看一个极端的修改飞镖规则的例子，看看它在运气方面与普通飞镖游戏有何不同。

在我们改版的飞镖游戏中，每个回合玩家在实际扔飞镖前都会掷一次 1D20。掷骰的结果就是活动空间。玩家只有在该回合中命中活动空间才能得分。游戏进行 20 回合，分数相加，最后决定赢家。在这个版本中，会掷很多次骰子。每回合都要掷，持续 20 回合。但游戏是否由运气主导？不。这款游戏并不比标准飞镖更具有运气成分。无论骰子掷到多少，能够更频繁命中目标的玩家将更容易获胜。在这种情况下，我们可以说，即使存在掷骰子，它们对游戏的影响也很小。这与前面示例中双陆棋的改版形成了鲜明对比。在改版双陆棋中，虽然骰子只掷了一次，但却产生了非常大的影响。

所有这一切意味着，你要修改一款游戏，以使其或多或少受运气的影响，不仅需要考虑随机事件的数量，还要考虑这些随机事件造成的影响程度。如果你发现自己的游戏过于靠运气主导，你就不应该仅简单粗暴地移除一些随机事件，而应该着眼于你的随机事件是如何累积和平均的，每一个事件对游戏的影响你都应该考虑。你可能会发现添加更多随机事件会让游戏整体被运气主导。

混沌因素

即使在纯靠实力说话的游戏中，结果也不能百分百保证。如果游戏的结果是确定的，那么玩游戏就没什么意义了。玩家可能会发挥失常。例外的概率确实会产生。外部因素也可能参与其中。电子游戏中的 bug 也有可能产生戏剧性的意外。因此，不管基于什么既定数据，你都不应该在跑过一次测试后就做一个全面假设。尽管本书想要指导你做出符合逻辑的、基于事实的决策，但涉及游戏的感受时，人的直觉总是必不可少的。

进一步要做的事

在完成本章之后，你应该花一些时间在实际项目中实践这里所涉及的概念。尝试下面这些练习来进一步探索游戏中的概率概念。

- 列出一些你可以计算的现实游戏概率例子。战利品表、命中概率等都是不错的选择。使用本章描述的绘图系统来绘制这些事件的图表。你观察到哪些模式了？
- 选择一个包含一些随机事件的游戏，并改变概率的运作方式。例如，双陆棋使用纸牌而不是骰子该如何运作？使用 1D12 而不是 2D6 又该如何运作？
- 在你自己的游戏中，用多种随机事件属性做一些实验。一定要反复彻底测试，因为最初的结果很容易成为概率的离群值。

第 20 章

接下来的步骤

现在你已经来到了本书的结尾，那接下来该何去何从？本书旨在介绍多个不同主题，但又并不是某个特定主题的权威教材。我花了不少精力来涵盖尽可能多的主题，为你呈现出这些主题的基础知识，但本书的目标并不是深入地涵盖每一个主题。因此，你应当将阅读本书视为进入游戏系统设计之旅的第一步。这简短的最后一章描述了继续旅行，应该采取的几个步骤。

实践

本书中的许多概念都不仅仅是光靠记忆和理解就能掌握的基本事实。本书中描述的技巧需要积极执行以及反复练习才能完全搞懂。我强烈建议你重新阅读一遍，并积极地练习当中所描述的概念。然后尝试带着概念进一步深入。例如，尝试修改指数增长公式，看看会发生什么。尝试将书中涉及的多个概念结合起来，比如绘图和通信噪声，看看又会发生什么。通过进一步深入，你可以确保自己真正理解了这些概念，而不是简单复制你读过的内容。

分析现有的游戏

你最喜欢的计算机游戏和实体游戏是什么？哪些你喜欢的游戏会大量用到游戏系统？带着你新获得的知识回去玩那些游戏，看看哪些要素是你现在注意到而以前从未注意到的。分析你最喜欢的游戏，就像它们是你自己亲手缔造的一样。通过分析你经历的完整开发和测试过程的游戏，你可以认清“玩游戏时的感觉”和“创作游戏以引发那种感觉”之间的关联。

玩新游戏

另一个有价值的练习是玩新游戏，最好是你不熟悉的类型，观察你如何学习系统。花时间记录你在第一次玩游戏之前、在第一次玩游戏之后以及多次玩过之后的感受。留意对你来说，系统是如何从“完全神秘”变成“能够理解”的。为了进一步研究，你应该寻找一款你从未玩过的游戏，并在游戏之前进行一些数据分析（哪怕只做一次）。根据你在数据中看到的信息去猜测试玩时的感觉。最后体验游戏，记录游戏的实际玩法和感觉。

修改现有的游戏

有一些已经发行的游戏［例如角色扮演游戏，韦诺之战（The Battle of Wesnoth）[1]］

1　《韦诺之战》是一个源代码开放的基于六边形地图的回合制策略游戏，可以进行单机战役、多人游戏等各种形式的比赛。游戏的中心哲学是 KISS 原则——在接受新的想法时，不应使游戏更加复杂。——译者注的数据是可以修改的。找出这些游戏并深入研究它们。在你了解了它们的系统后，试着为一个具体的结果修改它们。做这种练习是学习修改系统的一种非常快速且简单的方法，而无须构建自己的游戏。现有的游戏为你提供了一个稳定的基础。它的代码和游戏引擎都是完全有效的，你可以切实观察到你的修改会导致游戏产生了什么变化。在你能轻松修改现有游戏的数据之后，尝试构建一些奇怪的实验结果。与测试类似，你通常要到引发实际问题了才能清楚究竟能修改到什么程度。现有的游戏为你做这类实验提供了一个非常简单的方法。

致力于你自己的游戏

如果你已经读完了这本书，那我完全可以假设你对创造一款游戏或对游戏中某些系统是感兴趣的。创造一款游戏永远不存在过早的问题。把你在本书中学到的东西应用到你正创作的游戏中。无论是处于制作阶段的电子游戏，还是目前只停留在想法中的桌面游戏，你都可以开始应用本书所描述的技术来向前推动你的游戏。

持续学习

本书提供了游戏系统设计的基础知识，但你可以学的还有更多。从此时此刻开始，你可能需要更深入地学习一些领域，才能真正理解它们的工作方式。例如，你可以挑选一本关于电子表格使用的优秀图书，让自己在这方面达到更高的水平。同样，你可以寻找博弈论、心理学和概率方面的图书。善用互联网，无论是本书中提到的哪个领域，你都可以从网上获取到更多更深入的信息。